Ebene und räumliche Rahmentragwerke

Von

Dr. Ing. **Viktor Kupferschmid**

Oberingenieur der Zentralverwaltung der
Bauunternehmung Carl Brandt,
Düsseldorf

Mit 252 Textabbildungen

Wien

Springer-Verlag

1952

ISBN-13: 978-3-7091-7804-1   e-ISBN-13: 978-3-7091-7803-4
DOI: 10.1007/978-3-7091-7803-4

Vorwort

Im vorliegenden Buch wird die Berechnung ebener und räumlicher Rahmentragwerke auf einheitlicher Grundlage behandelt. Es wendet sich in erster Linie an den jungen Fachkollegen.

Da durchgerechnete Beispiele am schnellsten und klarsten den Sinn einer Aufgabe vermitteln, wird auf sie ein besonderer Wert gelegt. Um die Beispiele jedoch nicht zu umfangreich zu gestalten, werden meist einfache, oft symmetrische Systeme behandelt. Die Rechengenauigkeit ist, um gute Übereinstimmung der Kontrollen zu erhalten, meist größer, als praktisch erforderlich wäre.

Einige Kapitel, wie z. B. die Berechnung von Rahmen mit Zugbändern, die Vereinfachungsmöglichkeiten bei der Berechnung räumlicher Rahmentragwerke durch Wahl bestimmter Stabquerschnitte, die Berechnung von durch Decken ausgesteifter räumlicher Rahmentragwerke und namentlich die im Anhang gebrachte unmittelbare Berechnung des zweiteiligen Stockwerksrahmens und des Virendeelträgers dürfte auch ältere Fachkollegen interessieren.

Sonst nicht übliche Bezeichnungen, wie z. B. „Grundverschiebungen", „Grundgleichungen" usw. sowie die Einteilung der räumlichen Rahmentragwerke sind nur gewählt, um eine klare, einheitliche Fassung zu erhalten. Auch der „Rahmen mit verschieblichen, aber unverdrehbaren Knoten" soll eine eindeutige Vorstellung vermitteln.

Die grundlegenden Gedanken der Behandlung der Rahmentragwerke in der vorliegenden Art folgen aus der „Deformationsmethode" von Ostenfeld (Verlag Julius Springer, Berlin, 1925) und dem Momentenausgleichsverfahren von Cross. Das Buch entstand in den Jahren nach dem Kriege. Das Manuskript wurde im März 1949 abgeschlossen. Zur Zeit der Bearbeitung stand nur wenig Literatur zur Verfügung. Im Literaturverzeichnis sind jedoch auch einschlägige Werke mitaufgeführt, die zu einem späteren Zeitpunkt erschienen sind.

Den Herren Professoren Dr. Ing. E. Melan der Technischen Hochschule in Wien und Dr. Ing. Beer der Technischen Hochschule in Graz, zur Zeit an der Universität in Tucumán, Argentinien, möchte ich für ihr Interesse danken, das sie der Entstehung dieses Buches entgegengebracht haben.

Besonderen Dank schulde ich Herrn Otto Lange, Springer-Verlag. Der Springer-Verlag Wien hat die Herausgabe des Buches trotz der schwierigen Verhältnisse in der vorliegenden sorgfältigen Ausstattung ermöglicht.

Düsseldorf, im September 1951

V. Kupferschmid

Inhaltsverzeichnis

Erster Teil

Theoretische Grundlagen

Zweiter Teil

Ebene Rahmen

Dritter Teil

Räumliche Rahmentragwerke

Anhang

Unmittelbarer Ausgleich eines verschieblichen Systems

Erster Teil

Theoretische Grundlagen

I. Allgemeines Verfahren zur Berechnung verschieblicher Rahmentragwerke

Die Berechnung von ebenen und räumlichen Rahmentragwerken kann in zwei Abschnitten durchgeführt werden. Zuerst wird das Tragwerk unter der Annahme unverschieblicher Knoten berechnet, dann wird der Einfluß der Knotenverschiebungen ermittelt. Die Momente, Querkräfte usw. erhält man als Summe der Ergebnisse beider Berechnungsabschnitte.

Der erste Berechnungsabschnitt erfordert eine räumliche Fixierung aller Knoten. Sie erfolgt durch Festhaltungen, die man sich zweckmäßig in Form von Rollen- oder Pendellagern mit unveränderlichen Pendellängen denkt, wodurch die Angriffspunkte und Wirkungslinien aller Festhaltekräfte eindeutig festliegen.

Die Berechnung des Rahmens mit unverschieblichen Knoten kann z. B. mit Hilfe des Viermomentensatzes erfolgen. Besonders eignet sich hierfür jedoch das Momentausgleichsverfahren von Cross.

Für den zweiten Berechnungsabschnitt, der Berechnung des Rahmens mit verschieblichen Knoten, kann ein für ebene und räumliche Rahmentragwerke gültiges allgemeines Berechnungsverfahren verwendet werden.

Die Durchführung dieses Berechnungsabschnittes wird durch Verwendung des „Rahmens mit verschieblichen, aber unverdrehbaren Knoten" als Grundsystem vereinfacht, bzw. ermöglicht. Die weitere Berechnung kann dann mit denselben Hilfsmitteln wie beim ersten Berechnungsabschnitt, also namentlich mittels des Crossschen Momentenausgleichsverfahren, erfolgen.

Da das Crosssche Verfahren vielleicht nicht allen Lesern bis zu seiner letzten Konsequenz geläufig ist, wird es im nächsten Abschnitt behandelt.

1. Festhaltungen bei Berücksichtigung und bei Vernachlässigung der Stablängskräfte in Rahmen mit geraden Stäben

Im allgemeinsten Fall muß jeder einzelne Knoten eines Rahmentragwerkes in der Ebene durch zwei, im Raume durch drei Festhaltungen gegen Verschiebungen gesichert werden.

Werden die Formänderungen infolge der Stablängskräfte bei der Berechnung vernachlässigt, ändern sich also die Stablängen nicht, so treten auch keine gegenseitigen Längsverschiebungen der Knoten an den beiden Enden gerader Stäbe auf. In diesem Falle verringert sich für Rahmen mit nur geraden Stäben die Anzahl der zur Sicherung aller Knoten gegen Verschiebungen erforderlichen Festhaltungen.

Nimmt man an allen Knoten und Stabeinspannungen Gelenke an, so erhält man ein kinematisch verschiebliches System. Um dieses System bei jeder Belastung zu stabilisieren, ist eine Mindestanzahl von Abstützungen gegen feste, außerhalb des Tragwerks liegende Punkte erforderlich. Sind diese Abstützungen Rollen- oder Pendellager, so stimmen sie mit den erforderlichen Festhaltungen des unverschieblichen Rahmensystems überein, vorausgesetzt, daß die Längenänderungen der Rahmenstäbe vernachlässigt werden können.

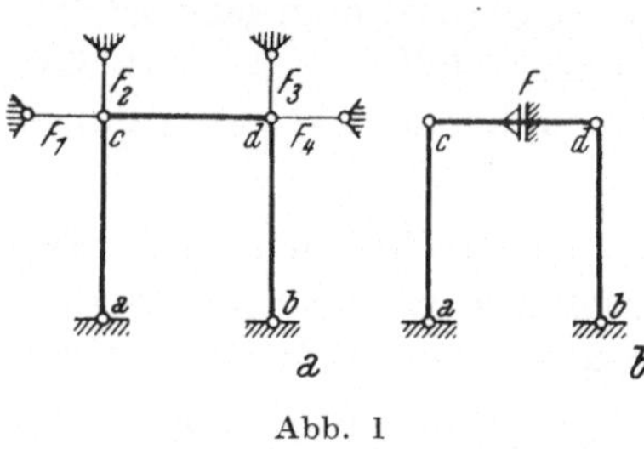

Abb. 1

Z. B. erfordert ein Zweigelenkrahmen nach Abb. 1a je zwei Festhaltungen an den Knoten c und d. Bei Vernachlässigung der Formänderungen infolge der Stablängskräfte ist aber nur eine Festhaltung erforderlich, weil dann zur Sicherung des Gelenkviereckes $a\,c\,d\,b$ gegen Verschiebungen eine horizontale Abstützung ausreicht. Da der Riegel $c\,d$ in seiner Längsrichtung wie ein starrer Stab wirkt, kann die Festhaltung an einem beliebigen Punkt seiner Achse, ebensogut am linken oder rechten Ende (Knoten c oder d) wie an einem anderen Punkt, z. B. in Riegelmitte, angebracht werden (Abb. 1b). Ist der Rahmen bei a und b eingespannt, so erhält man dasselbe Ergebnis, da für die Bestimmung der Festhaltungen auch an den Stabeinspannungen Gelenke anzunehmen sind.

Wenn der Riegel eines Rahmens nach Abb. 2a über mehrere, hier vier Stützen hinwegführt, reicht auch bei in ihren Längsrichtungen starr angenommenen Stäben eine horizontal wirkende Festhaltung an Stelle von acht Festhaltungen aus. Ist jedoch das Stabgebilde der Abb. 2a als Rahmen mit elastischen Stützen zu berechnen, dann sind nur die Riegel als starr aufzufassen, so daß wohl in horizontaler Richtung mit einer Festhaltung das Auslangen gefunden wird, die Knoten $e\,f\,g$ und h erfordern jedoch zusätzlich je eine Festhaltung in vertikaler Richtung.

Bei einem durchlaufenden Balken auf elastischen Stützen, wie z. B. beim Eisenbahnoberbau, verursacht die elastische Nachgiebigkeit der Unterkonstruktion (der Schwellen) und des Baugrundes Stützensenkungen. Daher ist nach Abb. 2b jedes Auflager während des ersten Berechnungsabschnittes durch vertikale Festhaltungen gesichert zu denken. Die horizontalen Kräfte werden entweder durch ein festes Auflager aufgenommen oder verteilen sich auf mehrere Auflager, weshalb eine besondere horizontale Festhaltung nicht erforderlich ist. Unterkonstruktion und Baugrund zusammengefaßt kann beim zweiten Berechnungsabschnitt, wie in Abb. 2b angedeutet, durch Federn mit entsprechenden Federkonstanten ersetzt gedacht werden.

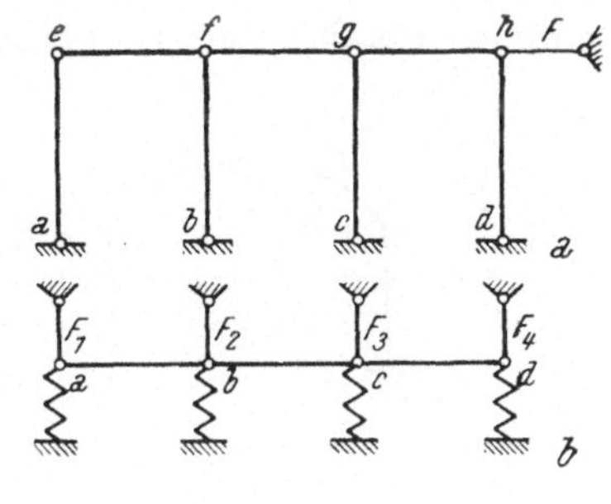

Abb. 2

In den Abb. 3a und 3b sind die zur Fixierung aller Knoten erforderlichen Festhaltungen bei Vernachlässigung der Formänderungen infolge der Stablängskräfte für zwei ebene Rahmenformen dargestellt. Abb. 3c zeigt

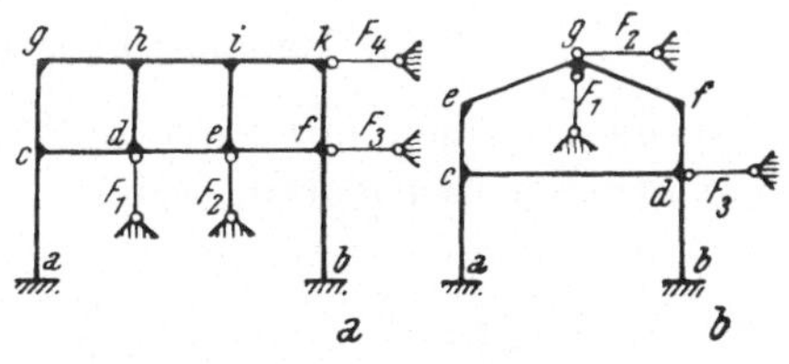

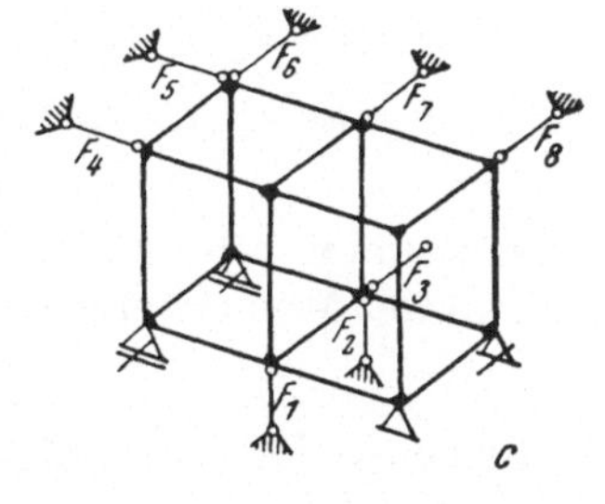

Abb. 3

die Festhaltungen eines räumlichen Rahmentragwerkes unter denselben Voraussetzungen.

2. Festhaltungen bei Rahmen mit krummen Stäben oder Stabzügen

In Rahmen mit krummen oder polygonalen Stäben (Stabzügen), wie etwa in Abb. 4 dargestellt, erfolgt auch bei Vernachlässigung der Formänderungen infolge der Stablängskräfte eine gegenseitige Verschiebung der Stabenden (Kämpfer). Sie wird durch die Verbiegung der Stäbe verursacht. Es sind daher bei in ihrer Längsrichtung starren Stützen, sowohl bei Berücksichtigung als auch bei Vernachlässigung der Längskräfte in den Riegeln, die drei Festhaltungen F_1, F_2 und F_3 erforderlich.

Es können auch die Knickpunkte g, h und i des Stabzuges der Abb. 4 als Knoten aufgefaßt werden. Dann sind im rechten Teil des Rahmens nur gerade Stäbe vorhanden. Bei Vernachlässigung der Verformungen infolge der Längskräfte sind aber zwei weitere Festhaltungen etwa nach Abb. 5a oder 5b erforderlich, um auch die Zwischenknoten gegen Verschiebungen zu sichern. Sowohl in Abb. 5a als auch in Abb. 5b erfolgt dies durch Anschluß jedes Knotens an zwei feste Punkte mittels zweier starrer Stäbe.

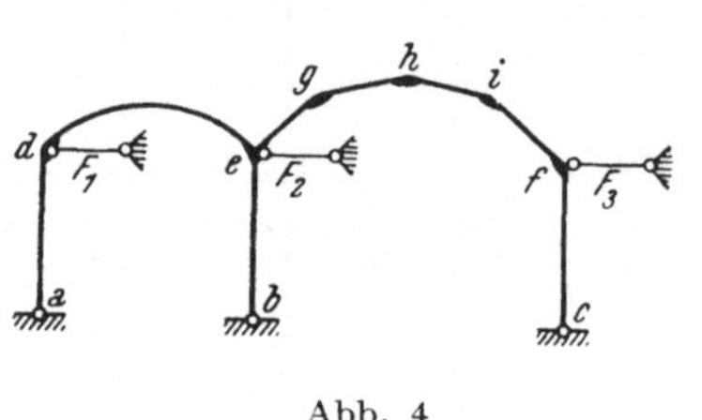

Abb. 4

3. Berechnung der Festhaltekräfte

Der Rahmen mit unverschieblichen Knoten besitzt außer seinen eigentlichen Auflagern, welche als Rollen oder Pendellager, Gelenke oder als feste, eventuell teilweise Einspannungen ausgebildet sein können, zusätzlich ein System von beweglichen Lagern (Rollen- oder Pendellager), nämlich die Festhaltungen. Bei jeder beliebigen Belastung können alle Auflagerkräfte einschließlich der Festhaltekräfte, wenn der Momentenverlauf im Rahmen bekannt ist, berechnet werden.

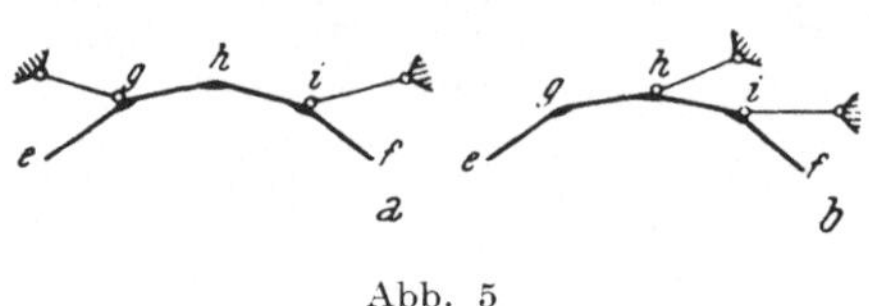

Abb. 5

4. Belastung des verschieblichen Systems. Angriffskräfte

Da die Festhaltungen in der Wirklichkeit nicht vorhanden sind, muß man den Rahmen durch ein System von den Festhaltekräften gleich großen, aber entgegengesetzt gerichteten Kräften belasten, so daß alle Festhaltekräfte aufgehoben werden. Dieses Kräftesystem kann aber nur vom verschieblichen Rahmen aufgenommen werden. Da die Festhaltekräfte als Knotenlasten auftreten, wird das verschiebliche Rahmensystem nur durch Einzellasten an den Knoten beansprucht, diese Einzellasten sollen als *Angriffskräfte* des verschieblichen Systems bezeichnet werden. Aufgabe des zweiten Berechnungsabschnittes ist daher die Berechnung des verschieblichen Rahmensystems bei Belastung durch die aus der Berechnung des unverschieblichen Systems und eventueller sonstiger Knotenlasten sich an den Festhaltungen ergebenden Angriffskräfte.

Die Anzahl der Angriffskräfte stimmt im allgemeinen mit der Anzahl der zur Sicherung gegen Verschiebungen der Knotenpunkte erforderlichen Mindestanzahl von Festhaltungen überein. Sind aber einzelne Festhaltekräfte etwa infolge Symmetrie des Rahmens und Symmetrie der Belastung von vornherein Null, so ermäßigt sich entsprechend auch die Anzahl der Angriffskräfte. Wird z. B. der symmetrische Zweigelenkrahmen der Abb. 6 symmetrisch belastet, so tritt keine Kraft in der Festhaltung F auf. Das verschiebliche Rahmensystem wird daher

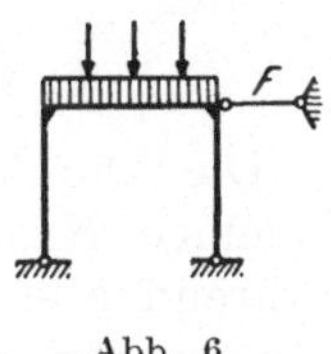

Abb. 6

überhaupt nicht beansprucht. In solchen Fällen liefert bereits der erste Berechnungsabschnitt die endgültigen Momente, Querkräfte usw.

Alle für den ebenen Rahmen angestellten Betrachtungen gelten sinngemäß auch für das räumliche Rahmentragwerk.

5. Grundverschiebungen und Grundverschiebungszustände

Ein beliebiges Rahmentragwerk erfordere zur Sicherung aller Knoten gegen Verschiebungen bei jedem möglichen Lastangriff n Festhaltungen. Denkt man sich eine einzige dieser Festhaltungen entfernt, so erhält der Rahmen nur eine ganz bestimmte Formänderungsmöglichkeit. Der Knoten, von welchem die Festhaltung entfernt wurde, kann sich in Richtung der Festhaltung, eventuell auch quer dazu verschieben. Unter Richtung der Festhaltung ist hier die Richtung der Wirkungslinie der Festhalte-, bzw. Angriffskraft gemeint, also senkrecht zur Auflagefläche des gedachten Rollenlagers, bzw. in Richtung der gedachten Pendelstütze.

Wird eine einzige Festhaltung entfernt, so soll eine dadurch ermöglichte Verschiebung des betreffenden Festhaltepunktes (Knotens) als *Grundverschiebung der Festhaltung*, die dabei auftretende Verformung des ganzen Rahmens als ihr *Grundverschiebungszustand* bezeichnet werden. Vom geometrischen Aufbau des Rahmens hängt es ab, inwieweit dabei andere Knoten denselben oder einen von ihm abhängigen Verschiebungsweg zurücklegen müssen. Z. B. müssen die Knoten g, h und i des Rahmens nach Abb. 3a bei einer Grundverschiebung der Festhaltung F_4 denselben Weg wie der Knoten k, von dem die Festhaltung entfernt wurde, in horizontaler Richtung zurücklegen. Die Durchführung einer Grundverschiebung der Festhaltung F_1 erfordert, daß der Knoten h sich in vertikaler Richtung um dieselbe Wegstrecke wie der Knoten d bewegt. Wird aber im Rahmen nach Abb. 3b die Grundverschiebung von F_1 durchgeführt, so ergibt sich zwangsmäßig eine Horizontalverschiebung der Knoten e und f nach innen oder nach außen, je nachdem, ob der Knoten g

gehoben oder gesenkt wird. Die Verschiebungswege der Knoten e und f stehen dabei in einem bestimmten, geometrisch bedingten Verhältnis zum Verschiebungsweg des Knotens g.

6. Kräftegruppen der Grundverschiebungen

Die Durchführung einer Grundverschiebung erfolgt durch eine beliebige Kraft in Richtung der entfernt gedachten Festhaltung, während alle anderen Festhaltungen am Rahmen verbleiben. Die Kraft verursacht einen bestimmten Verschiebungsweg ihres Angriffspunktes und an allen übrigen Festhaltungen Festhaltekräfte als Auflagerreaktionen, welche mit der angreifenden Kraft und den Auflagerkräften des Rahmens im Gleichgewicht stehen müssen. Die Größen dieser Festhaltekräfte sind bei einer bestimmten Größe der angreifenden Kraft daher eindeutig und auf irgend einem Wege berechenbar.

Ferner sind diese Festhaltekräfte proportional der angreifenden Kraft, d. h. der n-fachen angreifenden Kraft entsprechen auch n-fache Festhaltekräfte.

Betrachtet man nun das verschiebliche Rahmensystem, also den Rahmen ohne jede Festhaltung, und bringt das oben beschriebene Gleichgewichtssystem als äußere Belastung auf, dann kann sich als Verformung nur der betreffende Grundverschiebungszustand ergeben, da es ja gleichgültig ist, ob die Kräfte als angreifende Kräfte oder als Reaktionen auftreten.

Der Grundverschiebungszustand, also die Verformung des Rahmens, ist somit durch das beschriebene Kräftesystem eindeutig definiert.

Ein solches Kräftesystem sei daher *ohne Rücksicht auf die Größe der Kräfte selbst* als eine *Kräftegruppe der betreffenden Grundverschiebung oder des betreffenden Grundverschiebungszustandes bezeichnet.* Untereinander stehen die Kräfte in einem bestimmten Größenverhältnis.

7. Ableitung der Grundgleichungen

Führt man im Rahmen nach Abb. 3a Grundverschiebungen der Festhaltungen F_1 bis F_4 durch, so erhält man die in den Abb. 7a bis 7d dargestellten Kräftegruppen. Der erste Zeiger der einzelnen Kräftebezeichnungen gibt den Ort der Kraft, der zweite den Ort der Grundverschiebung an. Die Verschiebungswege der Knoten, von welchen die Festhaltungen entfernt werden, seien $\varDelta_1$, $\varDelta_2$, $\varDelta_3$ und $\varDelta_4$. Sie werden als Größen der Grundverschiebungen bezeichnet. Die Größe der Grundverschiebung F_1 beträgt daher $\varDelta_1$, jene der Grundverschiebung F_2 $\varDelta_2$, usw.

Die Kräfte P_{11}, P_{21}, P_{31} und P_{41} bilden die Kräftegruppe zu $\varDelta_1$, die Kräfte P_{12}, P_{22}, P_{32} und P_{42} jene zu $\varDelta_2$, usw. Ist $\varDelta_1 = \varDelta_2 = \varDelta_3 = \varDelta_4$, so ist $P_{12} = P_{21}$, $P_{13} = P_{31}$, $P_{14} = P_{41}$, $P_{23} = P_{32}$, $P_{24} = P_{42}$ und $P_{34} = P_{43}$.

Dies folgt aus dem Prinzip der virtuellen Arbeit. Die Arbeit, die alle Kräfte eines Gleichgewichtssystems bei einer kleinen Änderung des Formänderungszustandes leisten, muß Null sein. Läßt man z. B. alle Kräfte des Gleichgewichtssystems nach Abb. 7a die Formänderungen nach Abb. 7b durchführen und sind die Biegungsmomente der Stäbe bei der Belastung nach Abb. 7a M_a, nach Abb. 7b M_b, so ist

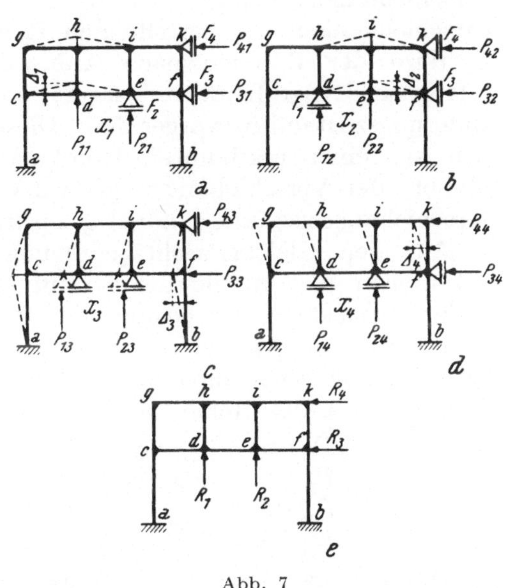

Abb. 7

$$P_{21} \cdot \varDelta_2 + \int_R M_a \frac{M_b}{E\,J}\, ds = 0$$

(R am Integralzeichen soll andeuten, daß das Integral auf alle Rahmenstäbe zu erstrecken ist.)

Wendet man dasselbe Prinzip auf das Gleichgewichtssystem nach Abb. 7b für eine Verformung nach Abb. 7a an, so erhält man

$$P_{12} \cdot \varDelta_1 + \int_R M_b \frac{M_a}{E\,J}\, ds = 0$$

Da die Werte der Integrale in beiden Fällen gleich groß sind, folgt

$$P_{21} \cdot \varDelta_2 = P_{12} \cdot \varDelta_1$$

mit

$$\varDelta_2 = \varDelta_1 \quad \text{ist also } P_{21} = P_{12}$$

Die Anwendung desselben Prinzipes auf die anderen Gleichgewichtszustände ergibt allgemein $P_{mn} = P_{nm}$, wenn die Verschiebungswege aller Grundverschiebungen gleich groß sind.

Das Prinzip der virtuellen Arbeit wird auf S. 37 und S. 43 eingehender behandelt.

Jede Verschiebung, die ein Knoten eines Rahmens erfahren kann, läßt sich durch vektorielle Addition von Vielfachen der zu den Grundverschiebungszuständen gehörigen Verschiebungen desselben Knotens darstellen. Die geometrischen Bedingungen des

Rahmens schreiben bei jeder möglichen Verformung gewisse Abhängigkeiten der Verschiebungen der einzelnen Knoten voneinander vor. Dabei sind jeweils nur ebensoviele unabhängige Knotenverschiebungen möglich, als Festhaltungen zur Sicherung der Unverschieblichkeit des betreffenden Rahmens notwendig sind.

Wird der Rahmen nach Abb. 3a durch die in Abb. 7e eingetragenen Angriffskräfte belastet, so wird ein bestimmter Formänderungszustand hervorgerufen. Dieser Formänderungszustand läßt sich aus einer bestimmten Kombination von Vielfachen der bezüglich der Verschiebungswege willkürlich angenommenen Grundverschiebungszustände eindeutig zusammensetzen.

Aus den Gleichgewichtsbedingungen an den Festhaltepunkten lassen sich die Anteile der Grundverschiebungszustände am Verschiebungszustand der Gruppe der Angriffskräfte berechnen.

Werden die Anteile der Grundverschiebungen mit x_1, x_2 usw. bezeichnet, so erhält man an Hand der Abb. 7a bis 7e für die Knoten d, e, f und k der Reihe nach folgende Gleichgewichtsbedingungen:

$$P_{11} \cdot x_1 + P_{12} \cdot x_2 + P_{13} \cdot x_3 + P_{14} \cdot x_4 = R_1$$
$$P_{21} \cdot x_1 + P_{22} \cdot x_2 + P_{23} \cdot x_3 + P_{24} \cdot x_4 = R_2 \qquad (1)$$
$$P_{31} \cdot x_1 + P_{32} \cdot x_2 + P_{33} \cdot x_3 + P_{34} \cdot x_4 = R_3$$
$$P_{41} \cdot x_1 + P_{42} \cdot x_2 + P_{43} \cdot x_3 + P_{44} \cdot x_4 = R_4$$

Die Lösungen dieses, im folgenden als „*Grundgleichungen*" bezeichneten Gleichungssatzes ergeben die Faktoren, mit welchen die Momente, Querkräfte usw. der Grundverschiebungszustände zu multiplizieren sind, um als Summe die Momente, Querkräfte usw. des durch die Angriffskräfte R_1 bis R_4 belasteten verschieblichen Rahmens zu liefern.

Immer erhält man bei einem Rahmen, welcher n Festhaltungen zur Verhinderung jeder Verschiebungsmöglichkeit erfordert, n Grundgleichungen von der Form (1).

Werden die Momente an einer bestimmten Stelle s des Rahmens in den Grundverschiebungszuständen der Reihe nach mit M_{s1}, $M_{s2} \ldots M_{sn}$ bezeichnet, so beträgt das Gesamtmoment an derselben Stelle

$$M_s = M_{s1} \cdot x_1 + M_{s2} \, x_2 + M_{s3} \, x_3 + \ldots + M_{sn} \, x_n \qquad (2)$$

Analog werden die Querkräfte, Spannungen usw. zusammengesetzt.

Statt der Grundverschiebungszustände können in gleicher Weise auch andere voneinander unabhängige Verschiebungszustände, die z. B. bei gleichzeitigem Lösen mehrerer Festhaltungen entstehen, der Berechnung zugrunde gelegt werden.

Das endgültige Berechnungsergebnis erhält man durch Addition der Momente usw. nach (2) zu den Momenten usw. des unverschieblichen Rahmens.

Voraussetzung für die praktische Anwendung dieser Berechnungsart ist die Kenntnis der Kräftegruppen und des Momentverlaufs der Grundverschiebungszustände, bzw. allgemeiner, voneinander unabhängiger Verschiebungszustände.

Ein allgemein gangbarer Weg zur Ermittlung dieser Grundlagen führt über den Rahmen mit verschieblichen, aber unverdrehbaren Knoten und wird auf S. 30 f. besprochen.

II. Das Momentenausgleichsverfahren von Cross[1]

1. Allgemeines

Das Momentenausgleichsverfahren von Cross dient zur Berechnung unverschieblicher Rahmen, es liefert den Momentenverlauf infolge beliebiger Belastung der Rahmenstäbe durch schrittweise Annäherung (Iteration). Meist konvergiert es rasch, d. h. schon nach einigen „Ausgleichen" entspricht die Genauigkeit der Ergebnisse den gestellten Anforderungen.

Dem Crossschen Verfahren dient als *Grundsystem der Rahmen mit unverschieblichen und unverdrehbaren Knoten*. Außer den erforderlichen Festhaltungen gegen Verschiebungen aller Knoten in Form von gedachten Rollen- oder Pendellagern sind daher an jedem einzelnen Knoten Festhaltungen gegen Verdrehungen erforderlich. An diesen Festhaltungen treten bei Belastung des Grundsystems Festhaltemomente auf.

2. Erweiterte Fassung und Ableitung

Das Verfahren wird in erweiterter Fassung für Rahmen mit beliebig geformten Stäben abgeleitet.

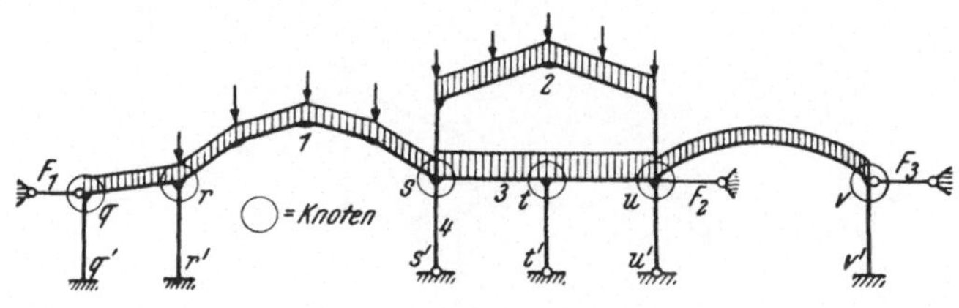

Abb. 8

In Abb. 8 sind etwa alle Stabformen enthalten, die in einem ebenen Rahmen vorkommen können. Die Stabzüge können überdies

---

[1] Siehe auch Guldan, R.: Rahmentragwerke und Durchlaufträger, S. 160 bis 167. Wien: Springer-Verlag. 1949.

noch unsymmetrisch sein. Der Rahmen ist durch drei Festhaltungen gegen Verschiebung gesichert. An allen Hauptknoten sind Festhaltungen gegen Verdrehungen zu denken.

Die drei Knickpunkte des Stabzuges $r - s$ sowie die drei Knickpunkte des mittleren oberen Teiles $s - u$ sind im Sinne des erweiterten Verfahrens kein Hauptknoten, sondern nur Nebenknoten des Rahmens. Da in den Nebenknoten kein Momentenausgleich erfolgt, werden im folgenden die Hauptknoten kurz als Knoten bezeichnet.

Im Grundsystem ist infolge der unverdrehbaren Knoten jeder Stab in den Knoten eingespannt. Werden die Stäbe belastet, so entstehen daher an den Knoten die Einspannungsmomente festeingespannter Stäbe. Die Einspannungsmomente aller an einem Knoten anschließenden Stäbe sind natürlich nicht im Gleichgewicht. Das Gleichgewicht muß an jedem Knoten durch Hinzufügen eines Festhaltemomentes hergestellt werden.

Stoßen an einem Knoten n Stäbe zusammen und werden die Einspannungsmomente mit M_E, das Festhaltemoment mit M_S bezeichnet, so lautet die Gleichgewichtsbedingung

$$\sum_1^n M_E + M_S = 0$$

daraus ist

$$M_S = - \sum_1^n M_E$$

Wird bei Beibehaltung aller anderen Festhaltungen die Festhaltung gegen Verdrehen an einem einzigen Knoten gelöst, also nur dieser Knoten frei drehbar gemacht, so wirkt auf ihn ein Moment von der Größe des Festhaltemomentes, aber mit umgekehrtem Drehsinn, das ist die ursprüngliche Momentensumme $\sum_1^n M_E$, ein.

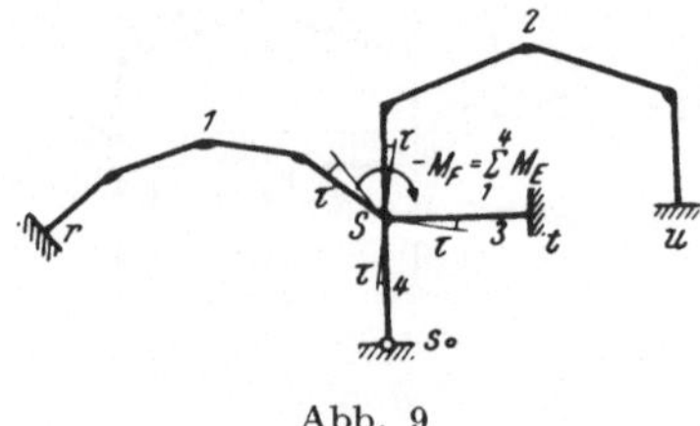

Abb. 9

In Abb. 9 ist dieser Zustand für den Knoten s des Rahmens nach Abb. 8 dargestellt. Das Moment $\sum M_E$ verdrehe den Knoten s um den Winkel τ. Alle anschließenden Stabenden müssen sich, da sie mit dem Knoten fest verbunden sind, um τ mitverdrehen.

Nach der Verdrehung herrscht am Knoten Gleichgewicht. Werden die nur durch die Knotenverdrehung hervorgerufeuen Momentenänderungen an den Stabenden mit ΔM_{S1}, ΔM_{S2}, ΔM_{S3} und ΔM_{S4} bezeichnet, wobei der zweite Zeiger die Stabbezeichnung ist, so lantet die Gleichgewichtsbedingung nach erfolgter Verdrehung aller Stabenden um den Winkel τ

$$\Delta M_{S1} + \Delta M_{S2} + \Delta M_{S3} + \Delta M_{S4} + \sum_1^4 M_E = 0 \qquad (3)$$

Ein fester Anschluß kann durch ein Gelenk und das Abschlußmoment ersetzt werden. Daher ändert sich am System nichts, wenn alle Stäbe im Knoten s gelenkig gelagert angenommen werden, aber gleichzeitig die Momente ΔM_{S1} bis ΔM_{S4} auf die Stabenden bei s wirken. Man erhält dann nur Stäbe mit gelenkiger Lagerung am Knoten s und fester Einspannung an den anderen Stabenden. Unter Einwirkung des Anschlußmomentes (ΔM_{S1} bis ΔM_{S4}) muß sich jedes Stabende um denselben Winkel τ verdrehen.

Abb. 10

Die Verdrehungen der Gelenkstellen infolge $M = 1$ seien bei den einzelnen Stäben τ_1, τ_2, τ_3 und τ_4. Dieser Belastungsfall ist für den Stabzug 1 in Abb. 10 dargestellt. Gleichzeitig treten an den anderen Stabenden die entsprechenden Einspannungsmomente M_1', M_2' und M_3' auf. Weil bei s_0 in Abb. 8 und 9 gelenkige Lagerung angenommen wurde, ist aber beim Stab 4 $M_4' = 0$.

Da die Verdrehung an allen Stabenden gleich τ sein muß, ist

$$\tau = \Delta M_{S1} \cdot \tau_1 = \Delta M_{S2} \cdot \tau_2 = \Delta M_{S3} \cdot \tau_3 = \Delta M_{S4} \cdot \tau_4 \qquad (4)$$

daraus folgt:

$$\Delta M_{S1} = \frac{\tau}{\tau_1}, \; \Delta M_{S2} = \frac{\tau}{\tau_2}, \; \Delta M_{S3} = \frac{\tau}{\tau_3}, \; \Delta M_{S4} = \frac{\tau}{\tau_4} \qquad (5)$$

Setzt man die Beziehungen (5) in (3) ein, so ergibt sich

$$\sum_1^4 M_E = - \left(\frac{\tau}{\tau_1} + \frac{\tau}{\tau_2} + \frac{\tau}{\tau_3} + \frac{\tau}{\tau_4} \right) \qquad (6)$$

Dividiert man die Beziehungen (5) durch (6), so erhält man

$$\frac{\Delta M_{S1}}{\sum_1^4 M_E} = - \frac{\dfrac{\tau}{\tau_1}}{\dfrac{\tau}{\tau_1} + \dfrac{\tau}{\tau_2} + \dfrac{\tau}{\tau_3} + \dfrac{\tau}{\tau_4}} = - \frac{\dfrac{1}{\tau_1}}{\sum_1^4 \dfrac{1}{\tau}}$$

daraus folgt:

und entsprechend

$$
\left.\begin{aligned}
\Delta M_{S1} &= -\frac{\dfrac{1}{\tau_1}}{\sum\limits_{1}^{4}\dfrac{1}{\tau}} \cdot \sum_{1}^{4} M_E \\[2em]
\Delta M_{S2} &= -\frac{\dfrac{1}{\tau_2}}{\sum\limits_{1}^{4}\dfrac{1}{\tau}} \cdot \sum_{1}^{4} M_E \\[2em]
\Delta M_{S3} &= -\frac{\dfrac{1}{\tau_3}}{\sum\limits_{1}^{4}\dfrac{1}{\tau}} \cdot \sum_{1}^{4} M_E \\[2em]
\Delta M_{S4} &= -\frac{\dfrac{1}{\tau_4}}{\sum\limits_{1}^{4}\dfrac{1}{\tau}} \cdot \sum_{1}^{4} M_E
\end{aligned}\right\} \tag{7}
$$

$\dfrac{1}{\tau_1}$, $\dfrac{1}{\tau_2}$, $\dfrac{1}{\tau_3}$ und $\dfrac{1}{\tau_4}$ werden als *Stabsteifigkeiten* bezeichnet.

Stoßen allgemein n Stäbe an einen Knoten zusammen, so sind in (7) selbstverständlich die Summen auf alle n Stäbe zu erstrecken und es ergeben sich n Gleichungen von der Form (7).

Die Gln. (7) liefern die Stabendmomente aller an den Knoten s anschließenden Stäbe, hervorgerufen durch das Lösen der Festhaltung des Knotens s. An den anderen Stabenden treten gleichzeitig Einspannungsmomente auf. Ihre Größe ist bei r: $M_1' \cdot \Delta M_{S1}$, bei u: $M_2' \cdot \Delta M_{S2}$ und bei t: $M_3' \cdot \Delta M_{S3}$, da nach Abb. 10 und 9 die Momente infolge $\Delta M_{S1} = 1$, $\Delta M_{S2} = 1$ und $\Delta M_{S3} = 1$ der Reihe nach M_1', M_2' und M_3' betragen.

M_1', M_2' und M_3', die Einspannungsmomente bei r, u und t infolge $M = 1$ angreifend an den gedachten Gelenksstellen am Knoten s (Abb. 9 und 10), werden als *Abklingungs-* oder *Übergangszahlen* bezeichnet. Addiert man zu den Einspannungsmomenten infolge der Stabbelastungen die durch das Lösen der Festhaltung des Knotens s entstandenen Momentenänderungen, so erhält man ein Momentenbild, das dem ersten Momentenausgleich im Knoten s entspricht. Jetzt denkt man sich diesen Knoten in seiner neuen Lage, also um den Winkel τ gedreht, festgehalten. Dann wird ein anderer Knoten, z. B. r, gelöst. Zu dem dort ursprünglich gewesenen Festhaltemoment ist durch den Momentenausgleich im Knoten s das Moment $M_1' \cdot \Delta M_{S1}$ hinzugekommen. Diese Momentensumme wird jetzt ausgeglichen. Der Ausgleich beschränkt sich hier nur auf die Stäbe *1* und *5*. Es entsteht auch bei *s* ein neues Einspannungsmoment, das aber schon kleiner ist als das ursprüngliche. Anschließend wird in derselben Weise das Gleichgewicht an den einzelnen Knoten immer wieder hergestellt, bis an allen Knoten die restlichen Momentenüberschüsse so klein sind, daß sie vernachlässigt werden können. Da hiebei jeder gewünschte Genauigkeitsgrad erreicht werden kann, ist das Crosssche Verfahren ein exaktes Berechnungsverfahren. Die Rechengenauigkeit, die bei direktem Auflösen der Elastizitätsgleichungen erzielt wird, übertrifft nicht die Genauigkeit des Crossschen Verfahrens.

3. Vorzeichenregel

Für die Durchführung des Crossschen Verfahrens ist eine vom Üblichen abweichende Vorzeichenregel erforderlich, da die Berechnung sonst unübersichtlich wird. Es werden diejenigen Momente positiv gezählt, welche die Knoten im Uhrzeigerdrehsinn drehen wollen. Bei positiven Momenten treten daher an den in Abb. 11 durch gestrichelte Linien bezeichneten Stabseiten Zugspannungen auf. An den beiden Enden ein und desselben Stabes liegen bei positiven Momenten die Zugfasern auf verschiedenen Stabseiten. Nur für die rechten Enden horizontaler Stäbe und die oberen Enden vertikaler Stäbe (Abb. 11) stimmen die Momentenvorzeichen mit den in der Statik üblichen überein.

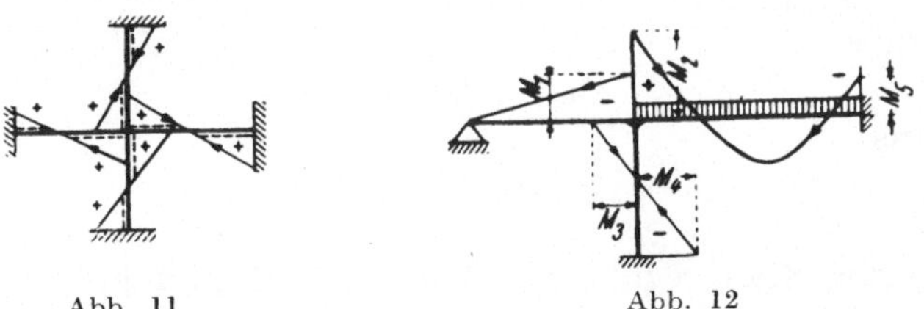

Abb. 11   Abb. 12

Um einfach festzustellen, in welchem Sinne die Stabanschluß-Momente einen Knoten zu drehen versuchen, denke man sich die Momentenlinien als Seillinien. Die Seilzüge können nur vom Knoten weg wirken. Zeichnet man ihre Richtungen in der Nähe der Knoten wie in Abb. 12 ein, so ergeben sich sofort die richtigen Momentenvorzeichen im Sinne der Crossschen Methode: Die Seilkräfte von M_1, M_3, M_4 und M_5 versuchen die Knoten entgegengesetzt dem Uhrzeigerdrehsinn zu drehen, diese Momente sind daher negativ.

Man erkennt, daß in der Abb. 11 nur positive Momente auftreten.

Bei der Ableitung der Gln. (7) wurde $\sum_1^4 M_E$ positiv angenommen, also im Uhrzeigersinn gerichtet, daher entsprechen die negativen

Vorzeichen der Gln. (7) bereits der Vorzeichenregel des Crossschen Verfahrens. Das im Sinne des Uhrzeigers den Knoten verdrehende Moment steht mit in den Stäben entgegengesetzt gerichteten, also negativen Momenten im Gleichgewicht.

4. Abklingungs- oder Übergangszahlen

Die Abklingungszahl ist, wie bereits erwähnt, das Einspannungsmoment des einseitig eingespannten Stabes bei der Belastung des Stabes durch ein Moment $M = 1$ am gelenkigen Auflager.

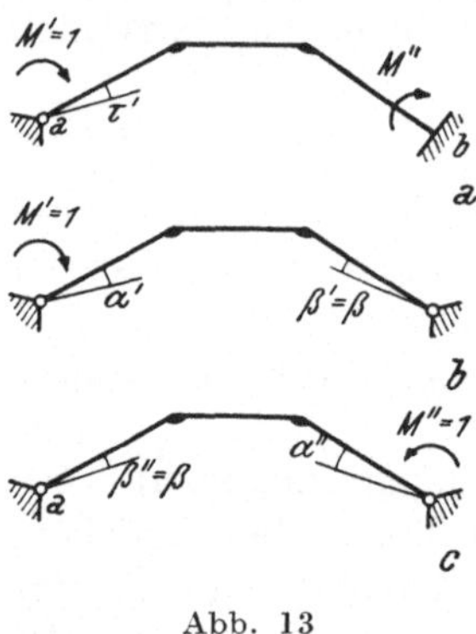

Abb. 13

Nimmt man bei einem krummen Stab oder einem Stabzug nach Abb. 13b als Grundsystem den Zweigelenkbogen, bzw. Zweigelenkrahmen, beim geraden Stab den freiaufliegenden Balken an, so läßt sich die Abklingungszahl durch die Stabenddrehwinkel des Grundsystems ausdrücken.

Bezeichnet man nach Abb. 13b die Stabenddrehwinkel im Grundsystem infolge $M' = 1$ mit α' und β', nach Abb. 13c infolge $M'' = 1$ mit α'' und β'', so ist nach Maxwell $\beta' = \beta'' = \beta$ und man erhält das Einspannungsmoment aus der Bedingung, daß bei b keine Verdrehung erfolgen kann.

Es ist daher

$$M'' \cdot \alpha'' + \beta = 0$$

und daraus

$$M'' = - \frac{\beta}{\alpha''} \tag{8a}$$

Wenn der Stab rechts gelenkig gelagert und links eingespannt ist, ergibt sich das linke Einspannungsmoment analog mit

$$M' = - \frac{\beta}{\alpha'} \tag{8b}$$

Werden die Winkel α', α'' und β, wie in Abb. 13b und 13c eingetragen, positiv gerechnet, so ist nach der Vorzeichenregel des Crossschen Verfahrens für die Werte M' und M'' als Abklingungszahlen noch das Vorzeichen zu ändern.

Die Abklingungszahl von links nach rechts beträgt daher allgemein

$$\mu' = \frac{\beta}{\alpha''} \tag{9a}$$

und die Abklingungszahl von rechts nach links

$$\mu'' = \frac{\beta}{\alpha'} \tag{9b}$$

5. Stabsteifigkeiten

Als Stabsteifigkeit wurde der reziproke Wert des Verdrehungswinkels τ' am gelenkigen Auflager des einseitig eingespannten Stabes infolge $M = 1$, angreifend an derselben Stelle bezeichnet (Abb. 13a).

Im Grundsystem erzeugt das Moment $M' = 1$ nach Abb. 13b bei a den Winkel α'. Nach (8b) beträgt das rechte Einspannungsmoment

$$M'' = - \frac{\beta}{\alpha''}$$

Da das Moment $M'' = 1$ bei a den Winkel β erzeugt, beträgt der Winkel infolge $M'' = - \dfrac{\beta}{\alpha''} \ldots - \dfrac{\beta^2}{\alpha''}$. τ' setzt sich daher aus diesem Winkel und α' zusammen. Es ist

$$\tau' = \alpha' - \frac{\beta^2}{\alpha''} = \frac{\alpha' \alpha'' - \beta^2}{\alpha''}$$

Die Stabsteifigkeit für das linke Stabende a eträgt somit

$$\frac{1}{\tau} = \frac{\alpha''}{\alpha' \alpha'' - \beta^2} \tag{10a}$$

Analog erhält man als Stabsteifigkeit für das rechte Stabende b:

$$\frac{1}{\tau''} = \frac{\alpha'}{\alpha' \alpha'' - \beta^2} \tag{10b}$$

Bei Rahmenstäben, die einseitig gelenkig angeschlossen sind, wenn also bei b kein Moment auftritt, ist nach Abb. 13b $\tau' = \alpha'$ und die Stabsteifigkeit beträgt

$$\frac{1}{\tau'} = \frac{1}{\alpha'} \tag{11a}$$

Liegt die Gelenkstelle bei a und erfolgt der Momentenausgleich im Knoten b, so ist analog (nach Abb. 13c)

$$\frac{1}{\tau''} = \frac{1}{\alpha''} \tag{11b}$$

6. Sonderfall: Rahmen mit geraden Stäben mit veränderlichen Trägheitsmomenten

Es gelten die Formeln (9a) und (9b) für die Abklingungszahlen, (10a), (10b), (11a) und (11b) für die Stabsteifigkeiten.

Für α', α'' und β stehen in Schleicher, F.: Taschenbuch für Bauingenieure, Berlin: Springer-Verlag, 1943, S. 1388 bis 1393, Tabellen von Dischinger zur Verfügung. Die Verdrehungswinkel sind dort in Abhängigkeit von λ, dem Verhältnis der Voutenlängen zur Stützweite und n, dem Verhältnis der Trägheitsmomente des mittleren, unveränderlichen Stabquerschnittes und des größten Querschnittes über dem Auflager bei geraden und parabolischen Vouten angegeben (Abb. 14).

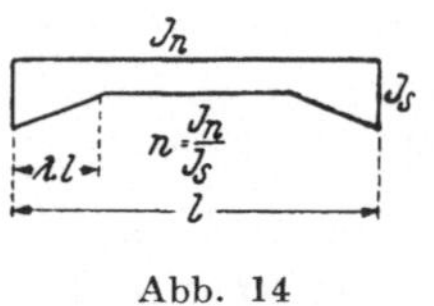

Abb. 14

Zahlreiche Tabellen und graphische Darstellungen zur Ermittlung der Winkel α', α'' und β enthält u. a. das Buch von Guldan, R.: Rahmentragwerke und Durchlaufträger, Wien: Springer-Verlag, 1949.

7. Sonderfall: Rahmen mit geraden Stäben mit konstanten Trägheitsmomenten

Wird ein Stab mit der mit $\dfrac{1}{E\,J}$ reduzierten Momentenfläche belastet, so erhält man nach Mohr die Endverdrehungen als Auflagerkräfte dieser Belastung.

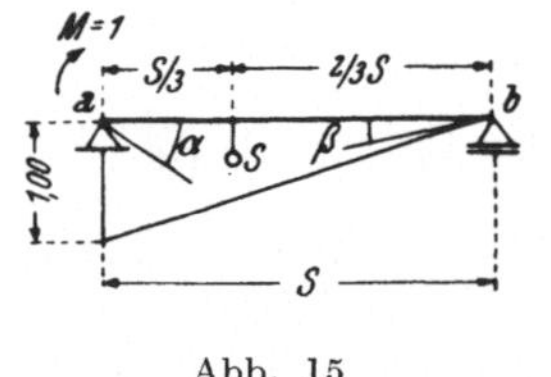

Abb. 15

Da $E\,J$ hier konstant und wegen der Symmetrie $\alpha' = \alpha'' = \alpha$ ist, erhält man nach Abb. 15

$$\left.\begin{aligned}\alpha &= \frac{2}{3} \cdot \frac{1}{E\,J} \cdot \frac{1 \cdot s}{2} = \frac{s}{3\,E\,J}\\[2mm]\beta &= \frac{1}{3} \cdot \frac{1}{E\,J} \cdot \frac{1 \cdot s}{2} = \frac{s}{6\,E\,J}\end{aligned}\right\} \qquad (12)$$

Die Übergangszahl ergibt sich aus Gl. (9a) und (9b) mit

$$\mu' = \mu'' = \mu = \frac{\alpha}{\beta} = \frac{1}{2} \qquad (12a)$$

Die Stabsteifigkeit beträgt nach Gl. (10a) und (10b)

$$\frac{1}{\tau'} = \frac{1}{\tau''} = \frac{1}{\tau} = \frac{\alpha}{\alpha^2 - \beta^2} = \frac{\dfrac{s}{3\,E\,J}}{\dfrac{s^2}{9\,E^2 \cdot J^2} - \dfrac{s^2}{36\,E^2\,J^2}} = \frac{4\,E\,J}{s} \qquad (13)$$

Führt man diesen Wert in Gl. (7) ein und bezeichnet den Knoten, an welchem n Stäbe mit den Stablängen s_1, $s_2 \ldots s_n$ und den Trägheitsmomenten J_1, $J_2 \ldots J_n$ zusammenstoßen, wieder mit s, so erhält man bei konstantem E:

$$M s_1 = - \frac{\dfrac{1}{\tau_1}}{\displaystyle\sum_1^n \frac{1}{\tau}} \sum_1^n M_E = - \frac{\dfrac{4\,E\,J_1}{s_1}}{4\displaystyle\sum_1^n \frac{E\,J}{s}} \sum_1^n M_E = - \frac{\dfrac{J_1}{s_1}}{\displaystyle\sum_1^n \frac{J}{s}} \sum_1^n M_E$$

Setzt man als dimensionslose Größe

$$k = \frac{J}{c \cdot s} \qquad (14)$$

wobei c eine beliebige, für alle Stäbe des betreffenden Rahmens aber gleich große Konstante mit der Dimension l^3 ($l = $ Längeneinheit) ist, die den zahlen- und dimensionsmäßigen Zusammenhang zwischen $\dfrac{J}{s}$ und k sichert, so wird

$$\left.\begin{aligned} \Delta M_{S1} &= -\frac{k_1}{\displaystyle\sum_1^n k} \cdot \sum_1^n M_E \\[2em] \Delta M_{S2} &= -\frac{k_2}{\displaystyle\sum_1^n k} \cdot \sum_1^n M_E \\[2em] \Delta M_{Sn} &= -\frac{k_n}{\displaystyle\sum_1^n k} \cdot \sum_1^n M_E \end{aligned}\right\} \tag{15}$$

Sind in einem Rahmen auch Stäbe, die an einem Ende gelenkig angeschlossen sind, angeordnet, so gilt für sie nach Gl. (11a) und (11b)

$$\frac{1}{\tau'} = \frac{1}{\tau''} = \frac{1}{a} = \frac{3\,E\,J}{s} = \frac{3}{4} \cdot \frac{4\,E\,J}{s}$$

Ihre Stabsteifigkeit beträgt daher $\dfrac{3}{4}$ der Stabsteifigkeit beiderseits eingespannter Stäbe und in den Formeln (15) ist für die einseitig gelenkig gelagerten Stäbe an Stelle von k

$$k_g = \frac{3}{4}\,\frac{J}{c\,s} \tag{16}$$

einzusetzen.

Da in Gl. (15) in den Zählern und Nennern k-Werte stehen, kommt es nur auf das Verhältnis der Stabsteifigkeiten an. Man kann z. B. immer den Faktor c wegkürzen, ferner alle k-Werte mit derselben Zahl multiplizieren oder dividieren, aber auch an Stelle eines beliebigen k-Wertes 1 setzen. Es genügt also, mit relativen Stabsteifigkeiten zu rechnen.

Ist aber bei der Berechnung eines Rahmens der Temperatureinfluß zu berücksichtigen oder werden im Rahmen Zugbänder angeordnet, so ist mit den effektiven Steifigkeiten nach Gl. (14) zu rechnen. In diesen Fällen wird die Berechnung durch die Verwendung des c-Wertes übersichtlich und einfach.

8. Systemskizzen

Für die Durchführung des Momentenausgleichsverfahrens bedient man sich einer Systemskizze, in welcher die Auflagerungsart der Stäbe kenntlich gemacht ist, die Stäbe selbst bezeichnet sind und ihre Stabsteifigkeiten $\dfrac{1}{\tau'}$ und $\dfrac{1}{\tau''}$, bzw. die k-Werte vermerkt sind.

An den Knoten ist die Summe der Stabsteifigkeiten $\sum\limits_{1}^{n}\dfrac{1}{\tau}$ aller den

Knoten bildenden Stäbe, bzw. $\sum\limits_{1}^{n}k$ anzugeben. Weiters sind die

Abklingungszahlen in allen Richtungen zu vermerken. Abb. 16a zeigt die Systemskizze für den allgemeinen Fall. Die Abklingungszahlen sind mit μ' und μ'' bezeichnet.

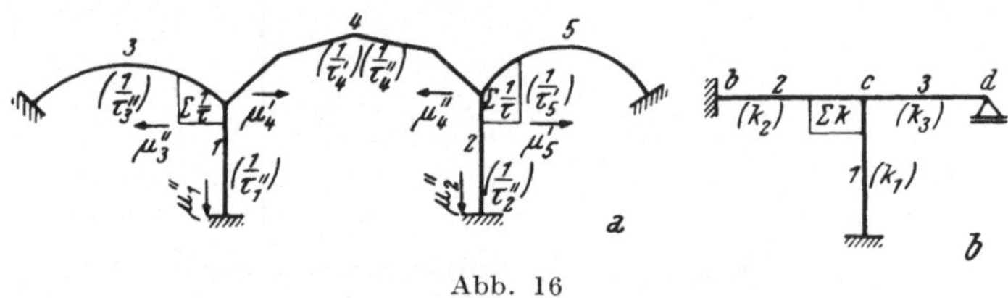

Abb. 16

Abb. 16 b enthält die Skizze für einen Rahmen mit geraden Stäben mit konstanten Trägheitsmomenten. Da hier die Abklingungszahlen in jeder Richtung $+\ 1/2$, gegen Gelenke zu Null sind, brauchen sie nicht besonders vermerkt zu werden.

Zweckmäßig und üblich ist es, die Verteilung der Momente auf die an einen Knoten anschließenden Stäbe in Prozenten oder Dezimalbrüchen anzugeben. Dadurch entfällt die jedesmalige Division durch $\sum\limits_{1}^{n}\dfrac{1}{\tau}$ bzw. $\sum\limits_{1}^{n}k$ nach den Formeln (7) bzw. (15).

An den Stabenden werden die Werte von

$$\frac{\dfrac{1}{\tau}}{\sum\limits_{1}^{n}\dfrac{1}{\tau}}\quad\text{bzw.}\quad\frac{k}{\sum\limits_{1}^{n}k}$$

vermerkt. (S. z B. Abb. 18.) Die Summen dieser Verteilungszahlen müssen natürlich an jedem Knoten 100% bzw. $1{\cdot}00$ sein.

Beschränkt sich der Ausgleich nur auf einen Knoten, wie z. B. in den Abb. 23, 26, 51a usf., so lohnt es sich nicht, vor Durchführung des Momentenausgleichs die Verteilungszahlen zu ermitteln.

9. Zahlenbeispiel 1

Der unverschiebliche Stahlbetonrahmen mit den in der Abb. 17 angegebenen Abmessungen ist am Stab 5 in Stabmitte mit $P = 16{\cdot}0\ t$ und am Stab 6 mit $p_6 = 4{\cdot}00\ tm$ gleichmäßig belastet.
Gesucht ist der Momentenverlauf.

In Metern gerechnet betragen die Trägheitsmomente der Stützen:

$$J_1 = J_2 = \frac{0{\cdot}25 \cdot 0{\cdot}40^3}{12} = 13{\cdot}3 \cdot 10^{-4}\ m^4$$

$$J_3 = \frac{0{\cdot}25 \cdot 0{\cdot}30^3}{12} = 5{\cdot}6 \cdot 10^{-4}\ m^4$$

und die Trägheitsmomente der Riegel:

$$J_4 = J_5 = \frac{0{\cdot}25 \cdot 0{\cdot}55^3}{12} = 34{\cdot}7 \cdot 10^{-4}\ m^4$$

$$J_6 = \frac{0{\cdot}25 \cdot 0{\cdot}70^3}{12} = 71{\cdot}4 \cdot 10^{-4}\ m^4$$

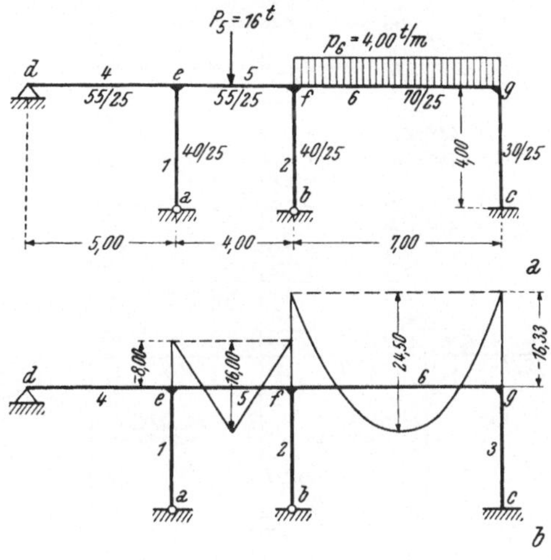

Abb. 17

Daher wird

$$\text{nach (16)}\quad c \cdot k_1 = \frac{3}{4} \cdot \frac{J_1}{s_1} = \frac{3}{4} \cdot \frac{13{\cdot}3 \cdot 10^{-4}}{4{\cdot}00} = 2{\cdot}5 \cdot 10^{-4}\ \text{(Gelenk bei } a\text{)}$$

$$\text{,, (16)}\quad c \cdot k_2 = c \cdot k_1 = 2{\cdot}5 \cdot 10^{-4}\ \text{(Gelenk bei } b\text{)}$$

$$\text{,, (14)}\quad c \cdot k_3 = \frac{J_3}{s_3} = \frac{5{\cdot}6 \cdot 10^{-4}}{4{\cdot}00} = 1{\cdot}4 \cdot 10^{-4}$$

$$\text{,, (16)}\quad c \cdot k_4 = \frac{3}{4} \cdot \frac{J_4}{s_4} = \frac{3}{4}\,\frac{34{\cdot}7 \cdot 10^{-4}}{5{\cdot}00} = 5{\cdot}2 \cdot 10^{-4}\ \text{(Gelenk bei } d\text{)}$$

$$\text{,, (14)}\quad c \cdot k_5 = \frac{J_5}{s_5} = \frac{34{\cdot}7 \cdot 10^{-4}}{4{\cdot}00} = 8{\cdot}7 \cdot 10^{-4}$$

$$\text{,, (14)}\quad c \cdot k_6 = \frac{J_6}{s_6} = \frac{71{\cdot}4 \cdot 10^{-4}}{7{\cdot}00} = 10{\cdot}2 \cdot 10^{-4}$$

Da es nur auf das Verhältnis zwischen den Stabsteifigkeiten ankommt, kann der Faktor $c = 10^{-4}$ weggelassen werden.

In Abb. 18 sind die k-Werte eingetragen. Man erhält für den Knoten e:

$$\sum k = 2{\cdot}5 + 5{\cdot}2 + 8{\cdot}7 = 16{\cdot}4$$

für den Knoten f:

$$\sum k = 8{\cdot}7 + 2{\cdot}5 + 10{\cdot}2 = 21{\cdot}4$$

für den Knoten g:

$$\sum k = 10{\cdot}2 + 1{\cdot}4 = 11{\cdot}6$$

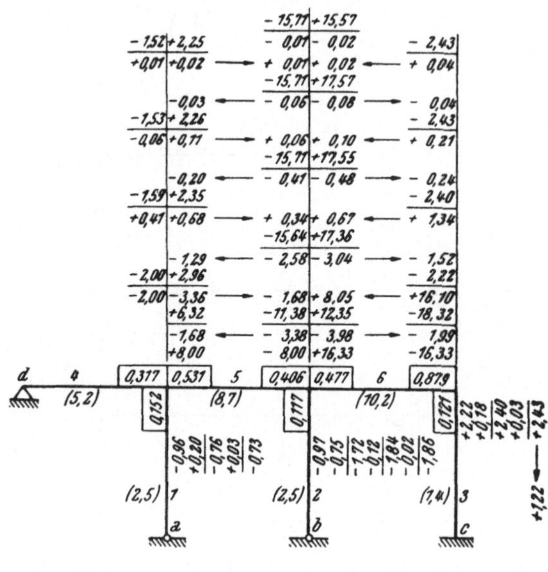

Abb. 18

Für den Ausgleich der Momente in Abb. 18 fehlen noch die Verteilungszahlen der Momente.

Am Knoten e betragen sie für den Stab 1: $\dfrac{2{\cdot}5}{16{\cdot}4} = 0{\cdot}152$

für den Stab 4: $\dfrac{5{\cdot}2}{16{\cdot}4} = 0{\cdot}317$

und für den Stab 5: $\dfrac{8{\cdot}7}{16{\cdot}4} = \underline{0{\cdot}531}$

$$1{\cdot}000$$

Analog ergeben sich die in Abb. 18 angegebenen Verteilungszahlen an den Knoten f und g.

Im Grundsystem sind die Einspannungsmomente des Stabes 5 infolge Belastung durch $P_5 = 16{\cdot}0\ t$ (beiderseits eingespannter Stab):

$$M_{e5} = M_{f5} = -\frac{16{\cdot}0 \cdot 4{\cdot}00}{8} = -8{\cdot}00\ tm$$

und des Stabes *6* infolge Belastung durch $p_6 = 4{\cdot}0\ tm$:

$$M_{f6} = M_{g6} = -\frac{4{\cdot}00 \cdot 7{\cdot}00^2}{12} = -16{\cdot}33\ tm$$

Die auszugleichenden Momentensummen betragen mit dem Vorzeichen nach Cross:

am Knoten e: $\quad \sum M_e = +8{\cdot}00\ tm$

am Knoten f: $\quad \sum M_f = -8{\cdot}00 + 16{\cdot}33 = +8{\cdot}33\ tm$

am Knoten g: $\quad \sum M_g = -16{\cdot}33\ tm$

Beginnt man mit dem Momentenausgleich am Knoten f und verteilt das Moment von $+8{\cdot}33\ tm$ auf die Stäbe *2*, *5* und *6*, so erhält man:

$$\Delta M_{f2} = -0{\cdot}117 \cdot 8{\cdot}33 = -0{\cdot}97\ tm$$
$$\Delta M_{f5} = -0{\cdot}406 \cdot 8{\cdot}33 = -3{\cdot}38\ tm$$
$$\Delta M_{f6} = -0{\cdot}477 \cdot 8{\cdot}33 = \underline{-3{\cdot}98\ tm}$$
$$-8{\cdot}33\ tm$$

Diese Momentenänderungen kommen zu den in Abb. 18 eingetragenen Einspannungsmomenten. (Das Einspannungsmoment der Stütze *2* ist Null.)

Die an den Knoten e und g entstehenden Einspannungsmomente werden mittels der Abklingungszahl 1/2 aus den Momenten ΔM_{f5} und ΔM_{f6} ermittelt. Das heißt, die halben Beträge von $-3{\cdot}38\ tm$ und $-3{\cdot}98\ tm$ werden in den in Abb. 18 eingetragenen Pfeilrichtungen auf die anderen Enden der Stäbe *5* und *6* übertragen. Der Stab *2* ist bei *b* gelenkig angeschlossen, daher kann dort kein Moment auftreten, seine Abklingungszahl ist Null. Diese Einspannungsmomente kommen bei e und g zu den Momenten infolge der Stabbelastungen. Man erhält daher als Ergebnis des ersten, am Knoten f durchgeführten Ausgleichs die in Abb. 18 eingetragenen Momente, das sind:

$$M'_{e5} = +6{\cdot}32\ tm;\quad M'_{f5} = -11{\cdot}38\ tm;\quad M''_{f2} = -0{\cdot}97\ tm;$$
$$M'_{f6} = +12{\cdot}35\ tm\quad \text{und}\quad M'_{g6} = -18{\cdot}32\ tm$$

Gleicht man anschließend das Moment von $-18{\cdot}32\ tm$ im Knoten g aus, so erhält man

$$\Delta M_{g6} = +0{\cdot}879 \cdot 18{\cdot}32 = +16{\cdot}10\ tm$$
$$\Delta M_{g3} = +0{\cdot}121 \cdot 18{\cdot}32 = +\underline{2{\cdot}22\ tm}$$
$$18{\cdot}32\ tm$$

Diese Momente, zu den ursprünglichen addiert, ergeben $-2{\cdot}22\ tm$ und $+2{\cdot}22\ tm$ an den Stäben *6* und *3*. Bei f wird wieder das Gleichgewicht dadurch gestört, daß $\dfrac{16{\cdot}10}{2} = 8{\cdot}05\ tm$ als neues Einspannungsmoment auftritt.

Gleicht man jetzt das Moment ($6{\cdot}32\ tm$) in Knoten e aus, so wird

$$\Delta M_{e1} = -\ 0{\cdot}152 \cdot 6{\cdot}32 = -\ 0{\cdot}96\ tm$$
$$\Delta M_{e4} = -\ 0{\cdot}317 \cdot 6{\cdot}32 = -\ 2{\cdot}00\ tm$$
$$\Delta M_{e5} = -\ 0{\cdot}531 \cdot 6{\cdot}32 = -\ 3{\cdot}36\ tm$$
$$\overline{\qquad\qquad\qquad\qquad -\ 6{\cdot}32\ tm}$$

Die Übertragung von $-\ 3{\cdot}36\ tm$ mittels der Abklingungszahl an das andere Stabende verursacht eine neuerliche Störung des Gleichgewichtes bei f mit

$$-\ \frac{3{\cdot}36}{2} = -\ 1{\cdot}68\ tm$$

Die Gesamtstörung am Knoten f beträgt daher infolge der Ausgleiche in g und e:

$$+\ 8{\cdot}05 - 1{\cdot}68 = 6{\cdot}37\ tm$$

Nun wird dieses Moment bei f ausgeglichen, man erhält

$$\Delta M'_{f2} = -\ 0{\cdot}117 \cdot 6{\cdot}37 = -\ 0{\cdot}75\ tm$$
$$\Delta M'_{f5} = -\ 0{\cdot}406 \cdot 6{\cdot}37 = -\ 2{\cdot}58\ tm$$
$$\Delta M'_{f6} = -\ 0{\cdot}477 \cdot 6{\cdot}37 = -\ 3{\cdot}04\ tm$$
$$\overline{\qquad\qquad\qquad\qquad -\ 6{\cdot}37\ tm}$$

Aus Abb. 18 ersieht man den weiteren Gang des Momentenausgleichverfahrens: Als nächster Schritt erfolgt der Ausgleich von $-\ \dfrac{2{\cdot}58}{2} = -\ 1{\cdot}29\ tm$ bei e und $-\ \dfrac{3{\cdot}04}{2} = -\ 1{\cdot}52\ tm$ bei g, dann sind bei f $0{\cdot}34 + 0{\cdot}67 = 1{\cdot}01\ tm$ auszugleichen. Anschließend sind bei e und g noch $-\ 0{\cdot}20\ tm$, bzw. $-\ 0{\cdot}24\ tm$ auszugleichen, dann $0{\cdot}06 + 0{\cdot}10 = 0{\cdot}16\ tm$ bei f und schließlich $-\ 0{\cdot}03\ tm$ bei e und $0{\cdot}04\ tm$ bei g. Der jetzt noch bei f anfallende Rest von $0{\cdot}01 + 0{\cdot}02 = 0{\cdot}03\ tm$ beeinträchtigt das Resultat nicht mehr.

Das Ausgleichsverfahren liefert die endgültigen Anschlußmomente der Stäbe an den Knoten. Um den Momentenverlauf zu erhalten, sind noch die Momente der einzelnen Stäbe bei beiderseitiger freier Auflagerung (Balken auf zwei Stützen) hinzuzufügen. Für den Stab 5 ist ($P_5 = 16\ t$ in Stabmitte):

$$M_{o5} = \frac{16{\cdot}0 \cdot 4{\cdot}00}{4} = +\ 16{\cdot}00\ tm$$

und für den Stab 6 ($p_6 = 4\ tm^2$ gleichmäßig verteilt)

$$M_{o6} = \frac{4{\cdot}00 \cdot 7{\cdot}00^2}{8} = +\ 24{\cdot}50\ tm$$

Abb. 19 zeigt den endgültigen Momentenverlauf nach der in der Statik üblichen Vorzeichenregel.

Die Reihenfolge, in der die Ausgleiche an den einzelnen Knoten erfolgt, ist an sich gleichgültig. Man kann aber mit einer schnelleren

Konvergenz rechnen, wenn die größten Momentenunterschiede zuerst ausgeglichen werden.

Beim Momentenausgleich in Abb. 18 ist nach jedem Ausgleich die Zwischensumme aus dem vorher vorhandenen Moment und der vom Nachbarknoten übertragenen Momentenänderung, also das Ergebnis jeden Zwischenausgleichs, berechnet worden. Dadurch ist eine Kontrolle während des Momentenausgleiches möglich. Z. B. erhält man nach dem zweiten Ausgleich im Knoten f als Anschlußmomente der Stäbe $2, 3$ und $6 - 1{\cdot}72\ tm$, $- 15{\cdot}64\ tm$

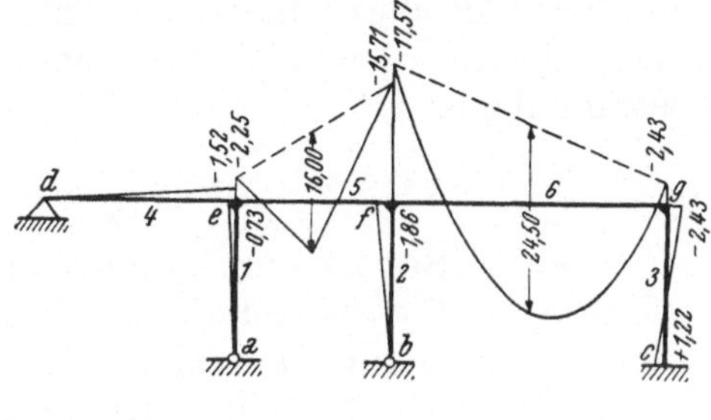

Abb. 19

und $+ 17{\cdot}36\ tm$. Die Summe dieser Momente muß Null sein. Die Bildung der Zwischensummen ist jedoch nicht nötig. Es genügt die Berechnung der Endsummen. (Siehe z. B. Abb. 54a.)

10. Allgemeine Vereinfachungen bei Rahmensymmetrie

Bei symmetrischen Rahmenformen läßt sich bei symmetrischer und gegensymmetrischer Belastung die Durchführung des Momentenausgleiches vereinfachen.

1. Fall. Einzelne Stäbe werden von der Symmetrieachse geschnitten, die Belastung des Rahmens ist symmetrisch.

Durch Einführen fiktiver Stabsteifigkeiten läßt sich der Momentenausgleich auf eine Rahmenhälfte reduzieren.

Entfernt man am Rahmen nach Abb. 20 die Momentenfesthaltungen bei s und s' gleichzeitig, so ist die Steifigkeit des Stabes $s\,s'$ durch $\dfrac{1}{\tau_{m1}}$ gegeben. τ_{m1} ist der Auflagerdrehwinkel, der durch zwei symmetrisch,

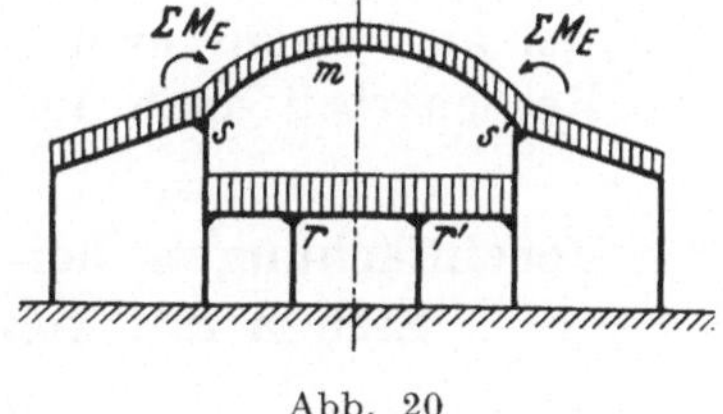

Abb. 20

also gegeneinander gerichtete Momente $M = 1$ angreifend an den frei drehbar gedachten Stabenden entsteht. τ_{m1} ist daher die Summe der Auflagerdrehwinkel nach Abb. 13 b und 13 c, bzw. 34 c und d. Infolge der Symmetrie ist $\alpha' = \alpha'' = \alpha$ und daher

$$\frac{1}{\tau_{m1}} = \frac{1}{a + \beta} \tag{17}$$

2. Fall. Der Rahmen ist symmetrisch, die Belastung aber gegensymmetrisch. Für die Berechnung von τ_{m2} sind entsprechend der gegensymmetrischen Belastung zwei gleichgerichtete Momente $M = 1$ an den frei drehbaren Stabenden zu denken. Daher ist der Drehsinn des Momentes $M'' = 1$ der Abb. 13c entgegen dem Uhrzeigersinn anzunehmen. Bei a entsteht hierdurch der Auflagerdrehwinkel $-\beta$ und beide gleichgerichtete Momente ergeben $\tau_{m2} = \alpha - \beta$. Die fiktive Stabsteifigkeit der von der Symmetrieebene geschnittenen Stäbe beträgt daher

$$\frac{1}{\tau_{m2}} = \frac{1}{\alpha - \beta} \tag{18}$$

3. Fall. Besitzt ein Rahmen eine Symmetrieachse, welche ihn, wie in Abb. 21a dargestellt, nur in Knotenpunkten schneidet und ist auch die Belastung symmetrisch zu dieser Achse, so können alle auf der Symmetrieachse liegenden Knoten keine Verdrehungen erleiden. In diesen Knoten bleiben alle anschließenden Stäbe fest eingespannt, die in der Symmetrieachse selbst liegenden Stäbe werden nicht verbogen. Es genügt in diesem Falle, den Momentenausgleich für eine Rahmenhälfte, bei fester Einspannung der Stäbe in den Knoten der Symmetrieachse, durchzuführen (Abb. 21b).

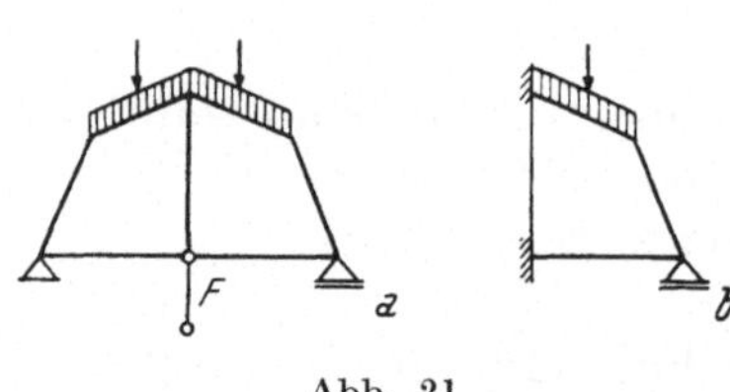

Abb. 21

4. Fall. Ist bei derselben Rahmenordnung, wie im 3. Fall, die Belastung gegensymmetrisch, so ergibt sich keine unmittelbare Vereinfachung für den Momentenausgleich. Man beginnt hier zweckmäßig mit dem Ausgleich an einem in der Symmetrieachse liegenden Knoten und gleicht immer in zur Symmetrieachse symmetrischen Knoten aus, sodaß man ein symmetrisches Zahlenbild erhält und die Rechenarbeit auch auf eine Rahmenhälfte beschränkt.

11. Vereinfachungen bei symmetrischen Rahmen mit geraden Stäben mit konstanten Trägheitsmomenten

Durch Einführung der Werte α und β nach Gl. (12) erhält man aus Gl. (17) als fiktive Stabsteifigkeit bei symmetrischer Belastung

$$\frac{1}{\tau_{m1}} = \frac{1}{\dfrac{s_m}{3\,E\,J_m} + \dfrac{s_m}{6\,E\,J_m}} = \frac{1}{2}\,\frac{s_m}{E\,J_m} \tag{19}$$

und bei gegensymmetrischer Belastung aus Gl. (18)

$$\frac{1}{\tau_{m2}} = \frac{1}{\dfrac{s_m}{3\,E\,J_m} - \dfrac{s_m}{6\,E\,J_m}} = 1{\cdot}5\,\frac{s_m}{E\,J_m} \tag{20}$$

Bei Benützung der Formeln (15) ist daher für die durch die Rahmenachse geschnittenen Stäbe an Stelle von k nach Gl. (14)

$$k' = 0 \cdot 5 \cdot \frac{J_m}{c \cdot s_m} \qquad (21)$$

bzw.

$$k'' = 1 \cdot 5 \cdot \frac{J_m}{c \cdot s_m} \qquad (22)$$

einzusetzen.

Diese Werte sind natürlich auch für die Systemskizze nach Abb. 16 b maßgebend.

12. Zahlenbeispiel 2

Beim eingespannten Rahmen nach Abb. 22 ist das Trägheitsmoment des Riegels und der Stützen gleich groß. Daher ist nach Gl.(14)

$$k_1 = k_2 = \frac{J}{c \cdot 4 \cdot 00}, \quad k_3 = \frac{J}{c \cdot 6 \cdot 00}$$

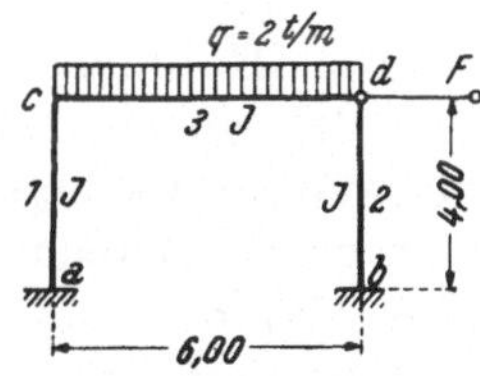

Abb. 22

Da nur das Verhältnis der Stabsteifigkeiten maßgebend ist, erhält man

$$\frac{k_1}{k_3} = \frac{6 \cdot 00}{4 \cdot 00} = \frac{1 \cdot 5}{1}$$

1. Der Riegel *3* ist mit $q = 2 \cdot 0 \, tm$ gleichmäßig belastet.

Der symmetrische Rahmen ist also symmetrisch belastet und die Symmetrieachse schneidet den Riegel *3*, er ist daher nach Gl. (21) mit

$$k_3' = 0 \cdot 5 \cdot 1 = 0 \cdot 5$$

in Rechnung zu stellen. Man erhält

$$\frac{k_1}{k_3'} = \frac{1 \cdot 50}{0 \cdot 5} = \frac{3}{1}$$

Diese Werte sind in der Skizze Abb. 23 eingetragen. Für den beiderseits eingespannten Riegel betragen die Einspannungsmomente

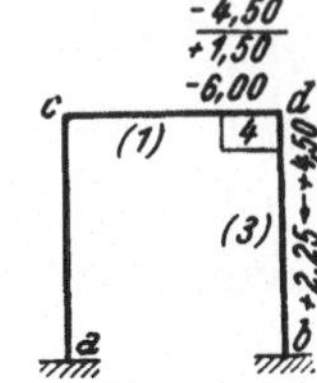

Abb. 23

$$M_c = M_d = - \frac{2 \cdot 0 \cdot 6 \cdot 00^2}{12} = - 6 \cdot 00 \, tm$$

Der Momentenausgleich ist nur für eine Rahmenhälfte durchzuführen. Man erhält für Riegel und Stütze nach Gl. (15)

$$\frac{6 \cdot 00}{4 \cdot 00} \cdot 1 \cdot 0 = 1 \cdot 50 \, tm$$

$$\frac{6 \cdot 00}{4 \cdot 0} \cdot 3 \cdot 0 = 4 \cdot 50 \, tm$$

alles übrige ist aus Abb. 23 ersichtlich. Das Moment in frei aufliegenden Balken beträgt

$$M_o = \frac{2 \cdot 0 \cdot 6 \cdot 00^2}{8} = 9 \cdot 00 \, tm$$

Daher ist das Feldmoment: $9\cdot00 - 4\cdot50 = + 4\cdot50\ tm$.
Der Momentenverlauf ist in Abb. 24 dargestellt.

2. Derselbe Rahmen ist durch eine horizontale Einzellast von $4\ t$ nach Abb. 25a in Riegelhöhe belastet.

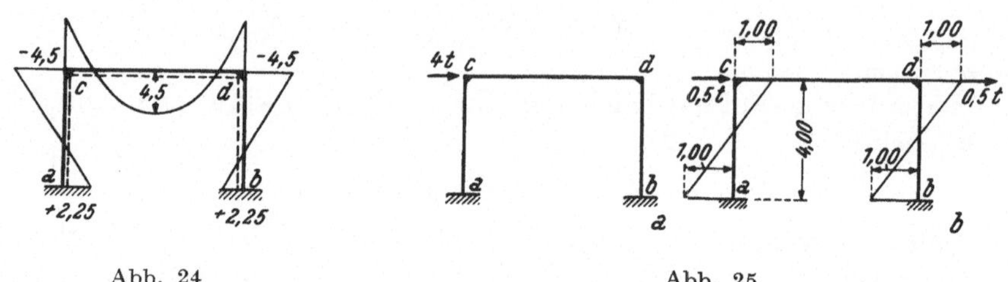

Abb. 24　　　　　　　　　　　　　　Abb. 25

Der Rahmen erfordert eine Festhaltung in Höhe des Riegels. Bei der gleichmäßig verteilten Belastung des Riegels trat infolge der symmetrischen Belastung keine Festhaltekraft auf, so daß schon der erste Berechnungsabschnitt das endgültige Resultat lieferte. Hier können im Rahmen mit unverschieblichen Knoten keine Momente auftreten, da die Kraft von $4\ t$ unmittelbar als Angriffskraft auf das verschiebliche Rahmensystem wirkt. Einen Grundverschiebungszustand der Festhaltung erhält man im Rahmen mit verschieblichen, aber unverdrehbaren Knoten nach Abb. 25b. Die Größe der Grundverschiebung ist so angenommen, daß sie überall Einspannungsmomente von $1\ tm$ erzeugt. Die Momente sind alle gleich groß, weil die Trägheitsmomente und Längen der Stützen gleich sind.

Die Belastung ist entsprechend der Momentenverteilung gegensymmetrisch $\left(\text{man kann sich je } \dfrac{2\cdot1\cdot00}{4\cdot00} = 0\cdot50\ t \text{ an den Punkten } b\right.$ und c nach Abb. 25b angreifend $\left.\text{denken}\right)$.

Es ist daher für den Riegel, welcher von der Symmetrieachse des Rahmens geschnitten wird, nach Gl. (22) mit $k_3'' = 1\cdot5 \cdot \dfrac{J_3}{c \cdot s_3}$ zu rechnen und man erhält:

$$\frac{k_1}{k_3''} = \frac{1\cdot5}{1\cdot5} = \frac{1}{1}$$

Der Momentenausgleich ist in Abb. 26a durchgeführt, sein Ergebnis enthält Abb. 26b, die zugehörige Kräftegruppe besteht nur aus einer Kraft, da nur eine Festhaltung erforderlich ist, man erhält sie aus der Querkraftsumme beider Stützen mit

$$P_{11} = 2 \cdot \frac{0\cdot75 + 0\cdot50}{4\cdot00} = 0\cdot625\ t$$

Die Grundgleichung (1) lautet daher

$$P_{11} \cdot x_1 = R_1$$
$$0{\cdot}625 \cdot x_1 = 4{\cdot}00$$

daraus ist

$$x_1 = \frac{4{\cdot}00}{0{\cdot}625} = 6{\cdot}42$$

Die Momente der Abb. 30b sind daher mit $6{\cdot}42$ zu multiplizieren und man erhält folgende Einspannungs- und Eckmomente:

$$M_a = -\,M_b = -\,6{\cdot}42 \cdot 0{\cdot}75 = -\,4{\cdot}81 \; tm$$
$$M_c = -\,M_d = +\,6{\cdot}42 \cdot 0{\cdot}50 = +\,3{\cdot}21 \; tm$$

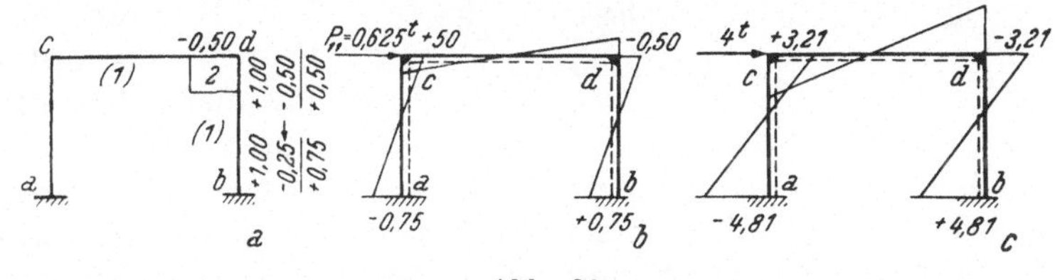

Abb. 26

Der Momentenverlauf ist in Abb. 26c dargestellt. In Abb. 26b und 26c entsprechen die Vorzeichen der Momente der in der Statik üblichen Vorzeichenregel. Positive Momente sind jene, welche an den gestrichelten Stabseiten Zug erzeugen.

13. Allgemeinste Fassung des Crossschen Ausgleichsverfahrens

Bei der allgemeinsten Fassung des Crossschen Ausgleichsverfahrens kann jeder beliebige Rahmenteil als Einheit aufgefaßt werden, ohne Rücksicht darauf, wieviele Stäbe und Knoten er umfaßt und in welcher Weise er mit den anderen Rahmenteilen verbunden ist. Man hat in diesem Falle zwischen Hauptknoten, in welchen der Anschluß an die anderen Rahmenteile erfolgt, und Knoten im Inneren des betreffenden Rahmenteiles zu unterscheiden. Nur an ersteren wird der generelle Momentenausgleich vollzogen, nur sie sind Knoten im Sinne des Crossschen Verfahrens.

Grundsystem für den ersten Berechnungsabschnitt ist hier der Rahmen mit unverschieblichen und unverdrehbaren Hauptknoten, für den zweiten Berechnungsabschnitt der Rahmen mit verschieblichen und unverdrehbaren Hauptknoten (s. S. 30). Alle Knoten im Inneren der durch die Hauptknoten begrenzten Rahmenteile sind bei beiden Berechnungsabschnitten frei verschiebliche und frei verdrehbare Nebenknoten.

Z. B. kann für den Rahmen nach Abb. 27 ein Grundsystem angenommen werden, das aus drei Rahmenteilen besteht und nur bei b_1, b_2, e_1 und e_2 Hauptknoten besitzt.

Die Hauptknoten unterscheiden sich von den Knoten des üblichen Verfahrens dadurch, daß bei ihrem Ersatz durch ein Gelenk nicht die einzelnen Stäbe unabhängig voneinander verdrehbar werden, sondern die Stäbe jedes Rahmenteiles miteinander steif verbunden

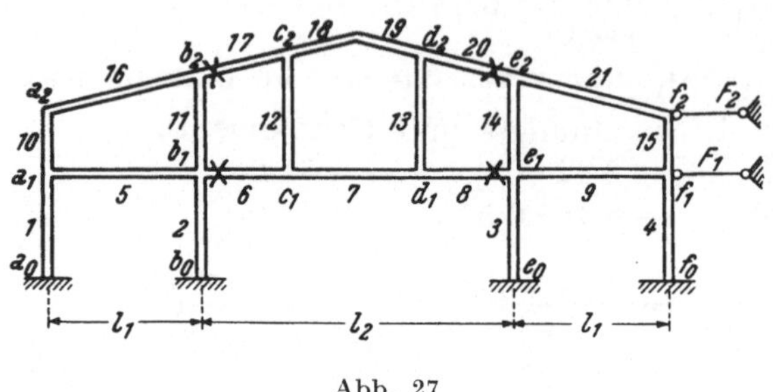

Abb. 27

bleiben, das Gelenk also nur die steifen Knoten der in ihm zusammenkommenden Rahmenteile verbindet. So schließt am Hauptknoten b_1 der Stab 6 des mittleren Rahmenteiles an den durch die Stäbe 2, 5 und 11 gebildeten Knoten des linken Rahmenteiles an, ebenso schließt der Stab 17 an den durch die Stäbe 11 und 16 gebildeten Knoten im Hauptknoten b_2 an. Kurz, ein Hauptknoten ist durch den Trennungsschnitt zwischen den einzelnen Rahmenteilen definiert.

An Stelle der Stabsteifigkeiten treten hier die Gesamtsteifigkeiten der Rahmenteile. Für jeden Rahmenteil sind ebenso viele Gesamtsteifigkeiten zu ermitteln, als Anschlußstellen mittels Hauptknoten an andere Rahmenteile vorhanden sind. Auch die Anzahl der Abklingungszahlen erhöht sich entsprechend.

Daher sind beim Rahmen nach Abb. 27 für die Außenteile je zwei, für den Innenteil je vier Gesamtsteifigkeiten zu ermitteln. Infolge der Symmetrie des mittleren Rahmenteiles sind dort je zwei Gesamtsteifigkeiten gleich groß.

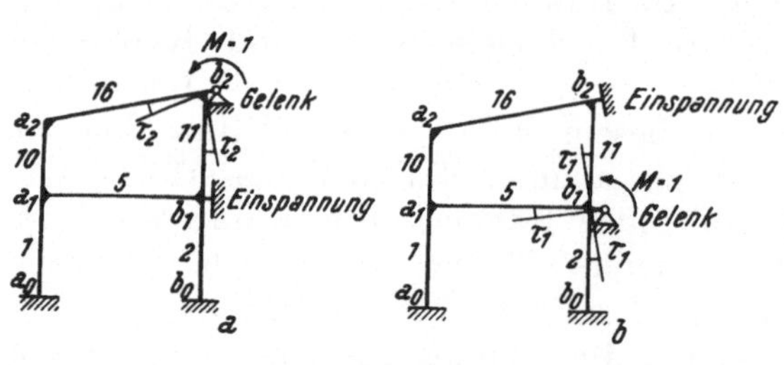

Abb. 28

Die Gesamtsteifigkeiten und die Übergangszahlen für die äußeren Rahmenteile sind bei den in der in Abb. 28a und 28b dargestellten Lagerungen zu bestimmen.

Die Lagerung nach Abb. 28a ergibt die Unterlagen für den Ausgleich im Hauptknoten b_2. Bei b_2 ist ein Gelenk anzunehmen, bei b_1 feste Einspannung. Die Verdrehung der steifen Rahmenecke bei b_2 infolge des Momentes $M = 1$ betrage τ_2, dann ist die

Gesamtsteifigkeit $\dfrac{1}{\tau_2}$. Das gleichzeitig bei b_1 auftretende Einspannungsmoment ist die Übergangszahl.

Analog erhält man für den Ausgleich im Knoten b_1 bei gelenkigem Anschluß bei b_1 infolge $M = 1$ die Verdrehung τ_1 der steifen Verbindung der Stäbe 2, 5 und 11, und daher als zweite Gesamtsteifigkeit des äußeren Rahmenteiles $\dfrac{1}{\tau_1}$. Das gleichzeitig bei b_2 auftretende Einspannungsmoment ergibt die zweite Übergangszahl.

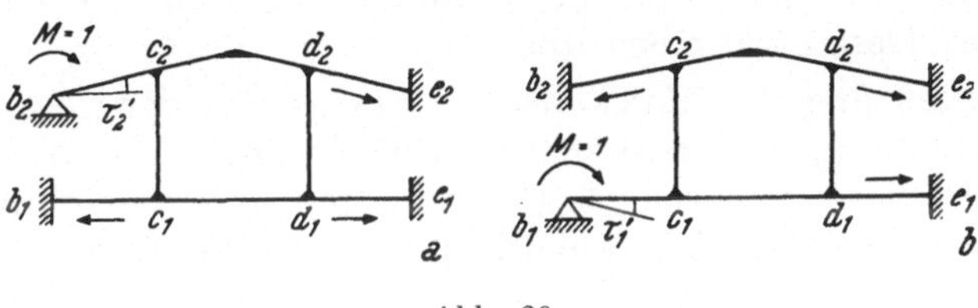

Abb. 29

Beim mittleren Rahmenteil sind für die Ausgleiche in den Hauptknoten b_2, bzw. b_1 die in den Abb. 29a, bzw. Abb. 29b dargestellten Auflagerungen maßgebend. Die Gesamtsteifigkeiten sind $\dfrac{1}{\tau_2'}$ und $\dfrac{1}{\tau_1'}$. Es treten je drei Übergangszahlen auf, welche sich als Einspannungsmomente bei Belastung durch $M = 1$ an den Stabenden b_2, bzw. b_1 ergeben, sie sind in den Abbildungen durch Pfeile angedeutet. Die Steifigkeiten usw. für die Ausgleiche in den Knoten e_2 und e_1 ergeben sich hier aus der Symmetrie des mittleren Rahmenteils.

Der Gesamtrahmen erfordert zwei Festhaltungen zur Verhinderung der Verschiebung der vier Hauptknoten. Daher ergibt sich aus der Abb. 27, daß auch die Nebenknoten a_1, a_2 und f_1, f_2 beim ersten Berechnungsabschnitt des Gesamtrahmens unverschieblich sind und nur beim mittleren Rahmenteil für die Lagerungsfälle der Abb. 29 die Nebenknoten c_1, c_2, d_1 und d_2 in vertikaler Richtung verschieblich sind.

Die Ermittlung der Gesamtsteifigkeit sowie der Übergangszahlen läßt sich an den einzelnen Rahmenteilen am einfachsten mittels des Crossschen Verfahrens durchführen.

Bei der Ermittlung der Einspannungsmomente im Rahmen mit unverschieblichen und unverdrehbaren Knoten ist natürlich jeder Rahmenteil als in allen Hauptknoten eingespannt zu behandeln. Die Verschieblichkeit der Nebenknoten ist, soweit sie nicht durch die Festhaltungen des Gesamtrahmens verhindert wird, zu berücksichtigen.

Die Berechnung des verschieblichen Rahmensystems bietet keine Schwierigkeiten. Zweckmäßig ist es, die Grundverschiebungen der Hauptknoten für einen bestimmten Verschiebungsweg durchzuführen. Man kann dann jeden Rahmenteil getrennt behandeln und den betreffenden Grundverschiebungszustand des Gesamtrahmens zusammensetzen. Um z. B. den Grundverschiebungszustand der Festhaltung F_2 zu erhalten, kann man die Knoten b_2 und e_2 in den äußeren und mittleren Rahmenteil um $\varDelta$ verschieben und die dadurch entstehenden Momente in den einzelnen Rahmenteilen berechnen, sie stimmen mit den Momenten infolge der Grundverschiebung $\varDelta$ von F_2 des Gesamtrahmens überein.

Die Beachtung des Maxwellschen Satzes von der Gegenseitigkeit der Verschiebungen vereinfacht natürlich auch bei Beschränkung des Ausgleiches auf wenige Hauptknoten die Berechnung, bzw. ergeben sich aus dem Maxwellschen Satz Rechenkontrollen.

III. Der Rahmen mit verschieblichen, aber unverdrehbaren Knoten

1. Grundlagen

Das Momentenausgleichsverfahren von Cross verwendet als Grundsystem den Rahmen mit unverschieblichen und unverdrehbaren Knoten.

In diesem System sind daher alle Stäbe in den Knoten fest eingespannt und die Ermittlung der Einspannungsmomente infolge beliebiger Stabbelastungen beschränkt sich auf die Berechnung beiderseits und einseitig eingespannter Stäbe.

Die Elastizitätsgleichungen für den unverschieblichen Rahmen bei verdrehbaren Knoten brauchen nicht aufgestellt zu werden, ihre Lösung liefert das Crosssche Verfahren rein mechanisch im Wege der Iteration mit jeder gewünschten Genauigkeit.

Es ist naheliegend, für die Berechnung des verschieblichen Rahmens ein analoges Grundsystem zu verwenden.

Man erhält ein solches System aus dem Grundsystem des ersten Berechnungsabschnittes, indem man die Verschieblichkeit der Knoten zuläßt, aber ihre Unverdrehbarkeit beibehält.

Bei der Durchführung irgend einer Grundverschiebung am Rahmen mit verschieblichen, aber unverdrehbaren Knoten verhalten sich alle Stäbe wie eingespannte Stäbe, ihre Beanspruchung erfolgt durch Parallelverschiebung der eingespannten Stabenden. Führt man z. B. am Rahmen nach Abb. 30 eine Grundverschiebung der Festhaltung F_1 durch, so werden nur die Stäbe $b\,c$ und $e\,f$ nach

Abb. 30a verbogen, so daß sich ein Momentenbild nach Abb. 30b ergibt.

Stehen die Rahmenstäbe nicht senkrecht aufeinander, so entstehen, wie in Abb. 31 angedeutet, auch in benachbarten Stäben Einspannungsmomente.

An einem Stabende mittels Gelenk angeschlossene Stäbe wirken natürlich als einseitig eingespannte Stäbe.

Wird beim räumlichen Rahmentragwerk der Abb. 3c z. B. eine Grundverschiebung von F_8 durchgeführt, so erhält man einen Momentenverlauf nach Abb. 32.

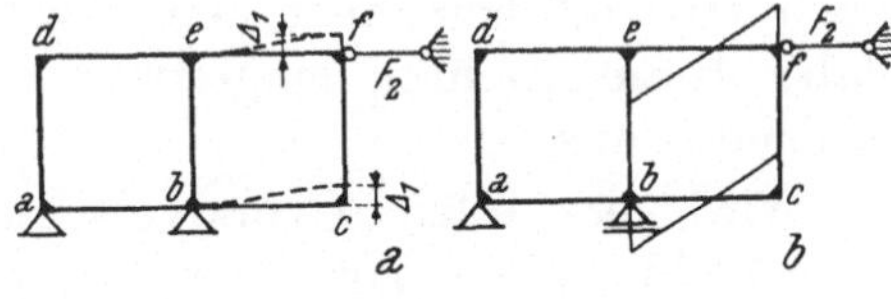

Abb. 30

Nach durchgeführter Verschiebung denkt man sich alle Knoten mittels der Festhaltungen wieder unverschieblich in der Ebene, bzw. im Raume in der neuen Lage fixiert. Nun können, wie beim Grundsystem des ersten Berechnungsabschnittes, die Momentenfesthaltungen gelöst werden, d. h. die Knoten erhalten die volle Verdrehbarkeit, beim räumlichen Rahmentragwerk in allen Richtungen des Raumes. Rechnerisch geschieht dies entweder gleichzeitig durch Anwendung des Viermomentensatzes nach Clapeyron oder sukzessive mit Hilfe des Crossschen Momentenausgleichsverfahrens. Die weitere Behandlung des Grundsystems des verschieblichen Rahmens ist also die gleiche wie die des Grundsystems des unverschieblichen Rahmens.

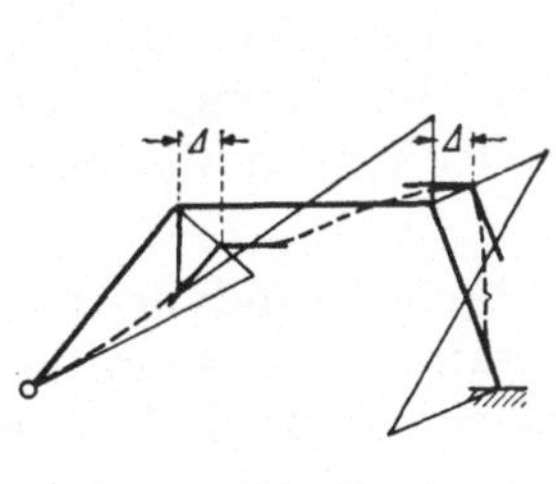

Abb. 31

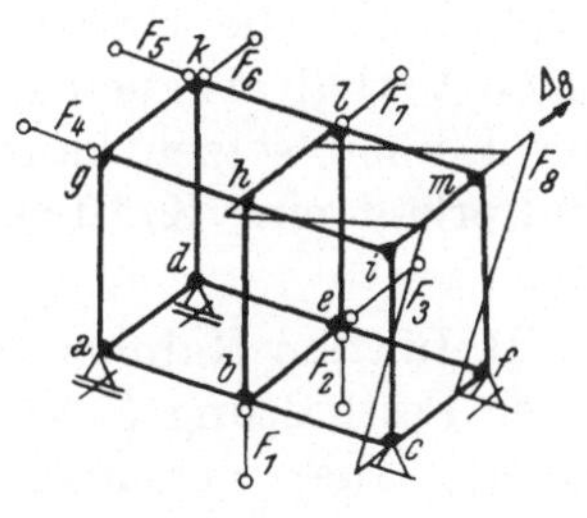

Abb. 32

In der beschriebenen Art lassen sich in einfacher Weise die für die Berechnung des verschieblichen Rahmensystems erforderlichen Grundverschiebungs- oder allgemeinere Verschiebungszustände gewinnen.

Ihre Kräftegruppen sind die Gruppen der Auflagerkräfte an den Festhaltungen nach Durchführung des Momentenausgleichs.

2. Die Möglichkeiten zur Durchführung von Verschiebungen

Bei der praktischen Anwendung ergeben sich drei verschiedene Möglichkeiten für die Durchführung der Verschiebungen:

1. Man nimmt einen bestimmten Verschiebungsweg der Größe nach an und berechnet den zugehörigen Momentenverlauf in allen dabei beanspruchten eingespannten Stäben, dann gleicht man die Momente aus.

Wird bei allen Grundverschiebungszuständen mit demselben Verschiebungsweg gerechnet, so ergibt sich hier, wie bereits im I. Abschnitt 7. bewiesen, allgemein $P_{mn} = P_{nm}$, d. h. je zwei Kräfte mit gleichen Indizes aus je zwei verschiedenen Kräftegruppen sind einander gleich. In diesem Falle ist die Matrix der Grundgleichungen (1) symmetrisch.

2. Man belastet das Grundsystem am Knoten, an welchem die Festhaltung entfernt wurde, in Richtung der entfernten Festhaltung durch eine Einzelkraft, die man zweckmäßig gleich der Kräfteeinheit annehmen kann und berechnet den Momentenverlauf des Rahmens mit verschieblichen, aber unverdrehbaren Knotenpunkten unter dieser Belastung. Nach dem Ausgleich der Momente erhält man in der Kräftegruppe an Stelle der Einzelkraft, welche an der entfernt gedachten Festhaltung angebracht wurde, eine kleinere Kraft, da das Rahmensystem mit verdrehbaren Knotenpunkten weicher als das Grundsystem mit unverdrehbaren Knoten ist und daher für die Durchführung der betreffenden Verschiebung von gleicher Größe nur eine kleinere Kraft benötigt.

3. Man nimmt die Größe der Einspannungsmomente der Stäbe im richtigen Verhältnis zueinander an, wobei man eines der Momente gleich der Einheit setzen kann, führt dann den Momentenausgleich durch und erhält eine Kräftegruppe des betreffenden Verschiebungszustandes.

Um z. B. für den Rahmen nach Abb. 30 den Grundverschiebungszustand der Festhaltung F_2 zu ermitteln, kann man, wenn die Trägheitsmomente aller vertikalen Stäbe gleich groß sind, alle Einspannungsmomente dieser Stäbe nach Abb. 33a mit 1 *tm* annehmen. Sind die Trägheitsmomente des Stabes $a - d\ J_1$, des Stabes $b - e$ J_2 und des Stabes $c - f\ J_3$, so kann bei einem der Stäbe, z. B. $a - d$, das Einspannungsmoment wieder mit 1 *tm* angenommen, bei den anderen Stäben ergeben sich die Momente entsprechend der Steifigkeit der Stäbe, also hier entsprechend den Verhältnissen der Trägheitsmomente mit $\dfrac{J_2}{J_1}$ für $b - e$ und $\dfrac{J_3}{J_1}$ für $c - f$. Diese Momente sind in der Abb. 33b dargestellt.

Im übrigen sei erwähnt, daß die statische Unbestimmtheit des zu untersuchenden Rahmentragwerkes nicht unmittelbar von Interesse ist. An Stelle der Elastizitätsgleichungen treten die Grundgleichungen (1), welche beim gleichen Rahmentragwerke meist wesentlich weniger Unbekannte als die Elastizitätsgleichungen ergeben und es ermöglichen, selbst bei räumlichen Tragwerken komplizierter Art, auch wenn die Verformungen infolge der Torsion berücksichtigt werden, mit

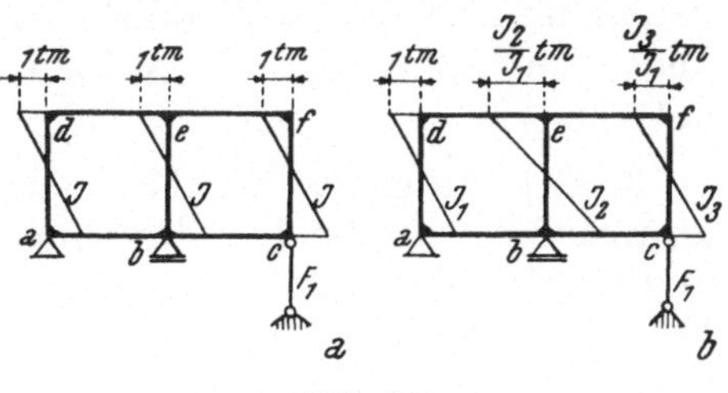
Abb. 33

wenigen Unbekannten das Auslangen zu finden.

Es sei noch darauf hingewiesen, daß sich die Vorteile, die man sich durch Belastungsumformung verschaffen kann, bei der Auflösung der Bestimmungsgleichungen (1) von selbst ergeben. Ist eine Belastungsumformung anwendbar, so zerfallen die Bestimmungsgleichungen in voneinander unabhängigen Gleichungssätze, deren Unbekannte der Belastungsumformung entsprechende Kombinationen der gesuchten x-Werte sind.

3. Kontrolle des Momentenausgleiches

Aus der Tatsache, daß alle Knoten vor und nach dem Momentenausgleich an derselben Stelle bleiben, ergibt sich eine einfache Kontrollmöglichkeit für die richtige Durchführung des Ausgleiches. Ferner müssen sich die Stabenden aller einen Knotenpunkt bildenden Stäbe um dasselbe Winkelmaß verdrehen. Man berechnet die Verschiebungen der Knoten mit Hilfe der virtuellen Arbeit auf Grund der Momentenflächen im Grundsystem (eingespannte Stäbe) und auf Grund des Momentenverlaufes nach dem Ausgleich. Die Verschiebungen jedes Knotens müssen in beiden Fällen gleich groß sein. Die Stabendverdrehungen erhält man ebenfalls mit Hilfe der virtuellen Arbeit oder, wenn keine Verschiebungen quer zur Stabachse erfolgen, mit Hilfe des Mohrschen Satzes (Auflagerdruck der mit $\dfrac{1}{E\,J}$ reduzierten Momentenfläche).

4. Eigenarten des Rahmens mit verschieblichen, aber unverdrehbaren Knotenpunkten

1. Bei Durchführung von Verschiebungen verformt sich oft nur ein Teil der Rahmenstäbe. Diese wirken als beiderseits fest eingespannte Stäbe, bzw. bei gelenkigem Anschluß an einem Ende,

als einseitig fest eingespannte Stäbe, die nur infolge Parallelverschiebung der Einspannstellen beansprucht werden.

2. Der Momentenverlauf läßt sich aus dem Verhalten der eingespannten Stäbe bei Parallelverschiebung der Einspannungsstellen
und dem geometrischen Aufbau des Rahmensystems immer ermitteln.

3. Der Ausgleich der Momente nach Cross liefert die Kräftegruppe des betreffenden Verschiebungszustandes am verschieblichen
und verdrehbaren Rahmen als Gruppe der Auflagerkräfte an den
Festhaltungen.

IV. Allgemeine Berechnungsgrundlagen

1. Der beiderseits eingespannte gerade Stab mit veränderlichem Trägheitsmoment

Nimmt man nach Abb. 34a die beiden Einspannungsmomente
M' und M'' als statisch unbestimmte Größen an, so erzeugt eine
beliebige Belastung im statisch bestimmten Grundsystem (Balken
auf zwei Stützen) die Auflagerverdrehungen φ' und φ'' (Abb. 34b).

Infolge $M' = 1$, angreifend am Stabende a, treten die Auflagerverdrehungen α' und β' auf (Abb. 34c). $M'' = 1$, am Stabende b
angreifend, erzeugt bei a die Auflagerverdrehung β'' und bei b α''.
Nach Maxwell ist $\beta' = \beta'' = \beta$.

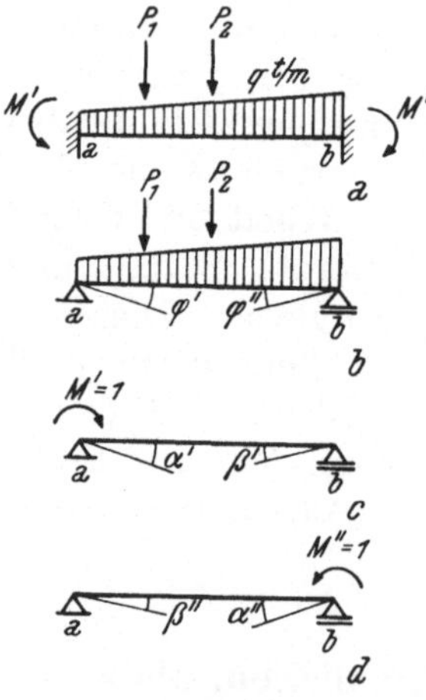

Die Unverdrehbarkeit der Stabenden erfordert:

$$M' \cdot \alpha' + M'' \beta = -\varphi' \quad \left.\right\}$$
$$M' \cdot \beta + M'' \alpha'' = -\varphi'' \quad (23)$$

Daraus ist

$$M' = \frac{-\alpha'' \varphi' + \beta \varphi''}{\alpha' \alpha'' - \beta^2} \quad \left.\right\}$$
$$M'' = \frac{-\alpha' \varphi'' + \beta \varphi'}{\alpha' \alpha'' - \beta^2} \quad (24)$$

Bei symmetrischen Stäben ist $\alpha' = \alpha'' = \alpha$
und daher

$$M' = \frac{-\alpha \varphi' + \beta \varphi''}{\alpha^2 - \beta^2} \quad \left.\right\}$$
$$M'' = \frac{-\alpha \varphi'' + \beta \varphi'}{\alpha^2 - \beta^2} \quad (24a)$$

Abb. 34

Ist außerdem die Belastung symmetrisch, also $\varphi' = \varphi'' = \varphi$ wird

$$M' = M'' = -\frac{\varphi}{\alpha + \beta} \quad (25)$$

Bei gegensymmetrischer Belastung ist $\varphi'' = - \varphi' = - \varphi$ und daher

$$M' = - M'' = - \frac{\varphi}{a - \beta} \tag{26}$$

2. Der einseitig eingespannte gerade Stab mit veränderlichem Trägheitsmoment

Ist der Stab am rechten Ende eingespannt, so ergibt sich aus der Bedingung der Unverdrehbarkeit des rechten Auflagers

$$M'' \cdot a'' = - \varphi''$$

und daraus

$$M'' = - \frac{\varphi''}{a''} \tag{27}$$

Analog beträgt das Einspannungsmoment bei einem am linken Ende eingespannten Stab

$$M' = - \frac{\varphi'}{a'} \tag{28}$$

Angaben für die Werte von φ' und φ'' für Stäbe mit Vouten bei gleichmäßig verteilter Vollbelastung und bei Belastung durch Einzellasten enthalten die bereits auf S. 15 erwähnten Tabellen im Taschenbuch für Bauingenieure von F. Schleicher, S. 1388—1397. Dort sind auch die Werte für a', a'' und β angegeben.

Auf die Tabellen und graphischen Darstellungen der hier mit a', a'', β, φ' und φ'' bezeichneten Winkel in Guldan, R., Rahmentragwerke und Durchlaufträger, Wien: Springer-Verlag, 1949, sei hingewiesen.

3. Der beiderseits eingespannte Bogen und Stabzug

Wird einem Bogen oder Stabzug der Zweigelenkbogen, bzw. der Zweigelenkrahmen als statisch unbestimmtes Grundsystem zugrunde gelegt, so können die Formeln (24) bis (26) verwendet werden. a', a'', β, φ' und φ'' sind dann die entsprechenden Stabendverdrehungen im statisch unbestimmten Grundsystem.

Zweckmäßiger ist es jedoch, sowohl für den unverschieblichen als auch für den verschieblichen Bogen und Stabzug das übliche Berechnungsverfahren zu verwenden, bei welchem die statisch unbestimmten Größen voneinander unabhängig sind. Es wird auf S. 81 behandelt.

4. Parallelverschiebung der Stabenden beim beiderseits und einseitig eingespannten Stab

Im Rahmensystem mit verschieblichen, aber unverdrehbaren Knoten entstehen nur durch Parallelverschiebung der Auflagen Einspannungsmomente, die Stäbe selbst sind immer unbelastet.

a) Der beiderseits eingespannte Stab. Wird das rechte Auflager eines beiderseits eingespannten Stabes nach Abb. 35a um $\varDelta$ nach unten verschoben, so erhält man in statisch bestimmtem Grundfall nach Abb. 35b die Auflagerverdrehungen

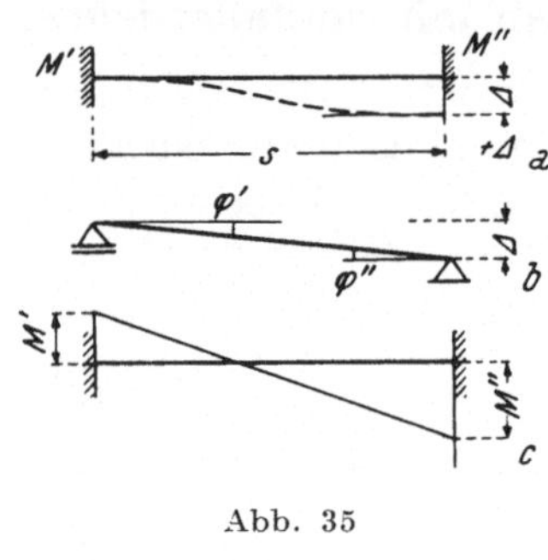

Abb. 35

$$\varphi' = +\,\frac{\varDelta}{s} \quad \text{und} \quad \varphi'' = -\,\frac{\varDelta}{s}$$

Bei unsymmetrischem Verlauf des Trägheitsmomentes, z. B. bei einseitiger Voute, sind nach Gl. (24) die Einspannungsmomente

$$M' = -\,\frac{a'' + \beta}{a'\,a'' - \beta^2}\cdot\frac{\varDelta}{s}$$
und
$$M'' = +\,\frac{a' + \beta}{a'\,a'' - \beta^2}\cdot\frac{\varDelta}{s} \tag{29}$$

Bei symmetrischem Verlauf des Trägheitsmomentes wird nach Gl. (26)

$$M' = -\,M'' = -\,\frac{1}{a-\beta}\cdot\frac{\varDelta}{s} \tag{30}$$

Bei konstantem Trägheitsmoment ist nach Gl. (12)

$$\alpha = \frac{s}{3\,EJ} \quad \text{und} \quad \beta = \frac{s}{6\,EJ}$$

daher ist

$$M' = -\,M'' = -\,\frac{6\,EJ}{s^2}\,\varDelta \tag{31}$$

Sind nach Gl. (14) $k = \dfrac{J}{c\cdot s}$ die Stabsteifigkeiten, dann ist $J = c\cdot k\cdot s$. c ist für alle Stäbe des Rahmens eine konstante Größe, damit folgt

$$M' = -\,M'' = -\,6\,E\,c\,k\,\frac{\varDelta}{s} \tag{31a}$$

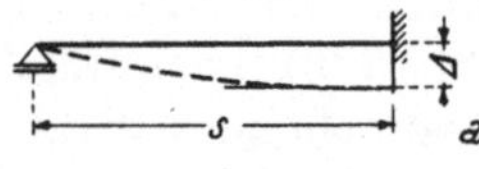

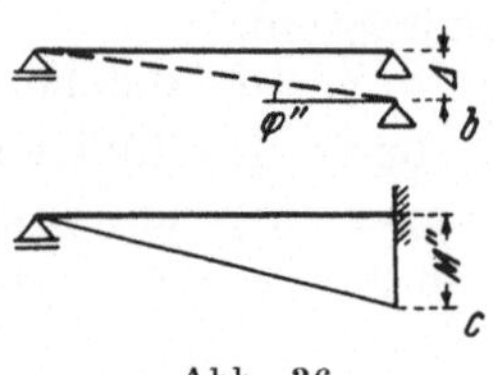

Abb. 36

b) Der einseitig eingespannte Stab. Ist das linke Stabende gelenkig gelagert, so erhält man nach Gl. (27) und Abb. 36 bei einer Vertikalverschiebung des rechten Auflagers nach unten oder des linken Auflagers nach oben:

$$M'' = -\,\frac{\varphi''}{a''} = +\,\frac{1}{a''}\cdot\frac{\varDelta}{s} \tag{32}$$

Bei gelenkigem Anschluß am rechten Stabende und Verschiebung des linken Auflagers nach unten wird nach Gl. (28)

$$M' = -\,\frac{\varphi'}{a'} = +\,\frac{1}{a'}\cdot\frac{\varDelta}{s} \tag{33}$$

Bei Stäben mit konstantem Trägheitsmoment ist nach Gl. (12)

$$\alpha = \frac{s}{3\,E\,J}$$

und daher

$$M'' = \frac{3\,E\,J}{s^2}\,\varDelta \qquad (34)$$

mit $k = \dfrac{J}{c\,s}$ wird

$$M'' = 3\,E\,c\,k\,\frac{\varDelta}{s} \qquad (34\,\mathrm{a})$$

Ebenso ist bei gelenkiger Lagerung am rechten Stabende und Verschiebung des linken Stabendes nach unten

$$M' = \frac{3\,E\,J}{s^2}\,\varDelta \qquad (35)$$

bzw.

$$M' = 3\,E\,c\,k\,\frac{\varDelta}{s} \qquad (35\,\mathrm{a})$$

5. Die virtuelle Arbeit beim ebenen Rahmen

Mit Hilfe der virtuellen Arbeit können die Knotenverschiebungen eines belasteten Tragwerks berechnet werden. Durch einen fehlerfreien Momentenausgleich darf sich die Lage der Knoten nicht ändern. Daher müssen die Knotenverschiebungen im System mit verschieblichen und verdrehbaren Knoten ebenso groß bleiben wie im System mit verschieblichen, aber unverdrehbaren Knoten.

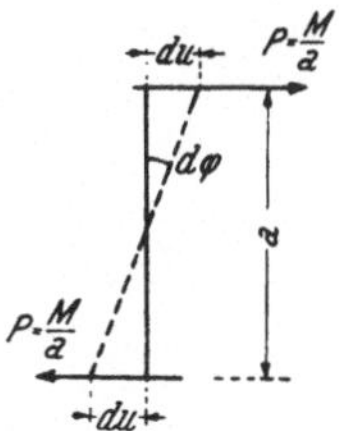

Abb. 37

Unter Arbeit versteht man das Produkt einer Kraft mit dem in ihrer Richtung zurückgelegten Weg. Kraft und Weg stehen nur in bestimmten Fällen, z. B. bei der Formänderungsarbeit, in einem ursächlichen Zusammenhang.

Die Arbeit eines Kräftepaares (Momentes) ist die Summe der Arbeiten der beiden Kräfte $P = \dfrac{M}{a}$ (Abb. 37). Bewegt sich jede Kraft um $d\,u$, so beträgt die Arbeit beider Kräfte auf diesen differentialen Wegstrecken

$$d\,A = 2\,\frac{M}{a}\,d\,u$$

Da nach Abb. 37 $2\,\dfrac{d\,u}{a} = d\,\varphi$ ist, erhält man das Differential der Arbeit eines Momentes mit

$$d\,A = M \cdot d\,\varphi \qquad (36)$$

Ist M von φ unabhängig, so ist

$$A = M \cdot \varphi$$

Die Arbeit eines Momentes ist daher gleich dem Produkt aus Moment und Verdrehungswinkel.

Aus Gl. (36) folgt allgemein:

$$A = \int_{\varphi_1}^{\varphi_2} M \cdot d\varphi \tag{37}$$

Wird ein belastetes Tragwerk durch irgend eine, von der Belastung unabhängige Wirkung, einer den Abmessungen des Tragwerkes gegenüber sehr kleinen Verformung unterworfen, so leisten sowohl die äußeren als auch die inneren Kräfte während der Verformung Arbeit.

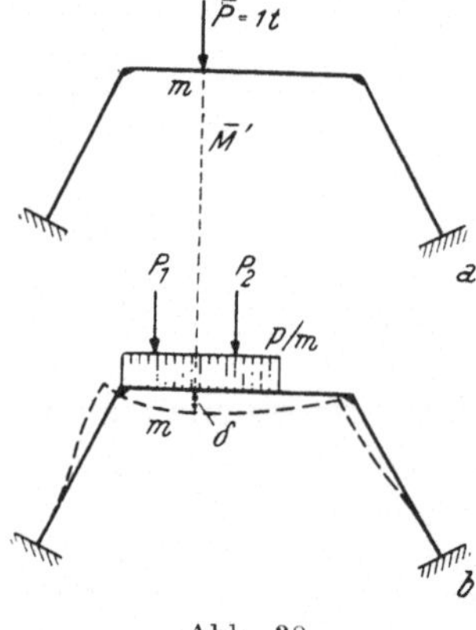

Abb. 38

Die äußere Belastung bestehe nach Abb. 38a nur aus der Kraft $\bar{P}$. Sie erzeugt im Tragwerk die Momente $\bar{M}''$. Infolge einer von der Belastung unabhängigen Verformung wird der Angriffspunkt m der Kraft $\bar{P}$ in der Kraftrichtung um die sehr kleine Wegstrecke δ (Abb. 38b) verschoben. Bei der von $\bar{P}$ unabhängigen Verformung seien die Verdrehungen zweier im Abstand dx liegender Querschnitte $d\varphi$.

Die Arbeit der Kraft $\bar{P}$ auf dem von ihr unabhängigen Weg δ beträgt $A_a = \bar{P} \cdot \delta$.

Gleichzeitig leisten die inneren Kräfte (Momente) eine Arbeit von der Größe $A_i = \int_R \bar{M}'' \cdot d\varphi$. Hiebei soll R andeuten, daß das bestimmte Integral über alle Stäbe des Rahmens zu erstrecken ist. $d\varphi$ ist wie δ von der Kraft $\bar{P}$ unabhängig.

Steht der von der Belastung unabhängige Verformungszustand nicht im Widerspruch mit den Auflagerbedingungen, so ist nach dem Prinzip der virtuellen Verschiebung die gesamte Arbeit der äußeren und inneren Kräfte Null.

Die inneren Kräfte eines beliebigen Stabquerschnittes stehen mit den äußeren Kräften der durch einen Schnitt abgetrennten Teile im Gleichgewicht. Die inneren Kräfte sind daher den äußeren Kräften entgegengerichtet. Deshalb sind sie in der Arbeitsgleichung mit negativem Vorzeichen einzuführen und das Prinzip der virtuellen Verschiebungen lautet:

$$\bar{P} \cdot \delta - \int_R \bar{M}'' \cdot d\varphi = 0 \tag{38}$$

$\bar{P}$ und $\bar{M}''$ entsprechen dem Gleichgewichtszustand der Belastung des Tragwerkes durch die Kraft $\bar{P}$, δ und $d\varphi$ entsprechen einem beliebigen anderen Gleichgewichtszustand. Die Auflagerwiderstände leisten keine Arbeit, da vorausgesetzt wurde, daß der Verformungszustand mit den Auflagerbedingungen nicht in Widerspruch steht. Das in Abb. 38 dargestellte Tragwerk ist nach Abb. 38b belastet, durch die Belastung erhält das Tragwerk etwa die in Abb. 38b gestrichelt eingezeichnete Form.

Die Biegungsmomente der Stäbe seien M, daher ist

$$d\,\varphi = \frac{M}{E\,J}\,d\,s$$

Der Punkt m verschiebe sich um δ nach abwärts. Unabhängig von der Belastung nach Abb. 38b sei das Tragwerk im Punkte m nach Abb. 38a durch eine Einzellast $\overline{P} = 1$ belastet. Die zugehörigen Biegungsmomente der Stäbe sind $\overline{M}'$. Wendet man das Prinzip der virtuellen Verschiebungen auf diese beiden Belastungsfälle an, so erhält man nach Gl. (38)

$$\overline{P} \cdot \delta = 1 \cdot \delta = \int_R \overline{M}'\,d\,\varphi = \int_R \frac{\overline{M}'\,M}{E\,J}\,d\,s \qquad (39)$$

Nach dieser Formel kann daher die Durchbiegung des Punktes m infolge der Belastung nach Abb. 38b berechnet werden. $\overline{M}'$ und M sind zunächst die Momente im statisch unbestimmten Rahmen.

Das dreifach statisch unbestimmte System der Abb. 38a ist identisch mit einem statisch bestimmten Grundsystem, auf das die statisch unbestimmten Größen als äußere Kräfte einwirken. Nimmt man als statisch bestimmtes Grundsystem z. B. den frei aufliegenden Balken an, so ist dieser nach Abb. 39 belastet. Die Momente, Durchbiegungen und Verdrehungen sind natürlich genau dieselben wie beim Rahmen

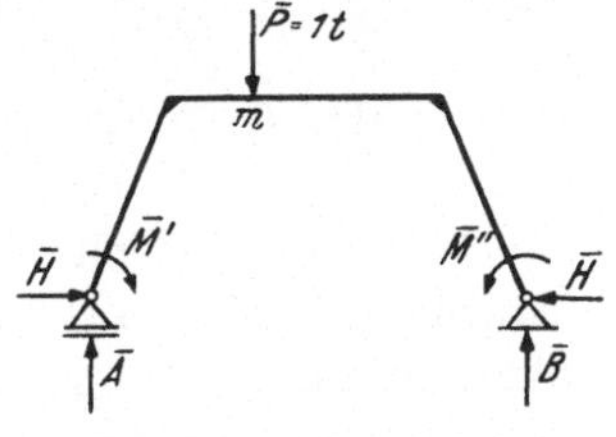

Abb. 39

nach Abb. 38a. Da aber jetzt der Rahmen statisch bestimmt ist und die statisch unbestimmten Größen keine virtuelle Arbeit leisten, da sich die Auflager nach Abb. 38b weder verschieben noch verdrehen, kann für den Belastungsfall nach Abb. 38a auch das statisch bestimmte Grundsystem zugrunde gelegt werden.

Für die Berechnung eines statisch unbestimmten Systems stehen aber eine Reihe von statisch bestimmten Grundsystemen zur Verfügung, daher hat man für den Belastungsfall nach Abb. 38a eine Auswahl von Berechnungsmöglichkeiten. Man kann beim vorliegenden Beispiel den Balken auf zwei Stützen nach Abb. 40a, einen Dreigelenkrahmen nach Abb. 40b oder den eingespannten Stabzug nach Abb. 40c der Berechnung der Momente $\overline{M}'$ oder M

zugrunde legen, immer erhält man mittels der Formel (39) die Durchbiegung des Punktes m bei der Belastung nach Abb. 38b. In letztem
Fall (Abb. 40c) entstehen am rechten Ende keine Reaktionen, daher
auch keine zusätzlichen Arbeitsanteile, trotz der freien Beweglichkeit
des rechten Stabendes. Werden die Momente
für ein beliebiges statisch bestimmtes Grundsystem infolge der Belastung durch die Last 1
in Punkt m mit $\overline{M}$ bezeichnet, so erhält man
die Durchbiegung nach folgender Gleichung

$$\delta = \frac{1}{E} \int\limits_{R} \frac{\overline{M}\,M}{J}\,d\,s \qquad (40)$$

Wenn anderseits M das Moment im statisch
bestimmten System ist, muß $\overline{M}$ das Moment
im statisch unbestimmten System sein.

Die Verdrehung im Punkt m infolge einer
beliebigen Belastung ergibt sich in derselben
Art, wenn an Stelle der Kraft $\overline{P} = 1$ das
Moment $\overline{M} = 1$ im statisch bestimmten System
tritt. Werden die Momente infolge $\overline{M} = 1$, angreifend im Punkt m eines statisch bestimmten
Grundsystems, wieder mit $\overline{M}$ bezeichnet, so ist

$$\tau = \frac{1}{E} \int\limits_{R} \frac{\overline{M}\,M}{J}\,d\,s \qquad (41)$$

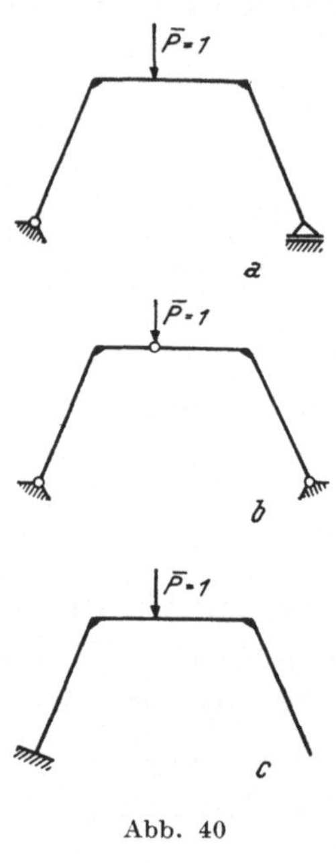

Abb. 40

Bei der Berechnung von Rahmen kann meist der Anteil der
Stablängskräfte an den Formänderungen vernachlässigt werden.
Ausgenommen sind die Gewölbe, da sie den Übergang von den
durch Biegung beanspruchten Konstruktionen zu den nur durch
Längskräfte beanspruchten Konstruktionen bilden.

Der Anteil der Längskräfte an der virtuellen Arbeit ist die Summe
der Arbeiten der Längskräfte des Belastungszustandes nach Abb. 38a
entlang der Stauchungen, bzw. Zerrungen der Stäbe infolge der
Längskräfte des Belastungszustandes nach Abb. 38b. Bezeichnet
man die Längskräfte mit $\overline{N}$ und N, so betragen die Stauchungen,
bzw. Zerrungen $\dfrac{N\,d\,s}{E\,F}$ und man erhält die virtuelle Arbeit mit

$$A_N = \int\limits_{R} \frac{\overline{N}\,N}{E\,F}\,d\,s$$

Eine Berücksichtigung der Anteile der Querkräfte an den Formänderungen beschränkt sich meist nur auf gedrungene Konstruktionen mit großen Querkräften.

6. Formänderungswerte

Die Integrale der Formeln (40) und (41) erstrecken sich über alle Stäbe des Rahmens, in welchem gleichzeitig die Momente $\overline{M}$ und M auftreten. Betrachtet man einen Einzelstab und trägt nach Abb. 41 in der Rahmenebene $\overline{M}$ und in der dazu senkrechten Ebene M auf, wobei eines der Momente mit $\frac{1}{J}$ multipliziert wird, so ist der Wert des bestimmten Integrals gleich dem Rauminhalt des durch die beiden Ebenen und durch zu den Achsen M und $\frac{\overline{M}}{J}$ parallelen Zylinderflächen entlang der Momentenlinien abgegrenzten Körpers von der Länge des Stabes. Sein Querschnitt senkrecht zur Stabachse ist ein Rechteck mit den Seiten $\frac{\overline{M}}{J}$ und M.

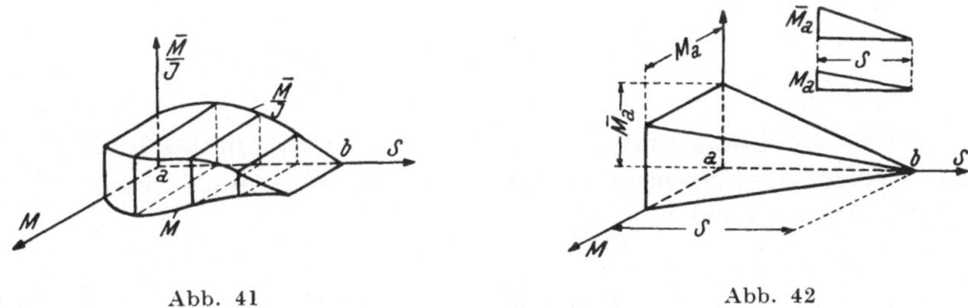

Abb. 41   Abb. 42

Ist das Trägheitsmoment konstant, dann interessiert nur der Wert

$$\int\limits_0^S \overline{M}\,M\,ds \tag{42}$$

Sind die Momentenflächen Dreiecke mit den Maximalwerten $\overline{M}_a$ und M_a, so erhält man nach Abb. 42 als eingeschlossenen Körper eine Pyramide mit der Grundfläche $\overline{M}_a \cdot M_a$ und der Höhe s (Stablänge), daher ist

$$\int\limits_0^S \overline{M}\,M\,ds = \frac{s}{3} \cdot \overline{M}_a \cdot M_a \tag{43}$$

Sind die Momentflächen Dreiecke, liegt aber der eine Maximalwert an einem Stabende, der zweite am anderen Stabende, so erhält man wieder eine Pyramide und es ist nach Abb. 43

$$\int\limits_0^S \overline{M}\,M\,ds = \frac{1}{2}\,M_b\,s\,\frac{\overline{M}_a}{3} = \frac{s}{6}\,\overline{M}_a\,M_b \tag{44}$$

Ist eine Momentenfläche ein Dreieck, die zweite ein Trapez, so ergibt sich nach Abb. 44 je eine Pyramide von der Form der Abb. 42 und von der Form der Abb. 43, daher ist

$$\int_0^S \overline{M}\, M\, ds = \frac{1}{3}\, \overline{M}_a\, M_a \cdot s + \frac{1}{6}\, \overline{M}_a\, M_b \cdot s =$$

$$= \frac{s}{6}\, \overline{M}_a\, (2\, M_a + M_b) \tag{45}$$

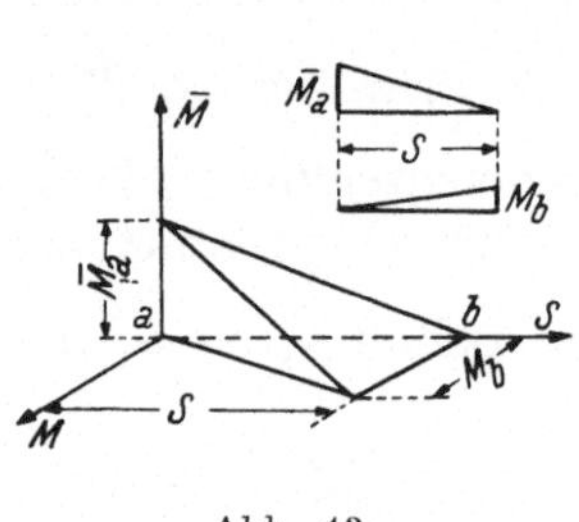

Abb. 43

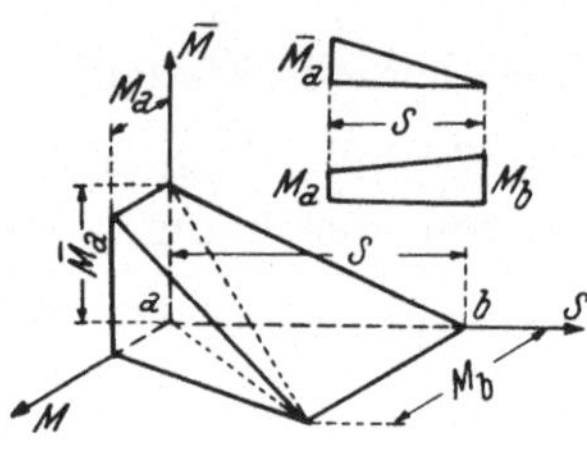

Abb. 44

Sind beide Momentenflächen Trapeze, so erhält man nach Abb. 45 zwei übereinander gesetzte Körper von der in Abb. 44 dargestellten Gestalt. Daher wird

$$\int_0^S \overline{M}\, M\, ds = \frac{s}{6}\, \left[\overline{M}_a\, (2\, M_a + M_b) + \overline{M}_b\, (2\, M_b + M_a) \right] \tag{46}$$

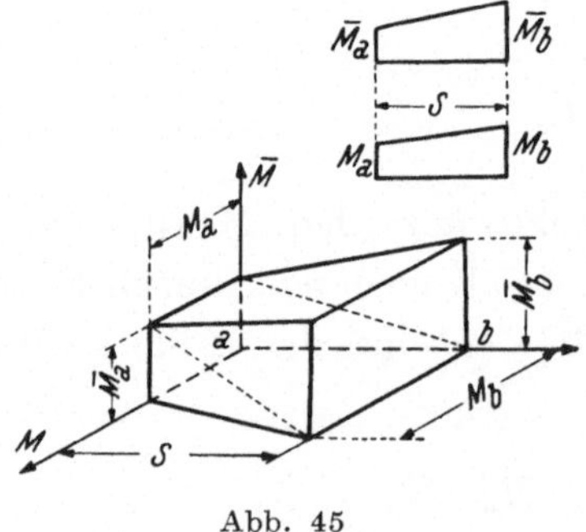

Abb. 45

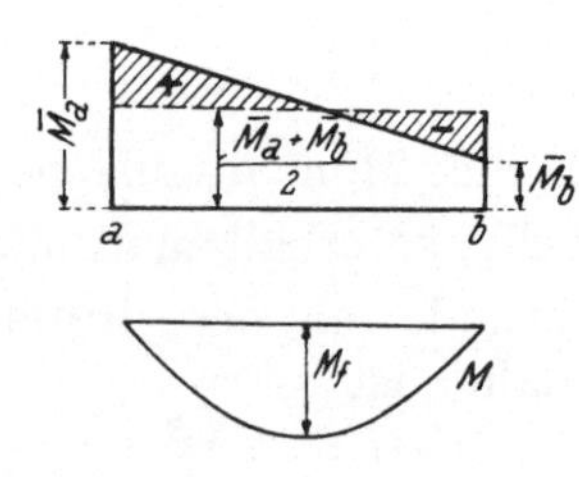

Abb. 46

Ist eines der beiden Momente, z. B. $\overline{M}$, konstant, so wird

$$\int_0^S \overline{M}\, M\, ds = \overline{M} \int_0^S M\, ds = \overline{M} \cdot F_M \tag{47}$$

F_M ist der Inhalt der Momentenfläche M.

Ist z. B. M eine quadratische Parabel mit dem Maximalwert M_f, so ist

$$\overline{M} \int\limits_{o}^{S} M \, ds = \frac{2}{3} \, \overline{M} \, M_f \cdot s$$

Ist eine Momentenlinie geradlinig, die zweite symmetrisch, so erhält man nach Abb. 46, da sich die beiden Integrale über die schraffierten Flächen gegenseitig aufheben:

$$\int\limits_{o}^{S} \overline{M} \, M \, ds = \frac{\overline{M}_a + \overline{M}_b}{2} \cdot F_M \tag{48}$$

Z. B. ergibt eine symmetrische Parabel mit einem Trapez

$$\frac{\overline{M}_a + \overline{M}_b}{2} \cdot \frac{2}{3} \, M_f \cdot s = \frac{s}{3} \, (\overline{M}_a + \overline{M}_b) \, M_f$$

Formeln für die numerische Berechnung des bestimmten Integrals Gl. (42) bei verschiedenen Möglichkeiten des Verlaufs von $\overline{M}$ und M findet man u. a. im Taschenbuch für Bauingenieure von F. Schleicher, S. 254 und 255, unter der Bezeichnung „Formänderungswerte".

7. Die virtuelle Arbeit bei schiefer (räumlicher) Stabbiegung

Als Konstruktionsteile von räumlichen Tragwerken werden die Stäbe durch Momente beansprucht, deren Ebenen nicht parallel zu einer Hauptachse des Querschnittes liegen. In Abb. 47 sind y und z die Richtungen der Hauptachsen des Querschnittes.

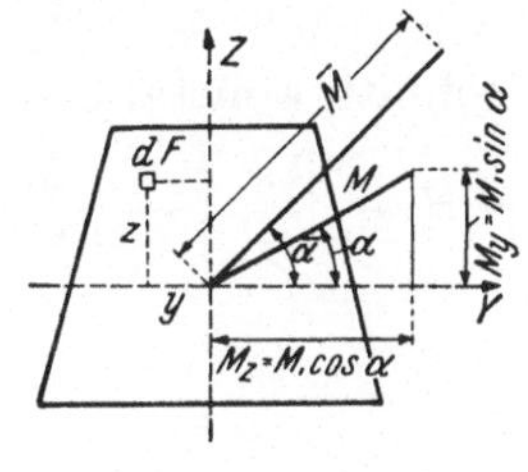

Abb. 47

Die Hauptträgheitsmomente seien J_1 und J_2. Schließt die Ebene des Momentes M mit der y-Achse den Winkel α ein, so sind die um die Hauptachsen drehenden Komponenten

$$\left.\begin{array}{l} M_y = M \cdot \sin \alpha \\[2mm] M_z = M \cdot \cos \alpha \end{array}\right\} \tag{49}$$

und

Im Punkt y, z beträgt daher die Spannung

$$\sigma_x = \frac{M_y}{J_1} \, z + \frac{M_z}{J_2} \cdot y \tag{50}$$

Die Längenänderung von dx infolge σ_x ist

$$\varepsilon_x \cdot dx = \frac{\sigma_x}{E} \, dx = \frac{1}{E} \left(\frac{M_y}{J_1} \, z + \frac{M_z}{J_2} \, y \right) dx \tag{51}$$

Wenn der Winkel zwischen der Ebene des Momentes $\overline{M}$ mit der y-Achse $\overline{\alpha}$ ist, so sind die um die Hauptachsen drehenden Komponenten

$$\left.\begin{array}{l} \overline{M}_y = \overline{M} \cdot \sin \overline{\alpha} \\ \overline{M}_z = \overline{M} \cdot \cos \overline{\alpha} \end{array}\right\} \tag{52}$$

und die Spannungen betragen

$$\overline{\sigma}_x = \frac{\overline{M}_y}{J_1} z + \frac{\overline{M}_z}{J_2} \cdot y \tag{53}$$

Die Summe der virtuellen Arbeiten der Spannungen $\overline{\sigma}_x$ des ganzen Stabquerschnittes auf den Wegen $\varepsilon_x \cdot dx$ beträgt

$$dA = \int_F \overline{\sigma}_x \cdot \varepsilon_x \cdot dx \cdot dF$$

da dx für den Querschnitt konstant ist, folgt mit Gl. (53) und (51)

$$dA = \frac{dx}{E} \int_F \left(\frac{\overline{M}_y}{J_1} \cdot z + \frac{\overline{M}_z}{J_2} \cdot y \right) \left(\frac{M_y}{J_1} \cdot z + \frac{M_z}{J_2} \cdot y \right) dF$$

Dieser Ausdruck stellt die virtuelle Arbeit der äußeren Kräfte des Stabelementes von der Länge dx dar, sie ist gleich der virtuellen Arbeit der inneren Kräfte des Stabelementes.

Die Durchführung der Multiplikation ergibt, wenn berücksichtigt wird, daß M_y, M_z, $\overline{M}_y$ und $\overline{M}_z$ sowie J_1 und J_2 für den Stabquerschnitt konstant sind:

$$dA = \frac{dx}{E} \left[\frac{\overline{M}_y \cdot M_y}{J_1^2} \int_F z^2 \, dF + \frac{\overline{M}_z \cdot M_y}{J_1 \cdot J_2} \int_F y \cdot z \cdot dF + \right.$$

$$\left. + \frac{\overline{M}_y \, M_z}{J_1 \, J_2} \int_F y \cdot z \cdot dF + \frac{\overline{M}_z \cdot M_z}{J_2^2} \int_F y^2 \cdot dF \right]$$

Da y und z Hauptachsen sind, ist das Zentrifugalmoment $J_{yz} = \int_F y \cdot z \cdot dF = o$ und man erhält mit $J_1 = \int_F z^2 \cdot dF$ und $J_2 = \int_F y^2 \, dF$

$$dA = \frac{1}{E} \left(\frac{\overline{M}_y \cdot M_y}{J_1} + \frac{\overline{M}_z \, M_z}{J_2} \right) dx \tag{54}$$

Mit den Gl. (49) und (52) wird

$$dA = \frac{\overline{M} \, M}{E} \left(\frac{\sin \alpha \cdot \sin \overline{\alpha}}{J_1} + \frac{\cos \alpha \cdot \cos \overline{\alpha}}{J_2} \right) dx \tag{55}$$

Ist der Stabquerschnitt ein Quadrat, ein regelmäßiges Vieleck, ein Kreis, Kreisring oder eine anders gestaltete Fläche, bei welcher die Beziehung $J_1 = J_2 = J$ gilt, wird:

$$= \frac{\overline{M} \, M}{E \, J} (\sin \alpha \cdot \sin \overline{\alpha} + \cos \alpha \cdot \cos \overline{\alpha}) = \frac{\overline{M} \, M}{E \, J} \cos (\overline{\alpha} - \alpha) \tag{56}$$

Die virtuelle Arbeit ist Null, d. h. die in einer Richtung wirkenden Momente erzeugen in der anderen Richtung an keiner Stelle eine Verformung, wenn der Klammerausdruck der Gl. (55) Null ist. Dies ist der Fall, wenn jedes Glied für sich Null ist oder beide Glieder zusammen Null ergeben.

Im ersteren Fall muß α oder $\overline{\alpha}$ Null sein und der zweite Winkel 90° betragen. Das heißt, die eine Momentenebene ist parallel zur y-Achse, die zweite parallel zur z-Achse. Die Momentenebenen sind parallel zu den Hauptachsen des Querschnittes.

Im zweiten Fall ist

$$\frac{\sin \alpha \cdot \sin \overline{\alpha}}{J_1} + \frac{\cos \alpha \cdot \cos \overline{\alpha}}{J_2} = o$$

und daraus:

$$\frac{J_1}{J_2} = - \frac{1}{\operatorname{tang} \alpha \cdot \operatorname{tang} \overline{\alpha}} \qquad (57)$$

Aus Gl. (50) erhält man für die Nullinie

$$\sigma_y = \frac{M_y}{J_1} z + \frac{M_z}{J_2} \cdot y = o$$

und daraus

$$z = - \frac{J_1}{J_2} \cdot \frac{y}{\operatorname{tang} \alpha} \qquad (58)$$

Die Neigung der Nullinie zur y-Achse beträgt daher

$$\operatorname{tang} \beta = - \frac{J_1}{J_2} \cdot \frac{1}{\operatorname{tang} \alpha} \qquad (58\,\mathrm{a})$$

daraus ist

$$\frac{J_1}{J_2} = - \frac{1}{\operatorname{tang} \alpha \cdot \operatorname{tang} \beta}$$

Vergleicht man diese Gleichung mit Gl. (57), so erkennt man, daß die virtuelle Arbeit dann Null ist, wenn die Ebene des einen Momentes parallel zur Nullinie des anderen Momentes verläuft. In diesem Falle erzeugt kein Moment eine Verformung in der Ebene des anderen Momentes. Der zuerst besprochene Fall ist ein Sonderfall des zweiten, da dort die Hauptachsen mit den Nullinien zusammenfallen.

Bei der Konstruktion räumlicher Rahmen kann durch besondere Wahl der Stabquerschnitte eine Vereinfachung der Berechnung erzielt werden, die darauf beruht, daß die Formänderung einzelner Rahmenteile bei gewissen Belastungen unabhängig voneinander sind. Näheres enthält der dritte Teil.

Ist $J_1 = J_2$, so wird aus Gl. (57) $\operatorname{tang} \overline{\alpha} = - \dfrac{1}{\operatorname{tang} \alpha}$, d. h. je zwei in aufeinander senkrechten Ebenen wirkende Momente beeinflußen sich gegenseitig nicht, die durch sie bewirkten Formänderungen sind voneinander unabhängig.

Allgemein erhält man aus Gl. (54) die Durchbiegung an einer beliebigen Stelle eines auf schiefe Biegung durch Momente mit den auf die Hauptträgheitsachsen der Stäbe bezogenen Komponenten M_y und M_z beanspruchten räumlichen Rahmentragwerks mit

$$\delta = \frac{1}{E}\left[\int\limits_R \frac{\overline{M}_y\, M_y}{J_1}\, d\,x + \int\limits_R \frac{\overline{M}_z \cdot M_z}{J_2}\, d\,x\right] \qquad (59)$$

$\overline{M}_y$ und $\overline{M}_z$ sind die Komponenten der Momente infolge der in der Richtung von δ wirkenden Kraft 1.

Zweiter Teil

Ebene Rahmen

I. Übersicht

1. Bei den einfachsten Rahmenformen sind alle Stäbe geradlinig und in zwei zueinander senkrechten Richtungen angeordnet. Bei einer Verschiebung entstehen im Rahmen mit verschieblichen, aber unverdrehbaren Knoten nur in zur Verschiebungsrichtung senkrecht stehenden Stäben Einspannungsmomente (Abb. 48a und 48b).

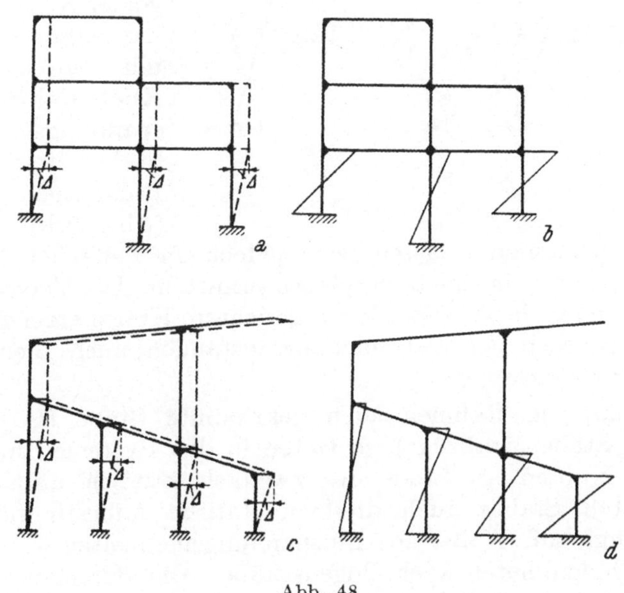

Abb. 48

Diese Rahmenformen umfassen neben den einfachen Zweigelenk- und eingespannten Rahmen den durchlaufenden Rahmen, den Stockwerksrahmen und den Rahmenträger (Virendeelträger), ferner Binder mehrschiffiger Hallen mit horizontalen Riegeln (Abb. 66).

Sind nur in einer Richtung parallele Stäbe vorhanden, so ergeben sich dieselben einfachen Verhältnisse, wenn die Rahmenform nur Verschiebungen quer zu den Parallelstäben zuläßt. Auch hier treten im System mit verschieblichen, aber unverdrehbaren Knoten nur in den quer zur möglichen Verschiebungsrichtung angeordneten Stäben, also den zueinander parallelen Stäben, Momente auf. Die übrigen Stäbe werden hierbei nur parallel verschoben und bleiben daher spannungsfrei. Zu diesen Rahmenformen gehören z. B. Rahmen von Tribünen (Abb. 48a und 48b), ferner Binder mehrschiffiger Hallen mit geraden, aber geneigten Riegeln.

2. Eine allgemeine Rahmenform ist in Abb. 49a dargestellt. Die geraden Stäbe sind an keine Richtung gebunden. Eine Grundverschiebung oder allgemeine Verschiebung hat daher im System mit unverdrehbaren Knoten nicht nur Einspannungsmomente in Stäben mit gewissen Richtungen zur Folge (Abb. 49b). Sämtliche

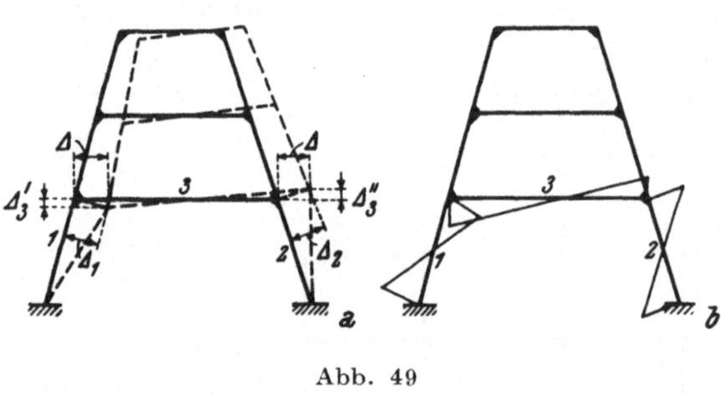

Abb. 49

Einspannungsmomente lassen sich jedoch in einfacher Weise an Hand des Knotenverschiebungsplanes ermitteln. Die Verschiebungszustände können durch verschieden gerichtete Kräfte erzeugt werden, daher entsprechen den Verschiebungszuständen auch mehrere verschiedene Kräftegruppen.

3. Enthält ein Rahmen auch gekrümmte Stäbe (Bögen) oder polygonale Stäbe (Stabzüge), so treten in den Systemen mit unverdrehbaren Knoten an Stelle des zweifach statisch unbestimmten eingespannten Stabes auch dreifach statisch unbestimmte Bögen oder Stabzüge auf. Außer den Einspannungsmomenten wirken daher auf die Rahmenknoten auch Bogenschübe. Die Berechnung solcher Rahmenformeln wird im 5. Abschnitt behandelt.

4. Bestehen die Stabzüge nur aus je zwei Stäben, so ergeben sich Vereinfachungen bei der Berechnung. Der 6. Abschnitt befaßt sich mit der Berechnung von Rahmen mit solchen Stabzügen.

Im 4. Abschnitt wird die Berechnung von Rahmen mit Zugbändern behandelt. Damit sind alle Möglichkeiten, die sich bei der Konstruktion von ebenen Rahmen ergeben, erschöpft. Die übrigen Abschnitte behandeln im wesentlichen die verschiedenen Rahmenformen an Hand von Zahlenbeispielen.

II. Rahmen mit geraden, aufeinander senkrecht stehenden Stäben

1. Zahlenbeispiel 3

Beim Stahlbetonrahmen nach Abb. 50a haben alle Stäbe den gleichen Querschnitt von 20/60 cm/cm.

Gesucht ist der Momentenverlauf bei der Belastung durch eine vertikale Einzellast von 20 t in Rahmenmitte und bei einer gleichmäßigen Erwärmung des oberen Riegels um 20° C.

Der Rahmen erfordert zwei Festhaltungen, sie sind in der Abb. 50b eingetragen. Infolge der Symmetrie des Rahmens und der Belastung (Einzellast in Rahmenmitte), kann keine Kraft in der

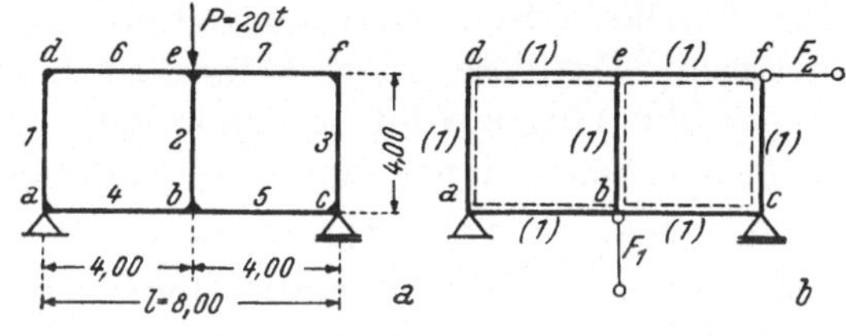

Abb. 50

Festhaltung F_2 auftreten. Verschiebt man die Festhaltung F_2 in die Mitte des Tragwerkes zum Knoten e, so kann sich bei einer gleichmäßigen Erwärmung der obere Riegel unbehindert nach beiden Seiten ausdehnen. Auch in diesem Falle tritt daher die Festhaltung F_2 nicht in Erscheinung.

Für die Aufstellung der Grundgleichungen (1) wird daher nur der Grundverschiebungszustand der Festhaltung F_1 benötigt. Will man ihn für die Belastung durch 1 t nach Abb. 51a berechnen, so erhält man, da alle Stäbe gleiche Steifigkeiten besitzen, in jedem Horizontalstab eine Querkraft von $Q = \dfrac{1}{4}$ t. Die Ein-

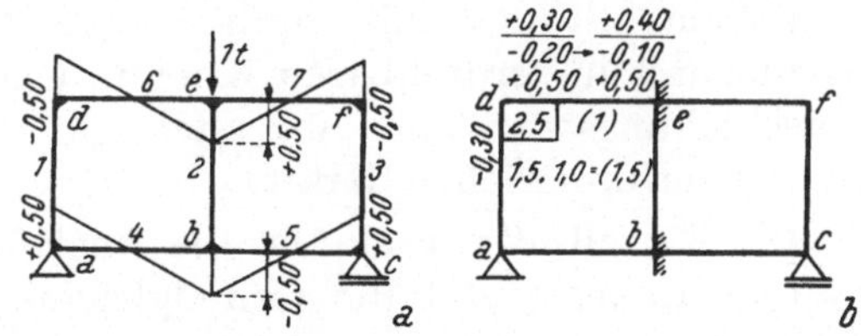

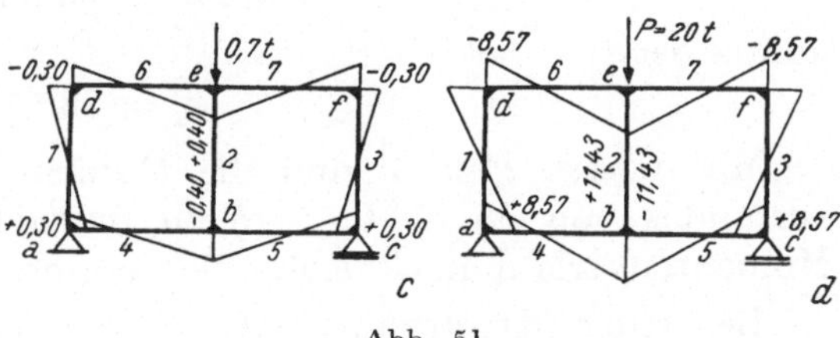

Abb. 51

spannungsmomente im Rahmen mit verschieblichen, aber unverdrehbaren Knoten betragen daher bei allen vier Horizontalstäben, da bei jedem Stab $\dfrac{2\,M}{s} = Q$ ist,

$$M = \pm \frac{Q\,s}{2} = \pm \frac{1}{4} \cdot \frac{4}{2} = \pm 0{\cdot}5 \; tm$$

Für alle Stäbe ist $k = \dfrac{J}{c\,s}$ gleich groß. Es kann daher in allen Stäben mit der relativen Steifigkeit 1 gerechnet werden.

Der Rahmen besitzt eine horizontale Symmetrieachse, welche alle vertikalen Stäbe schneidet. Die Belastung (der Momentenverlauf) ist zu dieser Achse gegensymmetrisch. Der Momentenausgleich kann daher nach Gl. (22) mit $k = 1{\cdot}5\,\dfrac{J}{c\cdot s}$ für die vertikalen Stäbe auf eine Rahmenhälfte beschränkt werden. Ferner besitzt der Rahmen eine vertikale Symmetrieachse und die Belastung ist zu ihr symmetrisch. Da diese Achse keinen Stab schneidet, können die Riegel als in ihr eingespannt angenommen werden und der Momentenausgleich kann daher auf eine Rahmenhälfte beschränkt werden.

Bei dem in Abb. 51b durchgeführten Momentenausgleich wird von diesen Vereinfachungen Gebrauch gemacht. Das Ausgleichsergebnis ist in Abb. 51 c dargestellt.

Die Kräftegruppe der Grundverschiebung F_1 besteht nur aus einer Kraft. Sie ist gleich der Summe der Querkräfte der vier horizontalen Stäbe.

Es ist

$$P_{11} = 4\,Q = 4 \cdot \frac{0{\cdot}30 + 0{\cdot}40}{4{\cdot}00} = +\,0{\cdot}70\;t$$

Da das System mit verdrehbaren Knoten weicher ist als das System mit unverdrehbaren Knoten, erfordert ersteres für denselben Verschiebungsweg nur 70% der im System mit unverdrehbaren Knoten erforderlichen Kraft.

Die Einzellast von 20 t ist die Angriffskraft für das verschiebliche System, daher lautet die Grundgleichung (1):

$$P_{11} \cdot x_1 = R_1$$
$$0{\cdot}70 \cdot x_1 = 20{\cdot}0\;t$$

daraus ist

$$x_1 = 28{\cdot}57$$

Mit diesem Faktor sind die Momente des Grundverschiebungszustandes von F_1 (Abb. 51c) zu multiplizieren, wodurch sich der Momentenverlauf nach Abb. 51d ergibt.

Bei einer Erwärmung des oberen Riegels werden die oberen Rahmenecken um die Verlängerung $\varDelta_t$ eines Stabes nach außen geschoben. Im Grundsystem erhält man dadurch nach Gl. (31) die Einspannungsmomente der Endvertikalen mit

$$M' = -\,M'' = -\,\frac{6\,E\,J}{s^2}\,\varDelta_t, \text{ mit } \varDelta_t = \alpha_t \cdot s \cdot \varDelta_t = 10^{-5} \cdot 4{\cdot}00 \cdot 20^\circ =$$
$$= 8 \cdot 10^{-4}\;m\;(\alpha_t = 10^{-5}),$$

$$E = 2 \cdot 1 \cdot 10^6 \ t/m^2 \ \text{und} \ J = \frac{1}{12} \cdot 0 \cdot 20 \cdot 0 \cdot 60^3 = 36 \cdot 10^{-4} \ m^4$$

$$\text{wird} \quad M' = - M'' = \frac{6 \cdot 2 \cdot 1 \cdot 10^6 \cdot 36 \cdot 10^{-4}}{4 \cdot 00^2} \cdot 8 \cdot 10^{-4} = - 2 \cdot 268 \ tm$$

Dieser Momentenverlauf ist in Abb. 52a dargestellt. Wie bei allen Darstellungen des Momentenverlaufes wird auch hier die in der Statik übliche Vorzeichenregel verwendet. Alle Momente, welche an den durch Strichlierung in der Abb. 50b gekennzeichneten Stabseiten Zug erzeugen, sind positiv.

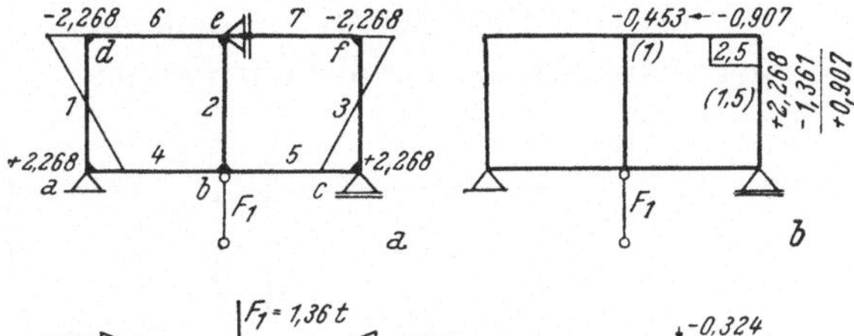

Für den Momentenausgleich sind dieselben Vereinfachungen wie beim Ausgleich des Grundverschiebungszustandes möglich. Der Ausgleich erfolgt in Abb. 52b, sein Ergebnis zeigt die Abb. 52c.

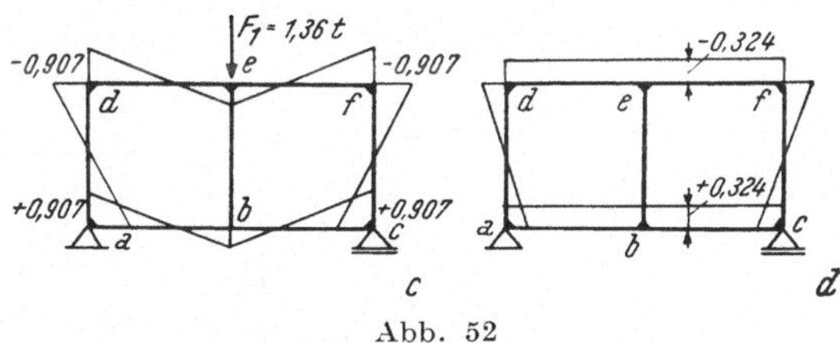

Abb. 52

Die Festhaltekraft F_1 ist die Summe der Querkräfte aller horizontalen Stäbe.

Es ist

$$F_1 = 4 \cdot \frac{0 \cdot 907 + 0 \cdot 453}{4 \cdot 00} = 1 \cdot 36 \ t$$

Auf den verschieblichen Rahmen wirkt eine gleich große, aber entgegengesetzt (nach aufwärts) gerichtete Angriffskraft:

$$R_1 = - F_1 = - 1 \cdot 36 \ t$$

Die Grundgleichung (1) lautet daher

$$P_{11} \cdot x_1 = R_1$$
$$0 \cdot 70 \cdot x_1 = - 1 \cdot 36 \ t$$

daraus ist

$$x_1 = - 1 \cdot 943$$

Mit diesem Wert sind daher die Momente des Grundverschiebungszustandes von F_1 (Abb. 51c) zu multiplizieren und zu den Momenten nach Abb. 52c des unverschieblichen Rahmens zu addieren.

Man erhält folgende Momente in den Knoten:

$$M_a = M_c = - 1 \cdot 943 \cdot 0 \cdot 30 + 0 \cdot 907 = + 0 \cdot 324 \ tm$$
$$M_d = M_f = - M_a = - 0 \cdot 324 \ tm$$
$$M_b = + 1 \cdot 943 \cdot 0 \cdot 30 - 0 \cdot 453 = + 0 \cdot 324 \ tm$$
$$M_e = - M_b = - 0 \cdot 324 \ tm$$

Der Momentenverlauf ist in Abb. 52d dargestellt.

2. Zahlenbeispiel 4

Ein Rahmen mit denselben Abmessungen wie im vorigen Beispiel, jedoch nach Abb. 53a gelagert, ist an seinen auskragenden Enden durch eine horizontale, bzw. vertikale Einzellast von je 10 t nach den Abb. 53a und 53b belastet. Die erforderlichen Festhaltungen sind in Abb. 53c eingetragen.

Da beide Belastungen Knotenlasten sind, erzeugen sie keine Momente im unverschieblichen System.

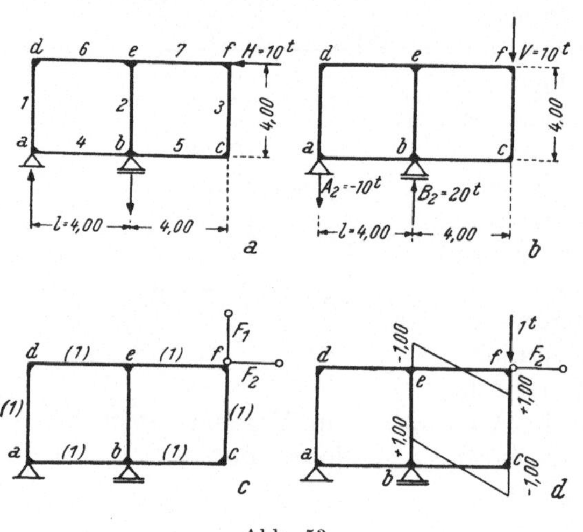

Abb. 53

Die Einspannungsmomente des Grundverschiebungszustandes der Festhaltung F_1 betragen nach Abb. 53d, wenn man ihn durch eine Kraft von 1 t hervorruft:

$$M = Q \cdot \frac{s}{2} = \frac{l}{2} = \frac{4 \cdot 00}{2} = 1 \cdot 00 \; tm$$

Der Momentenverlauf ist zur Horizontalachse gegensymmetrisch.

Der in Abb. 54a durchgeführte Momentenausgleich führt zum Momentenverlauf nach Abb. 54b.

Die Kräftegruppe erhält man aus den zugehörigen Querkräften.

P_{11} setzt sich aus den Querkräften der beiden horizontalen Stäbe 5 und 7 zusammen und beträgt nach Abb. 54b:

$$P_{11} = 2 \cdot \frac{0 \cdot 5817 + 0 \cdot 5273}{4 \cdot 00} = 0 \cdot 5545 \; t$$

P_{21} ist die Querkraftsumme der drei vertikalen Stäbe, man erhält:

$$P_{21} = 2 \cdot \frac{-0 \cdot 0727 + 0 \cdot 3635 + 0 \cdot 5273}{4 \cdot 00} = 0 \cdot 4090 \; t$$

Auch die Grundverschiebung der Festhaltung F_2 wird nach Abb. 55 durch Belastung mit $1\,t$ in Richtung der Festhaltung F_2 durchgeführt. Da alle drei Stäbe gleich steif sind, sind alle Einspannungsmomente gleich groß.

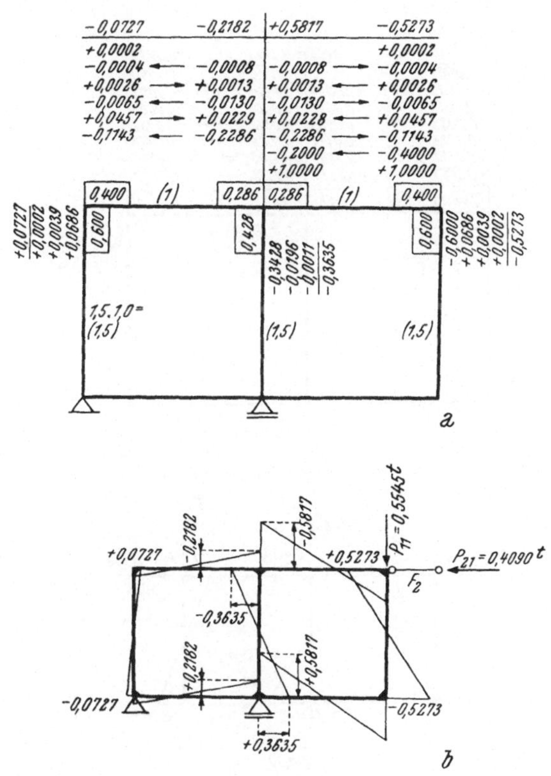

Abb. 54

Die Querkraft in jedem Stab ist $Q = \dfrac{1}{3}\,t$, daher ist

$$M = \frac{Q \cdot s}{2} = \frac{1}{3} \cdot \frac{4{\cdot}00}{2} = 0{\cdot}6667\ tm$$

(Man kann ebensogut ohne Rechnung die Einspannungsmomente beliebig groß, z. B. $1\,tm$, annehmen oder wie im Zahlenbeispiel 6 vom Verschiebungsweg $\varDelta$ ausgehen.)

Der Momentenverlauf ist wieder zur horizontalen Symmetrieachse gegensymmetrisch.

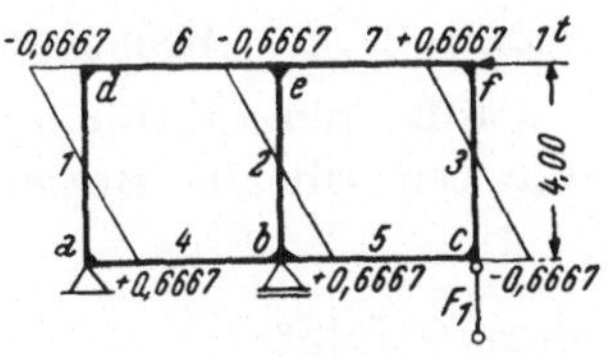

Abb. 55

Der Momentenausgleich ist in Abb. 56a durchgeführt, sein Ergebnis in Abb. 56b dargestellt.

Die Querkraftsummen der horizontalen, bzw. vertikalen Stäbe ergeben wieder die Kräfte der Kräftegruppe des Grundverschiebungszustandes von F_2.

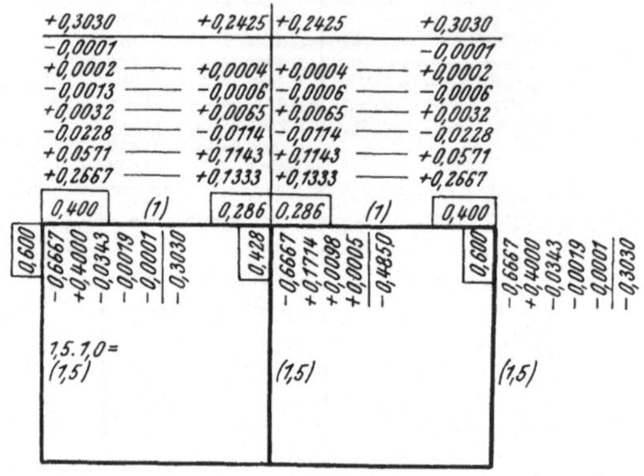

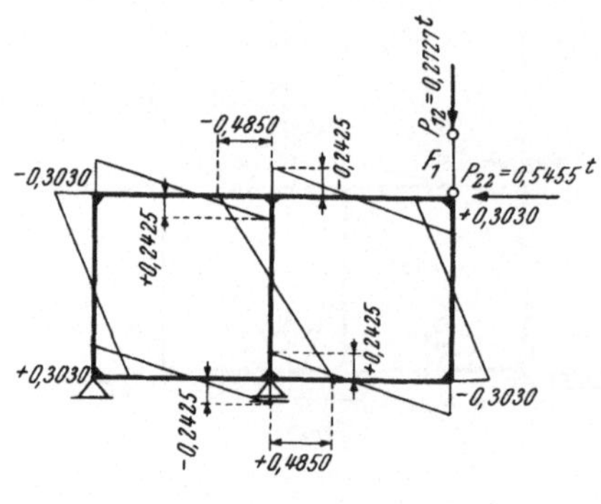

Abb. 56

Aus dem Momentenverlauf der Abb. 56 erhält man

$$P_{12} = 2 \cdot \frac{0{\cdot}2428 + 0{\cdot}3030}{4{\cdot}00} = 0{\cdot}2727\ t$$

$$P_{22} = 2 \cdot \frac{2 \cdot 0{\cdot}2030 + 0{\cdot}4850}{4{\cdot}00} = 0{\cdot}5455\ t$$

Kontrolle der Momentenausgleiche.

Für den Rahmen mit verschieblichen, aber unverdrehbaren Knoten gilt die Beziehung (31a).

$$M' = -\,6\,E\,c\,k\,\frac{\varDelta}{s}$$

daraus folgt:

$$6\,E\,c\,k\,\varDelta = -\,M'\,s$$

Im Rahmen mit verdrehbaren Knoten ergibt Gl. (40) (virtuelle Arbeit) die Verschiebung, die hier mit $\varDelta$ bezeichnet ist:

$$\varDelta = \frac{1}{E} \int\limits_R \frac{\overline{M} M}{J}\, d\,s$$

$\overline{M}$ sind die Momente im statisch unbestimmten Rahmen oder irgend einem möglichen statisch bestimmten Grundsystem infolge $P = 1$ in Richtung der gesuchten Verschiebung.

Denkt man sich den Rahmen nach Abb. 57 bei e und f aufgeschnitten, so erhält man die in Abb. 57 a und 57 b angegebenen Momente $\overline{M}$ zur Berechnung der vertikalen, bzw. horizontalen Verschiebungen des Knotens f.

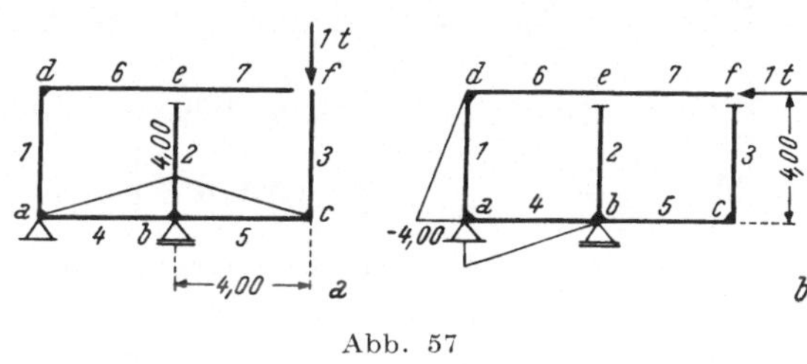

Abb. 57

Für den Grundverschiebungszustand von F_1 ergibt sich aus den Abb. 57 a und 54 b mittels der Formel (45) die vertikale Verschiebung von F_1 (Knoten c und f).

Es beträgt, da das Trägheitsmoment aller Stäbe gleich groß ist,

$$E\,J\,\varDelta_1 = \int\limits_R \overline{M} \cdot M \cdot d\,s = \frac{4{\cdot}00}{6} \cdot 4{\cdot}00\,(2 \cdot 0{\cdot}2182 - 0{\cdot}0727) +$$

$$+ \frac{4{\cdot}00}{6} \cdot 4{\cdot}00\,(2 \cdot 0{\cdot}5817 - 0{\cdot}5273) = \frac{4{\cdot}00}{6} \cdot 4{\cdot}00 \cdot 0{\cdot}9998$$

Mit $s = 4\,m$ ist $\dfrac{J}{c\,s} = \dfrac{J}{c \cdot 4{\cdot}00} = k$ und $J = 4{\cdot}00 \cdot c \cdot k$

Man erhält $6\,E\,c\,k \cdot \varDelta_1 = \dfrac{6}{4{\cdot}00} \cdot \dfrac{4{\cdot}00}{6} \cdot 4{\cdot}00 \cdot 0{\cdot}9998 \sim 4{\cdot}000$

Für den Rahmen mit unverdrehbaren Knoten, also vor der Durchführung des Momentenausgleiches, war nach Abb. 53 d und Gl. (31 a) auch

$$6\,E\,c\,k = -\,M'\,s = 1{\cdot}00 \cdot 4{\cdot}00 = 4{\cdot}00$$

Eine Verschiebung in horizontaler Richtung tritt beim Grundverschiebungszustand F_1 nicht auf, man erhält aus den Abb. 57 b und 54 b nach Gl. (45)

$$E\,J\,\varDelta = -\,\frac{4{\cdot}00}{6}\,4{\cdot}00\,(-\,2 \cdot 0{\cdot}0727 + 0{\cdot}2182) -$$

$$-\,\frac{4{\cdot}00}{6} \cdot 4{\cdot}00 \cdot (-\,2 \cdot 0{\cdot}0727 + 0{\cdot}0727) = 0{\cdot}0001 \sim 0$$

Die Vertikalverschiebung des Grundverschiebungszustandes von F_2 ergibt nach den Abb. 57 a und 56 b

$$E\,J\,\varDelta = \frac{4\cdot00}{6} \cdot 4\cdot00\,(2\cdot 0\cdot2425 - 0\cdot3020) +$$

$$+ \frac{4\cdot00}{6} \cdot 4\cdot00\,(-\,2\cdot 0\cdot2425 + 0\cdot3020) = 0$$

Die horizontale Verschiebung beträgt an Hand der Abb. 57 b und 56 b

$$E\,J\,\varDelta_2 = -\,\frac{4\cdot00}{6} \cdot 4\cdot00\,(2\cdot 0\cdot3030 - 0\cdot2425)\,\frac{4\cdot00}{6} \cdot$$

$$\cdot 4\cdot00\,(2\cdot 0\cdot3030 - 0\cdot3030) = -\,\frac{4\cdot00}{6} \cdot 4\cdot00 \cdot 0\cdot6665$$

Mit $\dfrac{J}{c\,s} - \dfrac{J}{c\cdot 4\cdot00} = k$ wird $6\,E\,c\,k\,\varDelta_2 = -\,4\cdot00 \cdot 0\cdot6665$

Vor dem Momentenausgleich war nach Abb. 54 und Formel (31 a)
$$6\,E\,c\,k\,\varDelta_2 = -\,M'\,s = -\,0\cdot6667 \cdot 4\cdot00$$

Alle Kontrollen ergeben gute Übereinstimmung der Lage der Knoten vor und nach dem Momentenausgleich, wodurch die Richtigkeit der Momentenausgleiche bestätigt wird.

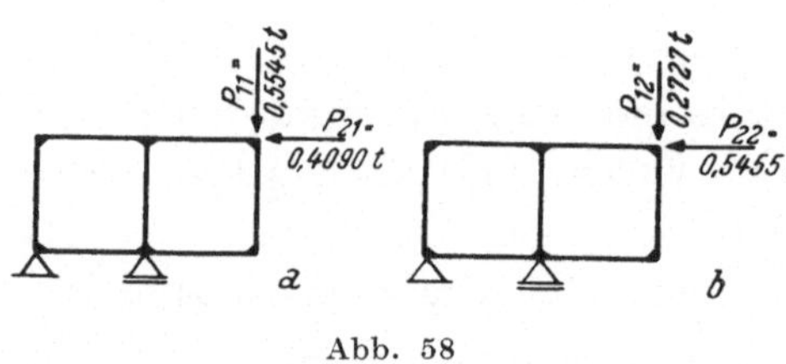

Abb. 58

In Abb. 58 sind die Kräftegruppen der beiden Grundverschiebungszustände eingetragen.

Die Grundgleichungen (1) lauten
$$P_{11}\cdot x_1 + P_{12}\cdot x_2 = 0\cdot5545 \cdot x_1 + 0\cdot2727 \cdot x_2 = R_1$$
$$P_{21}\cdot x_1 + P_{22}\cdot x_2 = 0\cdot4090 \cdot x_1 + 0\cdot5455 \cdot x_2 = R_2$$

Beim Belastungsfall nach Abb. 53 a ist
$$R_1 = 0,\ R_2 = H = 10\,t$$
und man erhält
$$0\cdot5545\,x_1 + 0\cdot2727\,x_2 = \ \ 0$$
$$0\cdot4090\,x_1 + 0\cdot5455\,x_2 = 10$$

Die Lösungen sind $x_1 = -\,14\cdot287$ und $x_2 = +\,29\cdot045$

Beim zweiten Belastungsfall nach Abb. 53 b ist
$$R_1 = V = 10\,t\ \ \text{und}\ \ R_2 = 0$$
daher ist
$$0\cdot5545\,x_1' + 0\cdot2727\,x_2' = 10$$
$$0\cdot4090\,x_1' + 0\cdot5455\,x_2' = \ \ 0$$

Daraus ergibt sich
$$x_1' = +\,28\cdot573\ \ \text{und}\ \ x_2' = -\,21\cdot246$$

Werden die Momente des Grundverschiebungszustandes von F_1 mit M_1, jene des Grundverschiebungszustandes von F_2 mit M_2

bezeichnet, so erhält man nach Gl. (2) den Momentenverlauf infolge der Belastung nach Abb. 53a ($H = 10\,t$) mit

$$M = x_1 \cdot M_1 + x_2 \cdot M_2$$

Entsprechend ist $M' = x_1' \, M_1 + x_2' \cdot M_2$ bei Belastung nach Abb. 53b ($V = 10\,t$). Die Abb. 59 und 60 zeigen die Ergebnisse dieser Berechnungen.

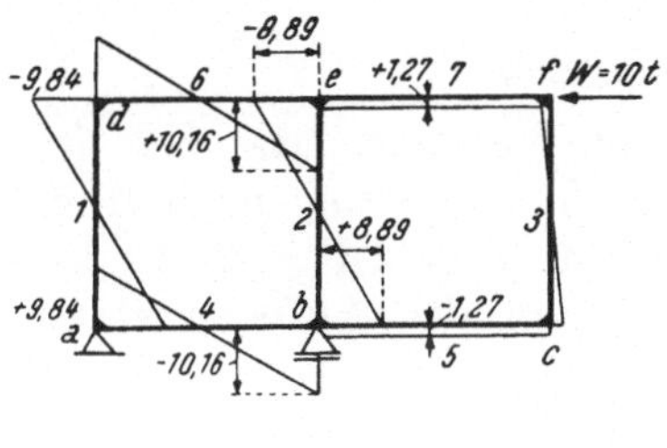

Abb. 59

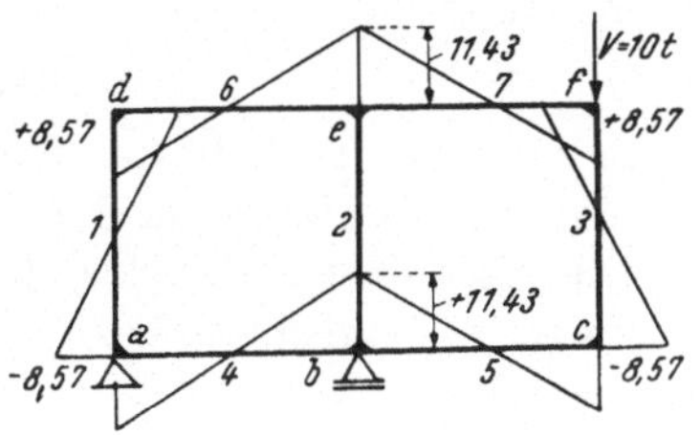

Abb. 60

3. Berechnung mittels Umlagerung

Im Zusammenhang mit den Zahlenbeispielen 3 und 4 sei auf ein einfaches Verfahren hingewiesen, das hier sehr einfach zu Lösungen führt.

Ein beliebig gestalteter Körper ist nach Abb. 61a statisch bestimmt gelagert. Er ist für die Belastung durch äußere Kräfte, deren Resultierende R ist, zu berechnen.

Bekannt sei die Lösung derselben Aufgabe bei einer anderen Stützung des Körpers, z. B. nach Abb. 61b.

Denkt man sich nach Abb. 61c das Gleichgewichtssystem der beiden einander entgegengesetzt gerichteten Kräfte R und $- R$ angebracht und zerlegt $+ R$ in zwei Kräfte in Richtung der Auflagerkräfte nach Abb. 61b, $- R$ in zwei Kräfte in Richtung der Auflagerkräfte nach Abb. 61a, so bilden auch die vier Kräfte $- A_1$, $- B_1$, $+ A_2$ und $+ B_2$ ein Gleichgewichtssystem. Fügt man dieses Gleichgewichtssystem zum Gleichgewichtssystem der Abb. 61b, so erhält man das Gleichgewichtssystem der gestellten Aufgabe nach Abb. 61a.

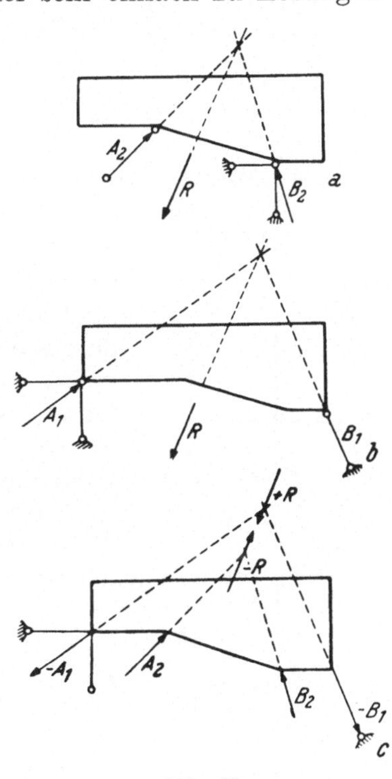

Abb. 61

Da die Lagerung als statisch bestimmt vorausgesetzt wurde, lassen sich alle Kräfte aus den Gleichgewichtsbedingungen allein berechnen.

Man erhält daher die Lösung für die Lagerung nach Abb. 61a, indem man zur bekannten Lösung nach Abb. 61b die Lösung für das Gleichgewichtssystem der vier Kräfte $- A_1$, $+ A_2$, $+ B_2$ und $- B_1$ hinzufügt.

4. Zahlenbeispiel 5

1. Der nach Abb. 63 gelagerte und belastete Rahmen ist zu berechnen. Bekannt ist die Lösung für die Lagerung nach Abb. 62.

Die Resultierende der Belastung ist $R = 2\,P = 2 \cdot 10 = 20\,t$, sie liegt in Rahmenmitte, daher betragen die Auflagerkräfte bei der gestellten Aufgabe $A_2 = 0$, $B_2 = 20\,t$.

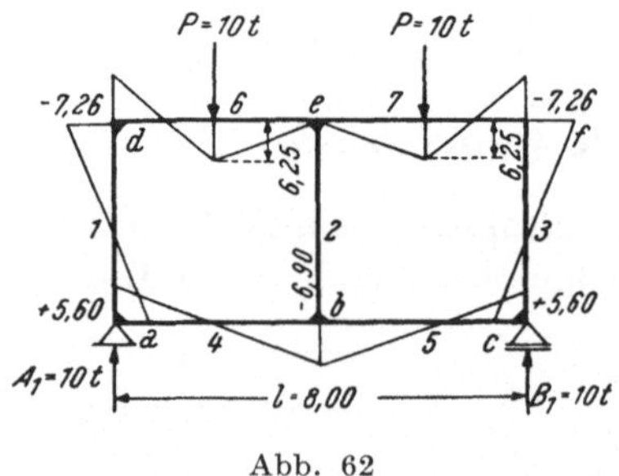

Abb. 62

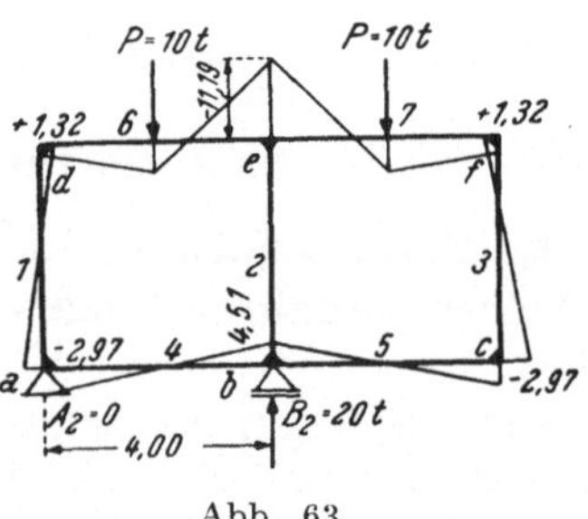

Abb. 63

Die Auflagerdrücke bei der bekannten Lösung sind $A_1 = 10\,t$, $B_1 = 10\,t$. Das Gleichgewichtssystem nach Abb. 61c, der Zusatzlösung, besteht daher aus den Kräften

$$- A_1 = - 10\,t, \quad - B_1 = - 10\,t, \quad A_2 = 0 \text{ und } B_2 = 20\,t$$

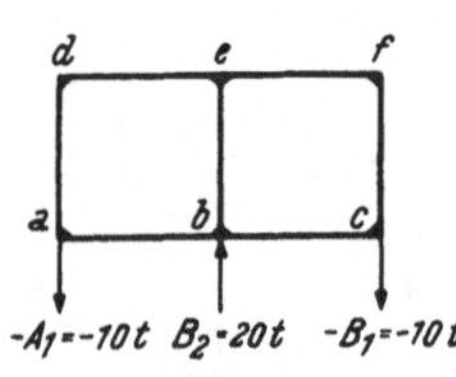

Abb. 64

Dieses Gleichgewichtssystem ist in Abb. 64 dargestellt. Der Rahmen ist durch eine von unten nach oben gerichtete Einzellast in der Mitte belastet. Für dieselbe Belastung in entgegengesetzter Richtung wurde der Rahmen in Zahlenbeispiel 3 bereits berechnet.

Die Lösung der gestellten Aufgabe erhält man daher durch Addition der Momente nach Abb. 62 zu den mit umgekehrten Vorzeichen versehenen Momenten nach Abb. 51d. Es wird:

$$M_a = M_c = + 5{\cdot}60 - 8{\cdot}57 = - 2{\cdot}97\ tm$$
$$M_b = - 6{\cdot}90 + 11{\cdot}43 = + 4{\cdot}53\ tm$$
$$M_d = M_f = - 7{\cdot}26 + 8{\cdot}57 = + 1{\cdot}31\ tm$$
$$M_e = + 0{\cdot}24 - 11{\cdot}43 = - 11{\cdot}19\ tm$$

Die Momente sind in Abb. 63 dargestellt.

2. Der durch eine vertikale Kraft von $V = 10\,t$ an seinem Kragende belastete, nach Abb. 53b gelagerte Rahmen ist zu berechnen. Für die Lagerung an seinen beiden Enden erhält man die triviale Lösung nach Abb. 65a. Es treten keine Momente auf, die Auflagerungswiderstände sind

$$A_1 = 0 \quad \text{und} \quad B_1 = 10\,t$$

Bei der Auflagerung der gesuchten Lösung nach Abb. 53b ist

$$A_2 = -10\,t \quad \text{und} \quad B_2 = +20\,t$$

Das Gleichgewichtssystem nach Abb. 61c, der Zusatzlösung, wird in Abb. 65b gezeigt, es ergibt wieder die Belastung des Rahmens mit einer nach oben gerichtete Einzellast von $20\,t$. Da die Grundlösung keine Momente ergibt, müssen die Momente mit den Ergebnissen des Zahlenbeispieles 4 bis auf das Vorzeichen übereinstimmen.

Dasselbe Ergebnis lieferte die Berechnung vom Zahlenbeispiel 4, wovon man sich durch Vergleich der Abb. 60 mit Abb. 51d überzeugen kann.

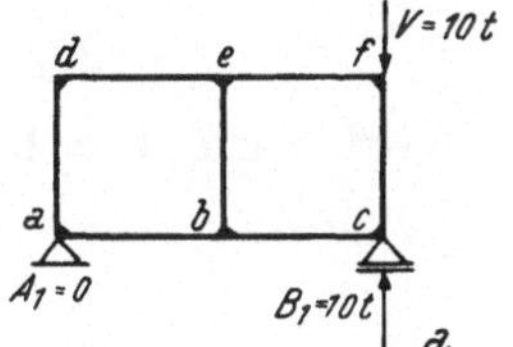

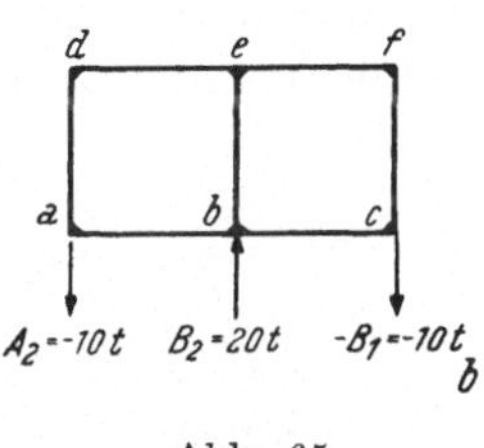

Abb. 65

3. Bei dem nach Abb. 53a gestützten Rahmen werden die oberen Riegel um 20° erwärmt. Da keine äußeren Kräfte auftreten, ergibt sich keine Zusatzlösung. Der Momentenverlauf ist daher derselbe wie bei der Stützung nach Abb. 50a. Er ist in Abb. 52d dargestellt.

5. Zahlenbeispiel 6

Der Rahmen nach Abb. 66 ist durch die dort angegebenen Horizontalkräfte belastet.

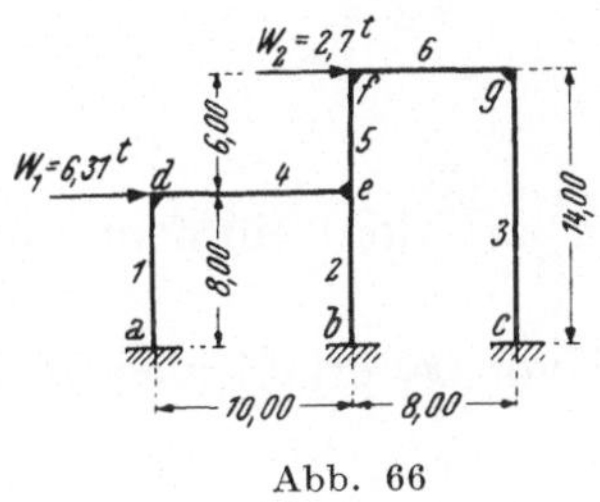

Abb. 66

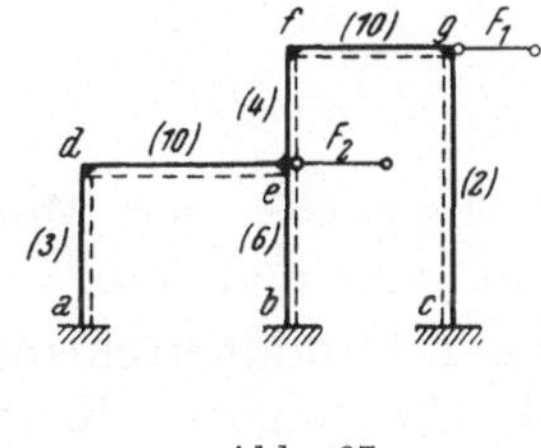

Abb. 67

In Abb. 67 sind die erforderlichen Festhaltungen, die relativen Stabsteifigkeiten und die Lage der Zugfasern der positiven Momente angegeben.

Im Grundverschiebungszustand der Festhaltung F_1 erhält man bei unverdrehbaren Knoten nach Gl. (31a) für die Stäbe 5, bzw. 3 folgende Einspannungsmomente:

$$M_5'' = -6\,E\,c\,k_5\,\frac{\varDelta}{s} = -6\,E\,c\,\varDelta \cdot \frac{4}{6 \cdot 00}$$

$$M_3'' = -6\,E\,c\,k_3\,\frac{\varDelta}{s} = -6\,E\,c\,\varDelta \cdot \frac{6}{14 \cdot 00}$$

Wird $6\,E\,c\,\varDelta = 10$ gesetzt, so ist

$$M_5'' = -10 \cdot \frac{4}{6 \cdot 00} = -6 \cdot 67\ tm$$

und

$$M_3'' = -10 \cdot \frac{6}{14 \cdot 00} = -1 \cdot 37\ tm$$

Der Grundverschiebungszustand von F_2 ergibt bei unverdrehbaren Knoten mit $6\,E\,c\,\varDelta = 10$ für die Stäbe 1, 2, bzw. 5 nachstehende Einspannungsmomente:

$$M_1'' = -10 \cdot \frac{3}{8 \cdot 00} = -3 \cdot 75\ tm$$

$$M_2'' = -10 \cdot \frac{6}{8 \cdot 00} = -7 \cdot 50\ tm$$

$$M_5' = -10 \cdot \frac{4}{6 \cdot 00} = -6 \cdot 67\ tm$$

In Abb. 68a und 68b ist dieser Momentenverlauf der beiden Grundverschiebungszustände dargestellt.

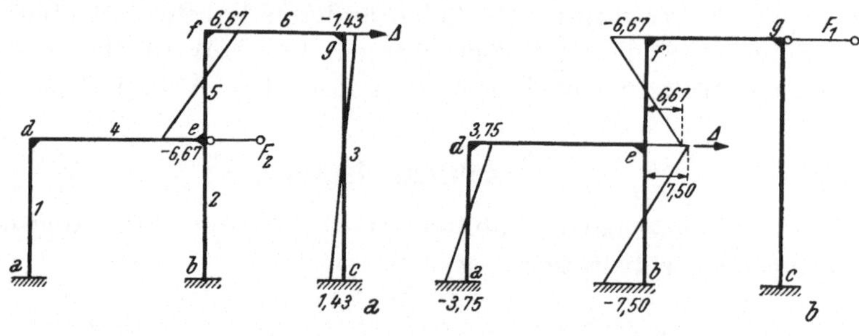

Abb. 68

Der Ausgleich der Momente führt zu den Momentenbildern nach Abb. 69a und 69b.

Für den Grundverschiebungszustand von F_1 ergibt sich an Hand der Abb. 69a folgende Kräftegruppe:

$$P_{11} = \frac{4 \cdot 21 + 4 \cdot 48}{6 \cdot 00} + \frac{1 \cdot 58 + 1 \cdot 50}{14 \cdot 00} = 1 \cdot 448 + 0 \cdot 220 = 1 \cdot 668\,t$$

$$P_{21} = \frac{0 \cdot 36 + 0 \cdot 18}{8 \cdot 00} - \frac{1 \cdot 90 + 0 \cdot 95}{8 \cdot 00} - \frac{4 \cdot 21 + 4 \cdot 48}{6 \cdot 00} =$$

$$= 0 \cdot 067 - 0 \cdot 356 - 1 \cdot 448 = -1 \cdot 737\,t$$

In derselben Art erhält man aus Abb. 69b die Kräftegruppe der Grundverschiebung von F_2 mit

$$P_{12} = -\ 1{\cdot}737\ t \quad \text{und} \quad P_{22} = 4{\cdot}312\ t$$

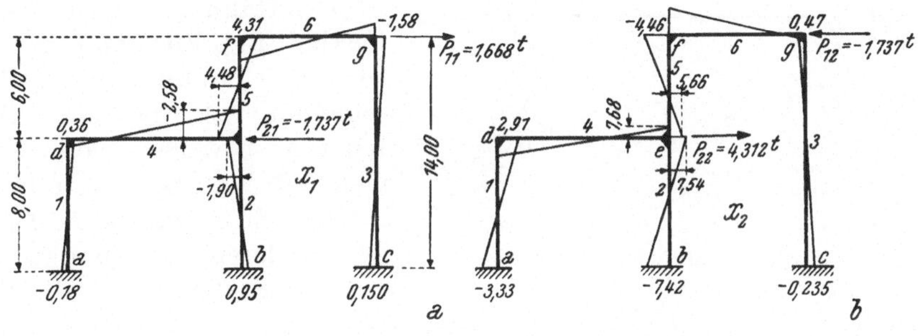

Abb. 69

Die Grundgleichungen für die Belastung nach Abb. 67a lauten daher:

$$P_{11} \cdot x_1 + P_{12} \cdot x_2 = 1{\cdot}668\ x_1 - 1{\cdot}737\ x_2 = 2{\cdot}70\ t$$
$$P_{21} \cdot x_1 + P_{22} \cdot x_2 = -\ 1{\cdot}737\ x_1 + 4{\cdot}312\ x_2 = 6{\cdot}31\ t$$

Die Lösungen sind $x_1 = 5{\cdot}413$ und $x_2 = 3{\cdot}644$.

Schließlich erhält man die Lösung der Aufgabe durch Multiplikation der Momente nach Abb. 69a mit x_1, der Momente von Abb. 69b mit x_2 und Addition der zusammengehörigen Produkte. Z. B. beträgt das Anschlußmoment des Stabes *2* am Knoten *e*:

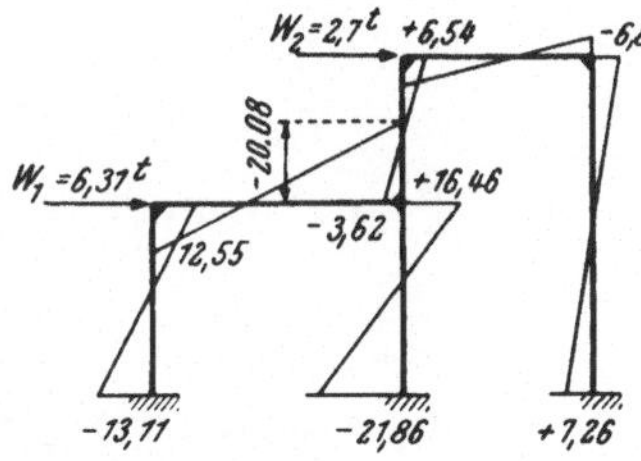

$$M_{e2} = -\ 1{\cdot}90 \cdot x_1 + 7{\cdot}34\ x_2 =$$
$$= -\ 1{\cdot}90 \cdot 5{\cdot}413 + 7{\cdot}34 \cdot 3{\cdot}644 = 16{\cdot}46\ tm$$

Abb. 70

In Abb. 70 ist der so ermittelte Momentenverlauf dargestellt.

III. Allgemeine Rahmenformen mit geraden Stäben

Auf Grund des geometrischen Aufbaues eines Rahmens läßt sich immer der Knotenverschiebungsplan unter Annahme von Gelenken in allen Knoten und Stabeinspannungen für jede Grundverschiebung bestimmen. Aus den gegenseitigen Verschiebungen der Einspannungsstellen der einzelnen Stäbe ergeben sich mittels der Formeln (29) bis (31a) bei Stäben mit beiderseitiger Einspannung und mittels der Formeln (32) bis (35a) bei Stäben mit einseitiger Einspannung der Größen aller Einspannungsmomente im Rahmen mit unverdrehbaren Knoten.

Die Beziehungen zwischen einer Grundverschiebung Δ und den gegenseitigen Verschiebungen der Stabenden sollen an Hand der Abb. 71 abgeleitet werden.

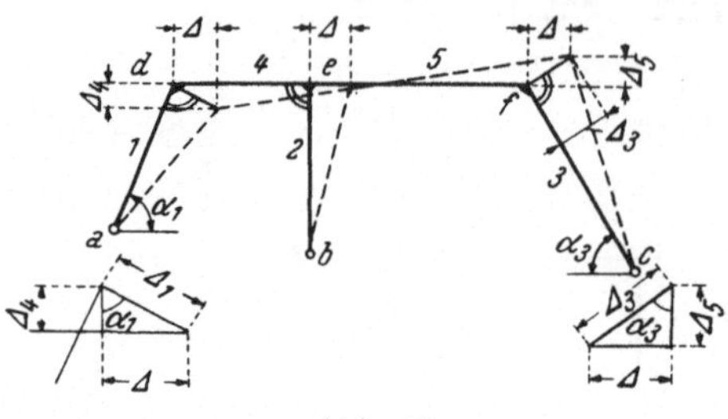

Abb. 71

Der Rahmen erfordert eine Festhaltung. Für den Knoten e ist nur eine horizontale Verschiebung Δ möglich. Alle Knoten bewegen sich senkrecht zu den Stabachsen (Tangentenrichtungen der Drehkreise, deren Mittelpunkte die anderen Stabenden sind). Man erhält aus Abb. 71 folgende gegenseitige Verschiebungen der Stabeinspannungsstellen (Absolutwerte):

$$\left.\begin{aligned}
\text{Stab } 1: \ \Delta_1 &= \frac{\Delta}{\sin \alpha_1} \\[2mm]
\text{\glqq} \quad 2: \ \Delta_2 &= \Delta \\[2mm]
\text{\glqq} \quad 3: \ \Delta_3 &= \frac{\Delta}{\sin \alpha_3} \\[2mm]
\text{\glqq} \quad 4: \ \Delta_4 &= \Delta \cdot \cotg \alpha_1 \\[2mm]
\text{\glqq} \quad 5: \ \Delta_5 &= \Delta \cdot \cotg \alpha_3
\end{aligned}\right\} \tag{60}$$

1. Zahlenbeispiel 7

Der Rahmen nach Abb. 72 ist für folgende Belastungen zu untersuchen:

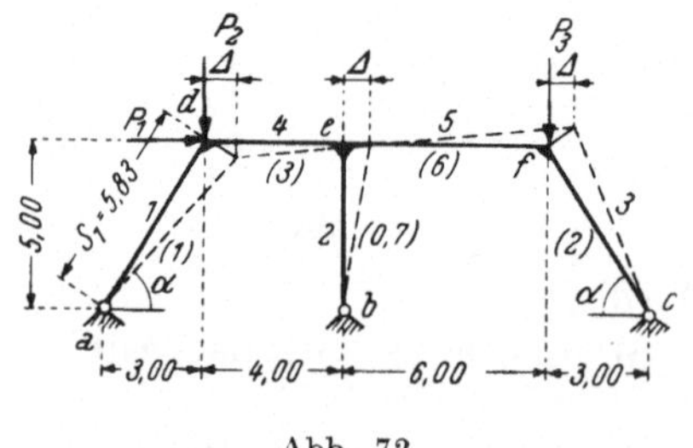

Abb. 72

1. Eine horizontale Einzellast P_1 in Riegelhöhe.
2. Eine vertikale Einzellast P_2 an der Ecke d.
3. Eine vertikale Einzellast P_3 an der Ecke f.

Die relativen Werte der Stabsteifigkeiten sind in der Abb. 72 angegeben. Bei der Grundverschiebung Δ erhält man nach den Beziehungen Gl. (60) folgende gegenseitige Parallelverschiebungen der Stabenden:

$$\Delta_1 = \frac{\Delta}{\sin \alpha} = \frac{5{\cdot}83}{5{\cdot}00} \cdot \Delta, \quad \Delta_2 = \Delta, \quad \Delta_3 = \Delta_1$$

$$\Delta_4 = \Delta \cotg \alpha = \frac{3{\cdot}00}{5{\cdot}00}\,\Delta = 0{\cdot}60 \cdot \Delta, \quad \Delta_5 = \Delta_4$$

Die Einspannungsmomente im Rahmen mit verschieblichen, aber unverdrehbaren Knoten ergeben sich mit diesen Werten nach Gl. (35a), bzw. (31a), wie folgt (Absolutwerte):

$$\text{Stab } 1: \ M_1'' = 3\,E\,c\,k_1 \cdot \frac{\varDelta_1}{s_1} = 3\,E\,c \cdot 1{\cdot}0 \cdot \frac{5{\cdot}83}{5{\cdot}00} \cdot \frac{\varDelta}{5{\cdot}83} = 0{\cdot}60\,E\,c\,\varDelta$$

$$\text{„ } \ 2: \ M_2'' = 3\,E\,c\,k_2 \cdot \frac{\varDelta_2}{s_2} = 3\,E\,c \cdot 0{\cdot}7 \cdot \frac{\varDelta}{5{\cdot}00} = 0{\cdot}42\,E\,c\,\varDelta$$

$$\text{„ } \ 3: \ M_3'' = 3\,E\,c\,k_3 \cdot \frac{\varDelta_3}{s_3} = 3\,E\,c \cdot 2{\cdot}0 \cdot \frac{5{\cdot}83}{5{\cdot}00} \cdot \frac{\varDelta}{5{\cdot}83} = 1{\cdot}20\,E\,c\,\varDelta$$

$$\text{„ } \ 4: \ M_4'' = 6\,E\,c\,k_4 \cdot \frac{\varDelta_4}{s_4} = 6\,E\,c \cdot 3{\cdot}0 \cdot \frac{0{\cdot}60}{5{\cdot}00} \cdot \varDelta = 2{\cdot}70\,E\,c\,\varDelta$$

$$\text{„ } \ 5: \ M_5'' = 6\,E\,c\,k_5 \cdot \frac{\varDelta_5}{s_5} = 6\,E\,c \cdot 6{\cdot}0 \cdot \frac{0{\cdot}60}{6{\cdot}00} \cdot \varDelta = 3{\cdot}60\,E\,c\,\varDelta$$

In Abb. 73 sind diese Momente dargestellt, dabei ist $E\,c\,\varDelta = 1$ angenommen.

Beim Momentenausgleich ist darauf zu achten, daß die Stützen wegen der Fußgelenke nur mit dem 0·75-fachen relativen Steifigkeiten (k-Werten) in Rechnung zu stellen sind. Das Ergebnis des Momentenausgleiches zeigt die Abb. 74.

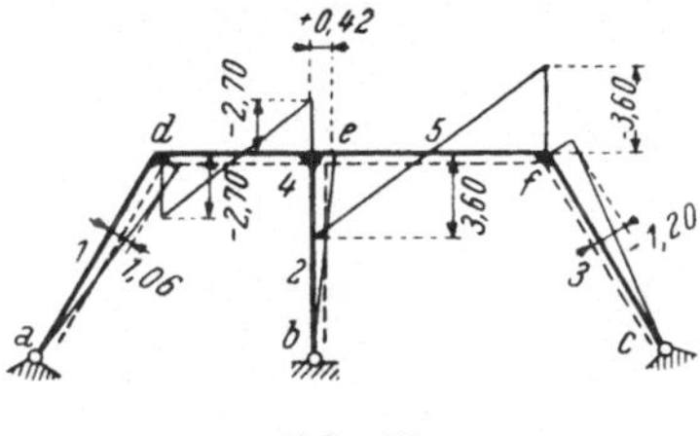

Abb. 73

a) Belastung des Rahmens durch eine horizontale Kraft am Knoten d. Die berechnete Grundverschiebung kann durch eine horizontale Kraft P_{11} verursacht werden. Die Kräftegruppe der Grundverschiebung besteht daher nur aus dieser Kraft.

Zur Ermittlung der Kraft P_{11} sind die Horizontalschübe mittels der Gleichgewichtsbedingungen zu berechnen.

Für die Mittelstütze ergibt sich aus dem Moment im Knoten e aus Abb. 74

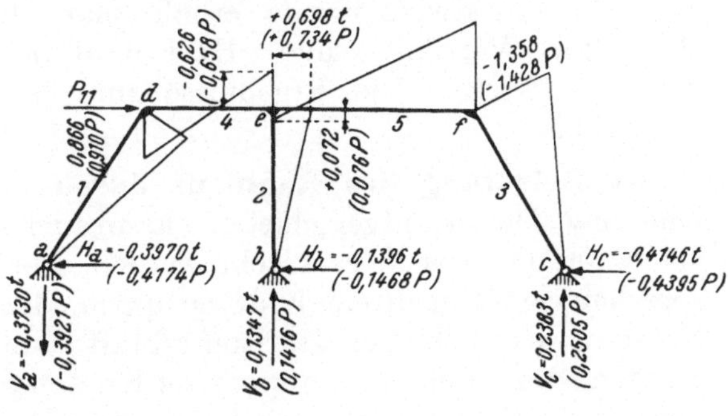

Abb. 74

$$H_b = -\frac{0{\cdot}698}{5{\cdot}00} = -0{\cdot}1396\,t$$

Die positive Richtung der Horizontalschübe wird von links nach rechts angenommen.

Das Eckmoment bei d und das Moment des Stabes 4 bei e ergeben folgende Gleichgewichtsbedingungen:

$$- H_a \cdot 5{\cdot}00 + V_a \cdot 3{\cdot}00 = + 0{\cdot}866 \; tm$$
$$- H_a \cdot 5{\cdot}00 + V_a \cdot 7{\cdot}00 = - 0{\cdot}626 \; tm$$

daraus ist

$$H_a = - 0{\cdot}397 \; t \quad \text{und} \quad V_a = - 0{\cdot}373 \; t$$

Das Eckmoment bei f und das Moment des Stabes 5 bei e ergeben:

$$+ H_c \cdot 5{\cdot}00 + V_c \cdot 3{\cdot}00 = - 1{\cdot}358 \; tm$$
$$+ H_c \cdot 5{\cdot}00 + V_c \cdot 9{\cdot}00 = + 0{\cdot}072 \; tm$$

Daraus folgt

$$H_c = - 0{\cdot}4146 \; t \quad \text{und} \quad V_c = + 0{\cdot}2383 \; t$$

Man erhält als Gleichgewichtsbedingung der Horizontalkräfte

$$\sum H = P_{11} + H_a + H_b + H_c = 0$$

und daraus

$$P_{11} = + 0{\cdot}3970 + 0{\cdot}1396 + 0{\cdot}4146 = 0{\cdot}9512 \; t$$

Aus $\sum V = 0$ folgt

$$V_b = - V_a - V_c = 0{\cdot}3730 - 0{\cdot}2383 = + 0{\cdot}1347 \; t$$

Die Grundgleichung lautet:

$$P_{11} \cdot x_1 = R_1$$
$$0{\cdot}9512 \cdot x_1 = P_1$$

Daraus ist

$$x_1 = 1{\cdot}0513 \cdot P_1$$

Der gesuchte Momentenverlauf sowie die zugehörigen Vertikal- und Horizontalwiderstände erhält man durch Multiplikation der Momente, Vertikal- und Horizontalkräfte der Abb. 74 mit $x_1 = 1{\cdot}0513 \cdot P_1$. Die Ergebnisse sind in Abb. 74 in Klammern angegeben.

b) Belastung des Rahmens durch eine vertikale Kraft am Knoten d. Die Grundverschiebung kann auch durch eine vertikale Kraft am Knoten e oder f verursacht werden. Der Grundverschiebung entsprechen somit mehrere Kräftegruppen, diese können aus einzelnen Kräften, nämlich der Horizontalkraft oder der Vertikalkraft am Knoten d oder der Vertikalkraft am Knoten f bestehen. Man kann sich aber auch die Grundverschiebung dadurch entstanden denken, daß zuerst eine horizontale Kraft angreift, sie erzeugt eine Grundverschiebung Δ_1, dann greife eine vertikale Kraft in d an und erzeuge eine Grundverschiebung Δ_2, schließlich greife noch als dritte Kraft eine vertikale Kraft in f an und erzeuge eine Grundverschiebung Δ_3. Wenn die Kräfte so gewählt werden, daß $\Delta_1 + \Delta_2 + \Delta_3 = \Delta$ ist, bilden sie eine Kräftegruppe der Grundverschiebung Δ. Wie immer der Rahmen nach Abb. 72 belastet wird, können als Angriffskräfte des verschieblichen Rahmens höchstens drei Kräfte auftreten, die an den Knoten d, e und f angreifen (Abb. 75). Ihre Horizontalkomponenten kann man zu einer horizontalen Kraft vereinen. Während die Vertikalkomponenten der mittleren Angriffskraft unmittelbar von der Stütze 2 aufgenommen werden, verbleiben als Rahmenbelastung außer der horizontalen Kraft je eine vertikale Kraft in den Knoten d und f. Diese beiden Kräfte bilden aber eine Kräftegruppe einer Grundverschiebung. Man kann den Rahmen zuerst mit der horizontalen Kraft allein belasten und bekommt aus der Grundgleichung, bei welcher nur eine Horizontalkraft als Kräftegruppe wirkt, einen Wert x_1', dann belastet man den Rahmen nur durch die vertikale Kraft bei d und erhält aus der Grundgleichung, in welcher nur eine vertikale Kraft bei d die Kräftegruppe bildet, einen Wert x_1'' und schließlich erhält man mittels der Grundgleichung, in welcher nur eine vertikale Kraft bei f als Kräftegruppe vorkommt, aus der vertikalen Angriffskraft bei f einen Wert x_1'''. Alle drei Werte ergeben sich also aus je einer Gleichung mit einer Unbekannten. Das Ergebnis des zweiten Berechnungsabschnittes erhält man durch Multiplikation der Momente des Grundverschiebungszustandes Δ mit $x_1 = x_1' + x_1'' + x_1'''$. Die Vertikal- und Horizontalreaktionen sind bei den drei Belastungsarten aber nicht gleich, daher müssen ihre jeweiligen Werte einzeln mit x_1', x_1'', bzw. x_1''' multipliziert werden.

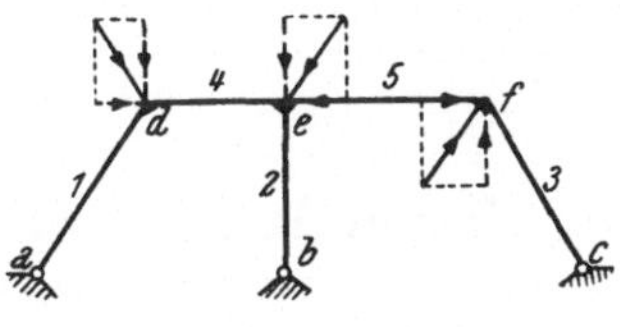

Abb. 75

Man kann aber auch die Reaktionen mittels der Gleichgewichtsbedingungen aus dem endgültigen Ergebnis berechnen.

Da die vertikale Kraft P_{11}' am Knoten d angreifend dieselben Verformungen erzeugt wie die horizontale Kraft P_{11}, ist auch die Formänderungsarbeit bei beiden Belastungsfällen gleich groß.

Die Wege der Kräfte P_{11} und P_{11}' sind Δ, bzw. $\Delta \cdot \operatorname{cotg} \alpha$.

Da die Arbeit der inneren Kräfte gleich groß ist, ist auch die Arbeit der äußeren Kräfte gleich groß und man erhält

$$\frac{1}{2} P_{11} \cdot \Delta = \frac{1}{2} P_{11}' \, \Delta \cdot \operatorname{cotg} \alpha$$

Mit $P_{11} = 0{\cdot}9512 \, t$ und $\operatorname{cotg} \alpha = 0{\cdot}60$ wird

$$P_{11}' = \frac{P_{11}}{\operatorname{cotg} \alpha} = \frac{0{\cdot}9512}{0{\cdot}60} = 1{\cdot}5853 \, t$$

Es können wieder mittels der Gleichgewichtsbedingungen der Momente in den Knoten d, e und f die Vertikal- und Horizontalreaktionen berechnet werden.

Die Grundgleichung lautet

$$P_{11}' \cdot x_1 = R_1'$$
$$1{\cdot}5852 \cdot x_1 = P_2$$

daraus folgt

$$x_1' = 0{\cdot}631 \cdot P_2$$

und den Momentenverlauf erhält man durch Multiplikation der Momente nach Abb. 74 mit x_1'.

c) Belastung des Rahmens durch eine vertikale Kraft am Knoten f. Auch die an der Rahmenecke f angreifende Kraft P_{11}'' erzeugt dieselbe Grundverschiebung wie die Kräfte P_{11} und P_{11}'. Der Weg, welchen die Kraft P_1'' zurückgelegt, beträgt $- \varDelta \cot g\, \alpha = - 0{\cdot}60\, \varDelta$, daher ist aus der Formänderungsarbeit

$$\frac{1}{2}\, P_{11} \cdot \varDelta = \frac{1}{2} \cdot 0{\cdot}9512 \cdot \varDelta = - \frac{1}{2} \cdot P_{11}'' \cdot 0{\cdot}60$$

Daraus ergibt sich $P_{11}'' = - 1{\cdot}5853\, t$ und $x_1'' = - 0{\cdot}631\, P_3$. Der Momentenverlauf unterscheidet sich vom Momentenverlauf infolge Belastung der Rahmendecke d durch eine vertikale Einzellast, falls $P_2 = P_3$ ist, nur durch das Vorzeichen.

2. Zahlenbeispiel 8

Der in Abb. 76 dargestellte Rahmen ist für folgende Belastungen zu berechnen:

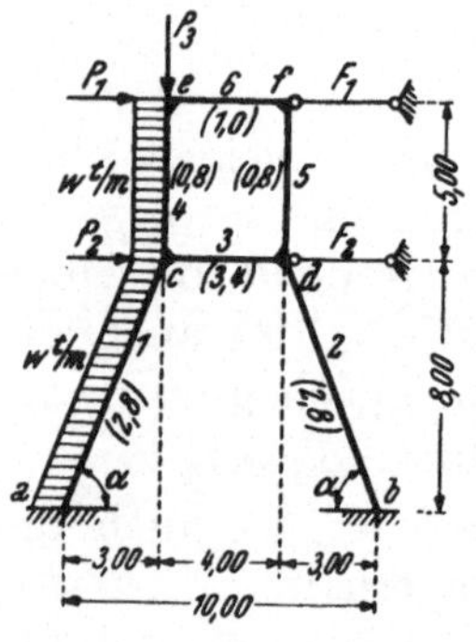

Abb. 76

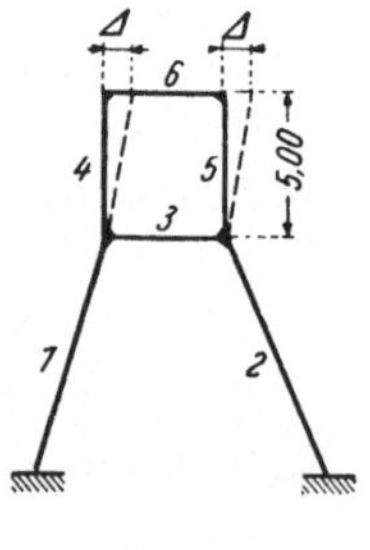

Abb. 77

1. Eine horizontale Einzellast P_1 in Höhe des oberen Riegels.

2. Eine horizontale Einzellast P_2 in Höhe des unteren Riegels.

3. Eine vertikale Einzellast P_3 im Knoten e.

4. Eine gleichmäßig verteilte horizontale Belastung von der Größe $w\, t/m$.

Der Rahmen erfordert die beiden Festhaltungen F_1 und F_2. Die relativen Werte der Stabsteifigkeit sind in Abb. 76 angegeben (in Klammern).

Bei der Grundverschiebung der Festhaltung F_1 um $\varDelta$ (Abb. 77) sind die Einspannungsmomente der Stäbe 4 und 5 nach Gl. (31a) (Absolutwerte)

$$M_4'' = M_5'' = 6\, E\, c\, k_4 \frac{\varDelta}{s_4} = 6\, E\, c \cdot 0{\cdot}8 \cdot \frac{\varDelta}{5{\cdot}00} = 0{\cdot}96\, E\, c\, \varDelta$$

Der Momentenausgleich erfolgt in Abb. 78, sein Ergebnis ist in Abb. 79 dargestellt. Es wurde $E\, c\, \varDelta = 1$ gesetzt.

Die beiden Kräfte P_{11} und P_{21} der Kräftegruppe der Grundver-schiebung von F_1 können aus den Gleichgewichtsbedingungen an Hand der Abb. 79 berechnet werden.

P_{11} ist gleich der Querkraftsumme der Stäbe *4* und *5*:

$$P_{11} = \frac{0 \cdot 602 + 0 \cdot 726}{5 \cdot 00} = 0 \cdot 5312 \ t$$

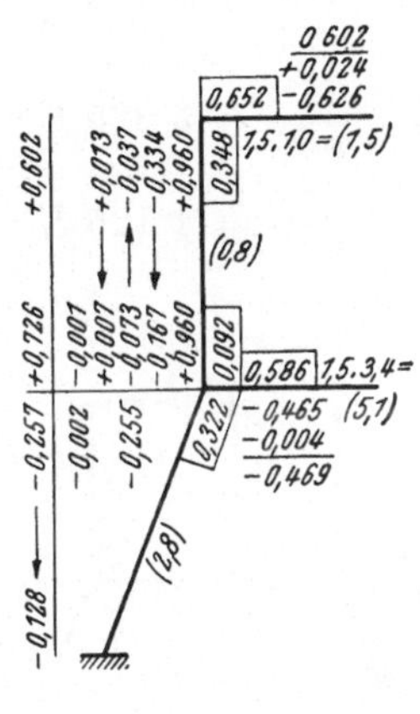

Abb. 78

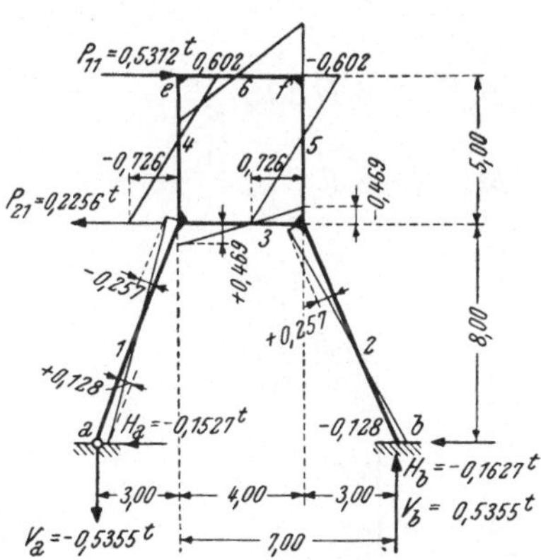

Abb. 79

Die Momentenbedingungen für die Knoten c und d ergeben:

für c: $V_a \cdot 3 \cdot 00 - H_a \cdot 8 \cdot 00 + 0 \cdot 128 = - 0 \cdot 257,$

für d: $V_a \cdot 7 \cdot 00 - H_a \cdot 8 \cdot 00 + 0 \cdot 128 + 0 \cdot 5312 \cdot 5 \cdot 00 = + 0 \cdot 257,$

daraus folgt

$H_a = - 0 \cdot 1527 \ t$ und $V_a = - 0 \cdot 5353 \ t$

Berechnet man auf demselben Wege die Vertikal- und Horizontalwiderstände am Fuß-punkt b der Strebe *2*, so erhält man

$H_a = - 0 \cdot 1527 \ t$ und $V_a = + 0 \cdot 5353 \ t$

Die Gleichgewichtsbedingung gegen Ver-schieben des Rahmens in der Horizontal-richtung lautet:

$$P_{11} + P_{21} + H_a + H_b = 0$$

$$0 \cdot 5312 + P_{21} - 0 \cdot 1527 - 0 \cdot 1527 = 0$$

daraus ist $P_{21} = - 0 \cdot 2258 \ t.$

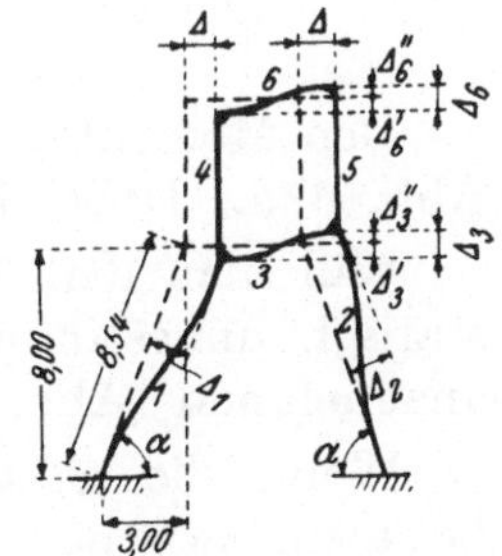

Abb. 80

Als zweiter Verschiebungszustand wird der allgemeinere Ver-schiebungszustand nach Abb. 80 angenommen.

Nach den Beziehungen Gl. (60) ist

$$\Delta_1 = \frac{\Delta}{\sin \alpha} = \frac{8 \cdot 54}{8 \cdot 00} \Delta$$

$$\Delta_3' = \Delta_3'' = \Delta_6' = \Delta_6'' = \Delta \cot g\ \alpha = \frac{3 \cdot 00}{8 \cdot 00}\,\Delta$$

und

$$\Delta_3 = \Delta_6 = \Delta_3' + \Delta_3'' = 2 \cdot \frac{3 \cdot 00}{8 \cdot 00}\,\Delta = 0 \cdot 75\,\Delta$$

Die Einspannungsmomente sind nach Gl. (31a) (Absolutwerte):

$$M_1'' = 6\,E\,c\,k_1\,\frac{\Delta_1}{s_3} = 6\,E\,c \cdot 2 \cdot 8 \cdot \frac{8 \cdot 54}{8 \cdot 00} \cdot \frac{\Delta}{8 \cdot 54} = 2 \cdot 100\,E\,c\,\Delta$$

$$M_3'' = 6\,E\,c\,k_3\,\frac{\Delta_3}{s_3} = 6\,E\,c \cdot 3 \cdot 4 \cdot 0 \cdot 75 \cdot \frac{\Delta}{4 \cdot 00} = 3 \cdot 825\,E\,c\,\Delta$$

$$M_6'' = 6\,E\,c\,k_6\,\frac{\Delta_6}{s_6} = 6\,E\,c \cdot 1 \cdot 0 \cdot 0 \cdot 75 \cdot \frac{\Delta}{4 \cdot 00} = 1 \cdot 125\,E\,c\,\Delta$$

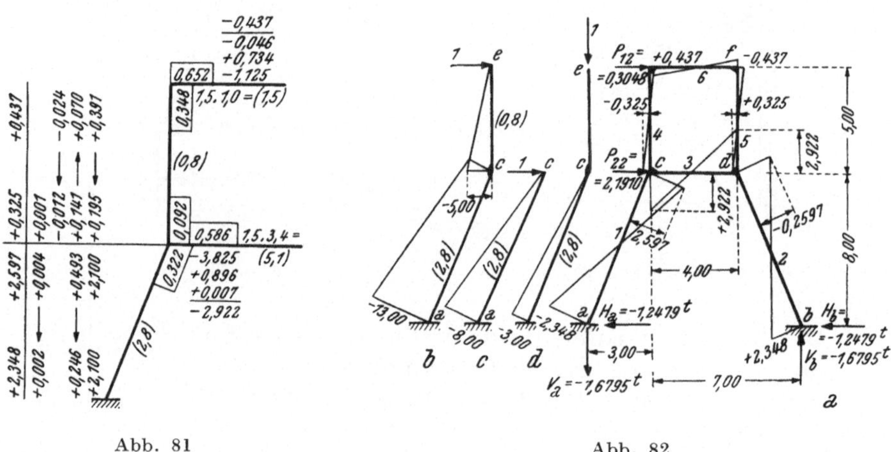

Abb. 81   Abb. 82

Den Momentenausgleich zeigt die Abb. 81, sein Ergebnis enthält Abb. 82a. Dabei ist wieder $E\,c\,k = 1$.

Will man den Momentenausgleich überprüfen, so genügt es, als statisch unbestimmtes Grundsystem den bei a eingespannten Stab anzunehmen (Abb. 82b, c und d).

Wenn die Stäbe eines Rahmens konstantes Trägheitsmoment besitzen, zwischen den Trägheitsmomenten und den relativen Stabsteifigkeiten also die Beziehungen Gl. (14) $J = c\,k\,s$ bestehen, so erhält man aus Gl. (40), falls die Verschiebung mit Δ bezeichnet wird,

$$\Delta = \frac{1}{E}\int\limits_R \frac{\overline{M}\,M}{c\,k\,s}\,d\,s$$

Daraus ist

$$E\,c\,\Delta = \int\limits_R \frac{\overline{M}\,M}{k \cdot s}\,d\,s$$

Mittels der Formeln (45) und (46) erhält man an Hand der Abb. 82a und 82b, wenn die Stablängen s in diesen Formeln gegen s im Nenner des Integrals gekürzt werden, für die horizontale Verschiebung der Knoten e und f

$$E\,c\,\Delta_e = \frac{1}{2\cdot 8\cdot 6}\,[-\,13{\cdot}00\,(-\,2\cdot 2{\cdot}348 + 2{\cdot}597) -$$
$$-\,5{\cdot}00\,(2\cdot 2{\cdot}597 - 2{\cdot}348)] = 0{\cdot}999 \sim 1{\cdot}00$$

Analog ergibt sich für die Horizontalverschiebung der Knoten c und d aus den Abb. 82a und 82c:

$$E\,c\,\Delta_c = \frac{1}{2\cdot 8}\cdot\frac{-\,8{\cdot}00}{6}(-\,2\cdot 2{\cdot}348 + 2{\cdot}597) = 1{\cdot}000$$

Schließlich betragen die $E\,c$-fachen Vertikalverschiebungen der Knoten c und e (Abb. 82a und 82d):

$$E\,c\,\Delta_{ev} = \frac{1}{2\cdot 8}\cdot\frac{-\,3{\cdot}00}{6}(-\,2\cdot 2{\cdot}348 + 2{\cdot}597) = \frac{3}{8} = \operatorname{cotg} \alpha$$

Alle Verschiebungen stimmen somit mit den Verschiebungen im Rahmen mit unverdrehbaren Knotenpunkten überein.

Es ist noch erforderlich, aus dem Momentenverlauf der Abb. 82a die Kräftegruppe der Verschiebung zu berechnen. Aus den Querkräften der Stäbe 4 und 5 ergibt sich:

$$P_{12} = 2\cdot\frac{0{\cdot}437 + 0{\cdot}325}{5{\cdot}00} = 0{\cdot}3048\,t$$

Aus den Momenten der Stäbe 1 und 2 an den Knoten d und c erhält man:

$$V_b\cdot 3{\cdot}00 + H_b\cdot 8{\cdot}00 + 2{\cdot}348 \qquad\qquad = -\,2{\cdot}597\,t\,m$$
$$V_b\cdot 7{\cdot}00 + H_b\cdot 8{\cdot}00 + 2{\cdot}348 - 0{\cdot}3048\cdot 5{\cdot}00 = +\,2{\cdot}597\,t\,m$$

Daraus ist

$$V_b = 1{\cdot}697\,t,\ H_b = -\,1{\cdot}2479\,t$$

Für die Auflagerwiderstände im Punkt a ergibt sich analog
$$V_a = -\,1{\cdot}6795\,t,\ H_a = -\,1{\cdot}2479\,t$$

Die Gleichgewichtsbedingung gegen Verschieben des Rahmens in horizontaler Richtung lautet:

$$P_{22} = -\,P_{12} - H_a - H_b =$$
$$= -\,0{\cdot}3048 + 1{\cdot}2479 + 1{\cdot}2479 = 2{\cdot}1910\,t$$

Die bisher ermittelten Kräftegruppen enthalten keine vertikalen Kräfte, sie reichen daher nur für die Berechnung des Rahmens bei Belastung durch horizontale Angriffskräfte aus.

Da vertikale Angriffskräfte sowohl bei c und e als auch bei d und f auftreten können, sind noch zwei Kräftegruppen erforderlich, in welchen Vertikalkräfte in den Längsrichtungen der Stäbe 4 und 5

vorkommen. Wegen der in ihrer Längsrichtung starr angenommenen
Stäbe können die vertikalen Kräfte sowohl bei c als auch bei e, bzw.
bei d oder f angenommen werden. Die beiden noch erforderlichen
Kräftegruppen lassen sich aus den beiden Verschiebungszuständen
ableiten, da die beiden Verschiebungszustände bei zwei erforderlichen
Festhaltungen für die Berechnung des Rahmens bei jeder beliebigen
Belastung ausreichen müssen. Aus Abb. 77 erkennt man, daß der
Grundverschiebungszustand der Festhaltung F_1 eine Kräftegruppe mit
vertikalen Kräften nicht besitzen kann. Kein Knoten erfährt eine
Verschiebung in vertikaler Richtung, daher kann sich an der Er-
zeugung des Formänderungszustandes auch keine vertikale Kraft
beteiligen.

Beim zweiten Verschiebungszustand bewegen sich nach Abb. 80
die Stäbe 4 und 5 um $\Delta_3' = \Delta_3'' = \dfrac{3}{8}\,\Delta$ nach unten, bzw. oben. Aus
Abb. 82a ergibt sich, daß das Gleichgewicht des oberen Rahmenteiles,
der Stäbe 4, 5 und 6, nur mittels einer Horizontalkraft, der Kraft
$P_{1\,2}= 0\cdot3048\ t$, erreicht werden kann. Daher muß die zweite Kräftegruppe des Verschiebungszustandes diese Kraft unverändert enthalten. Die Kraft P_{22} kann aber durch eine vertikale Kraft ersetzt
werden.

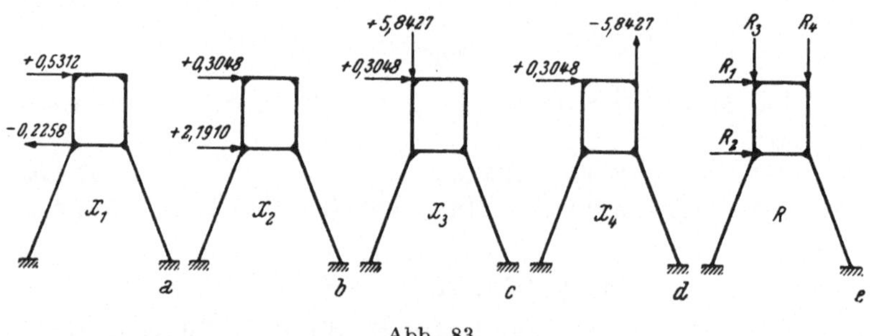

Abb. 83

Da die Formänderungsarbeit des Verschiebungszustandes in
beiden Kräftegruppen gleich ist, ist auch die Arbeit der äußeren
Kräfte gleich groß, daraus folgt:

$$\frac{1}{2}\,P_{22}\,\Delta = \frac{1}{2}\,P_{22}'\,\frac{3}{8}\,\Delta$$

und man erhält die vertikale Kraft P_{22}', welche die horizontale
Kraft P_{22} ersetzt, mit:

$$P_{22}' = \frac{8}{3}\,P_{22} = \frac{8}{3}\cdot 2\cdot1910 = 5\cdot8427\ t$$

Eine dritte Kräftegruppe ergibt sich, wenn die vertikale Kraft P_{22}'
statt in der Längsachse des Stabes 4 nach abwärts, in der Längsachse

des Stabes *5* nach aufwärts gerichtet ist. Insgesamt stehen nun die vier in der Abb. 83a bis d dargestellten Kräftegruppen für die Berechnung des Rahmens zur Verfügung.

In Abb. 83e sind die möglichen Angriffskräfte eingetragen. Man erhält daher an Hand der Abb. 83 folgende vier Grundgleichungen:

x_1	x_2	x_3	x_4	
$+\ 0{\cdot}5312$	$+\ 0{\cdot}3048$	$+\ 0{\cdot}3048$	$+\ 0{\cdot}3048$	$=\ R_1$
$-\ 0{\cdot}2258$	$+\ 2{\cdot}1910$	—	—	$=\ R_2$
—	—	$+\ 5{\cdot}8427$	—	$=\ R_3$
—	—	—	$-\ 5{\cdot}8427$	$=\ R_4$

Da mehrere Belastungsfälle bei diesem Beispiel zu berücksichtigen sind, werden die Gleichungen für allgemeine Werte R_1 bis R_4 gelöst.

Aus der 3., bzw. 4. Gleichung folgt:

$$x_3 = \frac{R_3}{5{\cdot}8427} = +\ 0{\cdot}1711\ R_3$$

$$x_4 = -\ \frac{R_4}{5{\cdot}8427} = -\ 0{\cdot}1711\ R_4$$

Diese Werte in der 1. Gleichung eingesetzt ergeben:
$$0{\cdot}5312 \cdot x_1 + 0{\cdot}3048\ x_2 = R_1 - 0{\cdot}0522\ (R_3 - R_4)$$
Die 2. Gleichung lautet:
$$-\ 0{\cdot}2258\ x_1 + 2{\cdot}191 \cdot x_2 = R_2$$
Die Lösungen dieser beiden Gleichungen sind:
$$x_1 = 1{\cdot}778\ R_1 - 0{\cdot}247\ R_2 - 0{\cdot}093\ (R_3 - R_4)$$
$$x_2 = 0{\cdot}183\ R_1 + 0{\cdot}430\ R_2 - 0{\cdot}010\ (R_3 - R_4)$$

1. *Belastungsfall*: $R_1 = P_1$, $R_2 = R_3 = R_4 = 0$.
Mit diesen Werten ergibt sich aus obigen allgemeinen Lösungen
$$x_1 = 1{\cdot}778\ P_1 \qquad x_3 = 0$$
$$x_2 = 0{\cdot}183\ P_1 \qquad x_4 = 0$$

2. *Belastungsfall*: $R_2 = P_2$, $R_1 = R_3 = R_4 = 0$.
Es wird: $x_1 = -\ 0{\cdot}247\ P_2$, $x_2 = 0{\cdot}430\ P_2$, $x_3 = x_4 = 0$

Die Momente erhält man mittels Gl. (2) aus den Momenten der Abb. 79 und 82. Z. B. ergibt sich beim 1. Belastungsfall das Moment im Knoten *e* mit:
$$1{\cdot}778\ P_1 \cdot 0{\cdot}602 + 0{\cdot}183 \cdot P_1 \cdot 0{\cdot}5437 = 1{\cdot}150\ P_1$$

Die Abb. 84 und 85 enthalten das Ergebnis dieser Berechnungen, die Lösungen für den 1. und 2. Belastungsfall.

In Abb. 84 fällt auf, daß die Biegungsmomente der schrägen Stützen *1* und *2* sehr klein sind.

Verlängert man die Achsen dieser Stützen bis zu ihrem Schnittpunkt, so erkennt man, daß dieser fast in gleicher Höhe mit der Wirkungslinie von P_1 liegt. Daher zerlegt sich P_1 nach Abb. 86a in zwei Komponenten entsprechend den Richtungen der Stäbe *1* und *2*. Infolge der Verformung des oberen Rahmenteiles bleiben aber auch die Stäbe *1* und *2* nicht ganz frei von Biegespannungen.

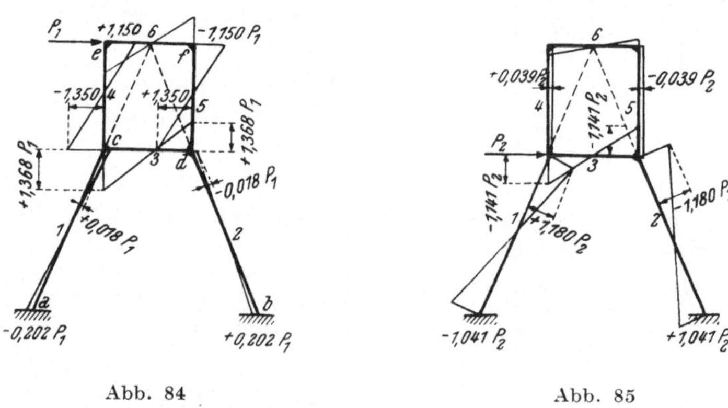

Abb. 84   Abb. 85

In Abb. 85 fällt auf, daß die Kraft P_2 fast nur vom unteren Rahmenteil aufgenommen wird.

Bei der Belastung durch P_1 (Abb. 84 und 86a) tritt nur eine sehr kleine Verschiebung der Knoten *c* und *d* in horizontaler Richtung auf. Da bei $P_1 = P_2$ die Verschiebung der Knoten *e* und *f* infolge P_2 nach Maxwell ebenso groß wie die Verschiebung der Knoten *c* und *d* infolge von P_1 ist, erfolgt auch fast keine Verschiebung der Knoten *e* und *f* im Belastungsfall nach Abb. 86b.

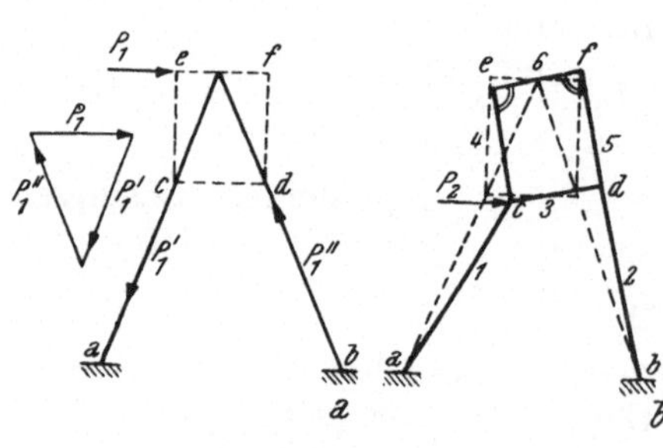

Abb. 86

Der Halbierungspunkt des Stabes *6* bleibt daher nach Abb. 86b fast in seiner ursprünglichen Lage und bei der Verformung des Rahmens dreht sich der obere Teil etwa um diesen Punkt. Bei dieser Verdrehung ändern sich die Winkel des oberen Teiles *c d e f* nur wenig. Der obere Rahmenteil ist daher bei der Belastung durch P_2 fast wirkungslos.

3. *Belastungsfall*: $R_3 = P_3$, $R_1 = R_2 = R_4 = 0$.
Man erhält:

$$x_1 = - 0 \cdot 093 \, P_3 \qquad x_3 = 0 \cdot 171 \, P_3$$
$$x_2 = - 0 \cdot 010 \, P_3 \qquad x_4 = 0$$

Da x_2 und x_3 demselben Verschiebungszustand entsprechen, können sie zu

$$x_2' = (- 0 \cdot 010 + 0 \cdot 171) \, P_3 = + 0 \cdot 161 \, P_3$$

zusammengefaßt werden.

Mittels Gl. (2) ergibt sich der in Abb. 87 dargestellte Momentenverlauf.

4. *Belastungsfall*: Belastung des Rahmens durch eine gleichmäßig verteilte horizontale Last $w \, t/m$ nach Abb. 76.

Die Einspannungsmomente betragen: für den Stab *1*:

$$M_E = - \frac{w \cdot 8 \cdot 00^2}{12} = - 5 \cdot 333 \, w$$

für den Stab *4*:

$$M_E = - \frac{w \cdot 5 \cdot 00^2}{12} = - 2 \cdot 083 \, w$$

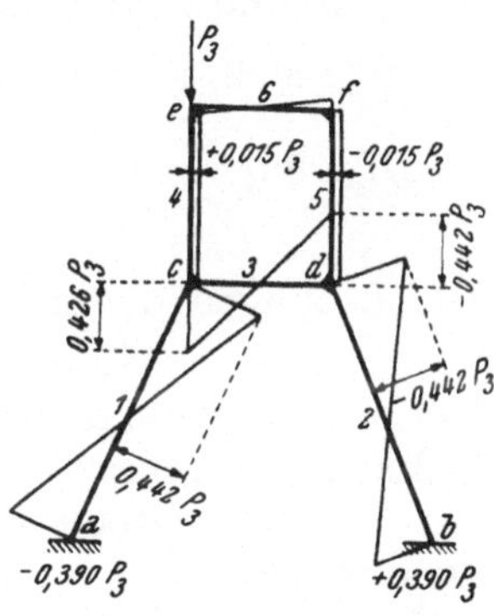

Abb. 87

Der Momentenausgleich ergibt für das unverschiebliche System den in Abb. 88 dargestellten Momentenverlauf.

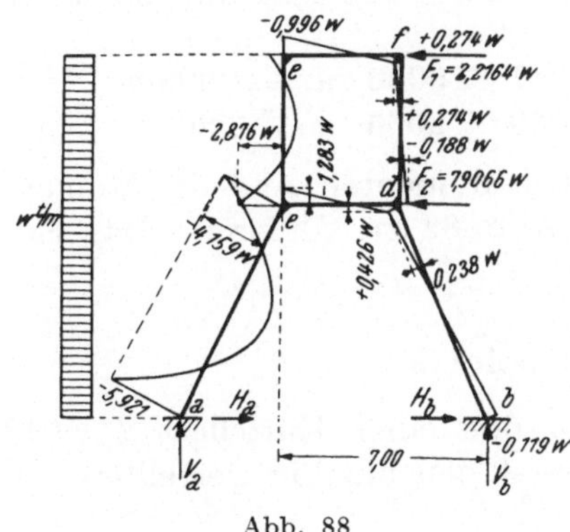

Abb. 88

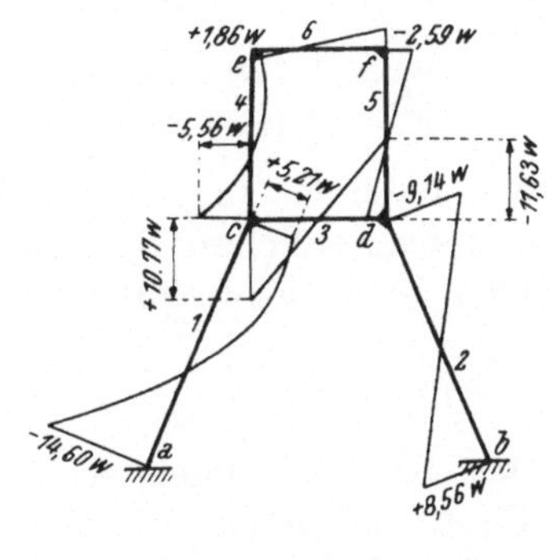

Abb. 89

Die Festhaltekraft F_1 folgt aus der Querkraftsumme der Stäbe *4* und *5* mit:

$$F_1 = \frac{5 \cdot 00 \, w}{2} - \frac{2 \cdot 876 - 0 \cdot 496}{5 \cdot 00} \, w + \frac{0 \cdot 274 + 0 \cdot 188}{5 \cdot 00} \, w = 2 \cdot 2164 \, w$$

Die Gleichgewichtsbedingungen für die Anschlüsse der Stützen *2* und *1* an die Knoten d und c ergeben, wenn die Momente von rechts gerechnet werden:

$$H_b \cdot 8{\cdot}00 + V_b \cdot 3{\cdot}00 = +\, 0{\cdot}238\, w$$

$$H_b \cdot 8{\cdot}00 + V_b \cdot 7{\cdot}00 + 2{\cdot}2164 \cdot 5{\cdot}00 \cdot w - \frac{w \cdot 5{\cdot}00^2}{2} = -\, 4{\cdot}159\, w$$

daraus ist

$$H_b = +\, 0{\cdot}3239\, w, \quad V_b = -\, 0{\cdot}7447\, w$$

Werden die Momente von links gerechnet, so erhält man aus den Anschlußmomenten der Stäbe *1* und *2* an den Knoten c und d:

$$-\, H_a \cdot 8{\cdot}00 + V_a \cdot 3{\cdot}00 - \frac{w \cdot 8{\cdot}00^2}{2} = -\, 4{\cdot}159\, tm$$

$$-\, H_a \cdot 8{\cdot}00 + V_a \cdot 7{\cdot}00 - \frac{w \cdot 8{\cdot}00^2}{2} + \frac{w \cdot 5{\cdot}00^2}{2} - 2{\cdot}2164 \cdot 5{\cdot}00 =$$

$$= 0{\cdot}238\, tm$$

Die Lösungen dieser Gleichungen sind:

$$H_a = -\, 3{\cdot}2009\, w, \quad V_a = +\, 0{\cdot}7447\, w$$

Die Gleichgewichtsbedingungen der Horizontalkräfte am ganzen Rahmen erfordern:

$$w\,(8{\cdot}00 + 5{\cdot}00) - F_1 - F_2 + H_a + H_b = 0$$

Daraus ist

$$F_2 = w \cdot 13{\cdot}00 - F_1 + H_a + H_b =$$
$$= w \cdot 13{\cdot}00 - 2{\cdot}2164 \cdot w - 3{\cdot}2009\, w + 0{\cdot}3239\, w = 7{\cdot}9066\, w$$

Sowohl F_1 als auch F_2 sind als Festhaltekräfte nach links gerichtet, daher sind die Angriffskräfte R_1 und R_2 nach rechts gerichtet.

Aus den allgemeinen Lösungen der Grundgleichungen erhält man:

$$x_1 = 1{\cdot}778 \cdot 2{\cdot}2164 \cdot w - 0{\cdot}247 \cdot 7{\cdot}9066 \cdot w = 1{\cdot}988\, w$$
$$x_2 = 0{\cdot}183 \cdot 2{\cdot}2164 \cdot w + 0{\cdot}430 \cdot 7{\cdot}9066 \cdot w = 3{\cdot}806\, w$$

Zu den nach Gl. (2) zu berechnenden Momenten sind die Momente im unverschieblichen System nach Abb. 88 zu addieren. Das Endergebnis ist in Abb. 89 dargestellt.

3. Zahlenbeispiel 9

Der Rahmen nach Abb. 90 ist mit einer Einzellast $P = 10\, t$ im First und einer am oberen Riegel gleichmäßig verteilten Last $q = 3{\cdot}6\, tm$ belastet.

Bei diesen symmetrischen Belastungen ist nur eine Festhaltung F_1 am First erforderlich, um alle Knoten des Rahmens gegen Verschiebungen zu sichern.

An Stelle von F_1 können auch zwei horizontale Festhaltungen an den Knoten e und g angebracht werden.

Wird die Grundverschiebung von F_1 um Δ in vertikaler Richtung durchgeführt, so verformt sich im System mit unverdrehbaren Knoten der obere Rahmenteil nach Abb. 91.

Bei unveränderter Länge s_6 des schrägen Riegels erhält man bei einer kleinen Senkung des Knotens f um $\varDelta$ eine horizontale Verschiebung der Knoten e und g um je

$$\varDelta_4 = \varDelta \cdot \frac{\sin\alpha}{\cos\alpha} = \varDelta\,\operatorname{tang}\alpha = \frac{v}{h}\,\varDelta = \frac{3\cdot00}{5\cdot00}\,\varDelta$$

v ist die Vertikalprojektion und h die Horizontalprojektion der Riegellänge s_6.

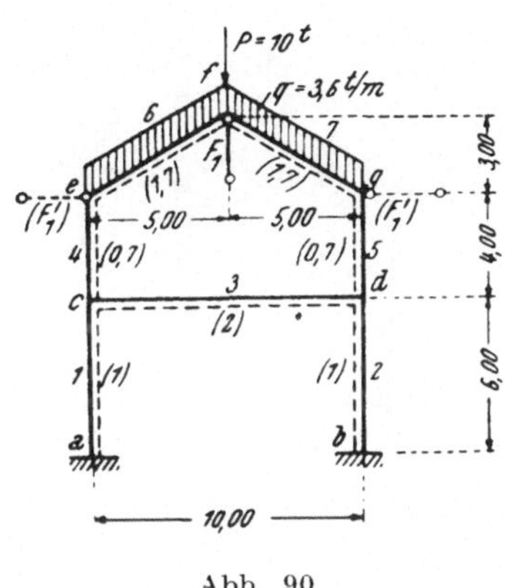

Abb. 90

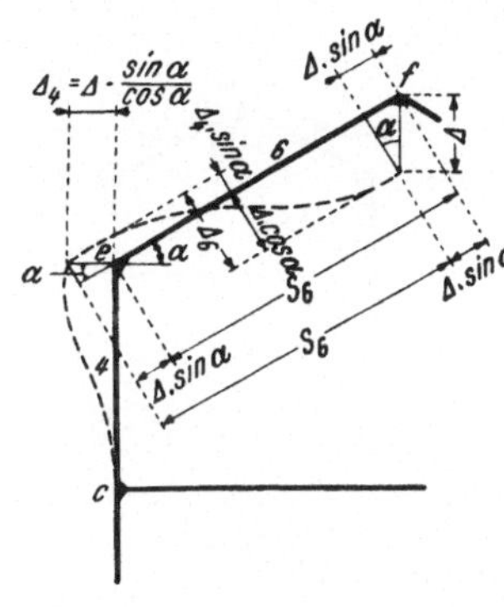

Abb. 91

Aus Abb. 91 folgt für die gegenseitige Verschiebung der Einspannungsstellen des Riegels:

$$\varDelta_6 = \varDelta \cdot \cos\alpha + \varDelta_4 \cdot \sin\alpha = \frac{\cos^2\alpha + \sin^2\alpha}{\cos\alpha} \cdot \varDelta = \frac{\varDelta}{\cos\alpha} = \frac{s_6}{h}\,\varDelta$$

Die Verformung ist so klein anzunehmen, daß für den Verdrehungswinkel der Stabachse $\sin\psi = \psi$ und $\cos\psi = 1$ gesetzt werden kann.

Mit $h = 5\cdot00\,m$ und $v = 3\cdot00\,m$ beträgt die Riegellänge

$$s_6 = \sqrt{5\cdot00^2 + 3\cdot00^2} = 5\cdot83\,m$$

Daher ist

$$\varDelta_6 = \frac{5\cdot83}{5\cdot00}\,\varDelta = 1\cdot166\,\varDelta$$

und

$$\varDelta_4 = \frac{3\cdot00}{5\cdot00}\,\varDelta = 0\cdot600\,\varDelta$$

Die Einspannungsmomente erhält man mittels Gl. (31a). Es ist

$$M' = -M'' = +6\,E\,c\,k\,\frac{\varDelta}{s}$$

Mit den in Abb. 90 angegebenen relativen Stabsteifigkeiten ergibt sich für die Riegel:

$$M_6' = 6\,E\,c \cdot 1\cdot7 \cdot \frac{1\cdot166}{5\cdot83} = +2\cdot04\,E\,c\,\varDelta$$

und für die Stützen:

$$M_4' = + 6\,E\,c \cdot 0{\cdot}7 \cdot \frac{0{\cdot}60}{4{\cdot}00} = + 0{\cdot}630\,E\,c\,\Delta$$

Setzt man $E\,c\,\Delta = 1$, so betragen die Einspannungsmomente $M_6' = -2{\cdot}04\,tm$ und $M_4' = 0{\cdot}63\,tm$. Diese Einspannungsmomente im Rahmen mit unverdrehbaren Knoten sind in Abb. 92 eingetragen. Der Momentenausgleich führt zu den in Abb. 93 angegebenen Momenten.

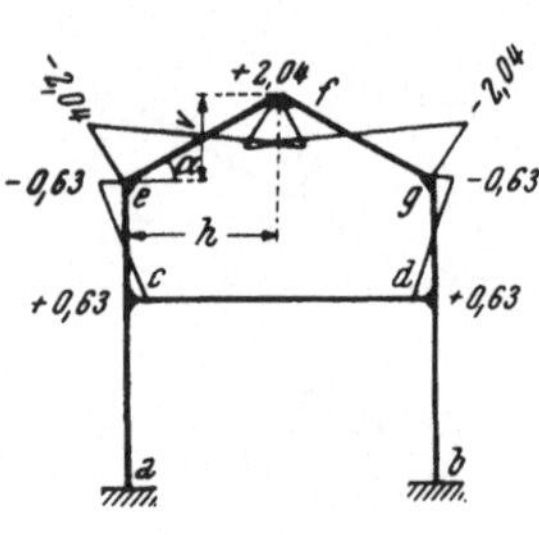

Abb. 92

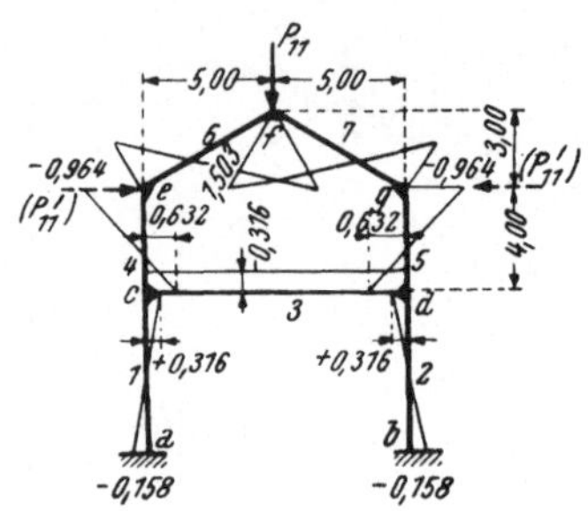

Abb. 93

Durch die Belastung mit P_{11} entstehen in den Stützen Längskräfte von je $\frac{P_{11}}{2}$, die Querkräfte der beiden Stützen sind nach innen gerichtet und betragen je

$$Q = \frac{0{\cdot}964 + 0{\cdot}632}{4{\cdot}00} = 0{\cdot}399\,t$$

Es ergibt sich daher für den Moment im Knoten f folgende Beziehung:

$$\frac{P_{11}}{2} \cdot 5{\cdot}00 - Q \cdot 3{\cdot}00 + M_e = M_f$$

$$\frac{P_{11}}{2} \cdot 5{\cdot}00 - 0{\cdot}399 \cdot 3{\cdot}00 - 0{\cdot}964 = 1{\cdot}503\,tm$$

daraus folgt

$$P_{11} = 1{\cdot}466\,t$$

Die Grundgleichung für die Belastung im First mit $P = 10\,t$ lautet

$$P_{11} \cdot x = 1{\cdot}466\,x = 10{\cdot}00\,t,\ \text{daraus ist}\ x = 6{\cdot}82$$

Die Momente sind daher $6{\cdot}82$ mal so groß wie beim Grundverschiebungszustand nach Abb. 93.

Zur Berechnung des Rahmens bei Belastung des oberen Riegels mit $q = 3{\cdot}6\,tm$ ist zuerst der Momentenverlauf im unverschieblichen System zu ermitteln. Man hat für die Einspannungsmomente der beiden Halbriegel von je $5{\cdot}83\,m$ schräger Länge, bzw. $5{\cdot}00\,m$ Horizontalprojektion $M_E = -\dfrac{3{\cdot}6 \cdot 5{\cdot}00^2}{12} = -7{\cdot}50\,tm$ (beiderseits eingespannte Stäbe) den Momentenausgleich durchzuführen. Sein Ergebnis ist in Abb. 94 dargestellt.

Daraus ergibt sich in den Stützen je eine nach innen gerichtete Querkraft von

$$Q = \frac{2\cdot088 + 0\cdot825}{4\cdot00} = 0\cdot728\ t$$

Man kann die Stäbe *6* und *7* als eingespannten Rahmen mit dem Horizontalschub $H = Q = 0\cdot728\ t$ und den Einspannungsmomenten von je $-2\cdot088\ tm$ auffassen.

Die Belastung $q = 3\cdot6\ tm$ erzeugt im statisch bestimmten Grundsystem (Balken mit $10\ m$ Stützweite) im Knoten *f* ein Moment im Betrage von

$$\frac{3\cdot6\cdot10\cdot00^2}{8} = 45\cdot00\ tm$$

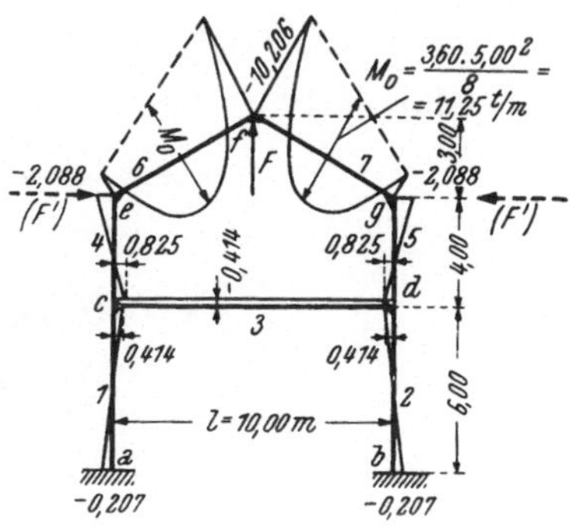

Abb. 94

Das Moment von der Festhaltekraft F beträgt

$$-\frac{F\cdot10\cdot00}{4} = -2\cdot5\ F$$

Die Gleichgewichtsbedingung für den Knoten *f* lautet daher

$$-0\cdot728\cdot3\cdot00 - 2\cdot088 + 45\cdot0 - 2\cdot5\ F = -10\cdot206\ tm$$

daraus folgt:

$$F = 20\cdot374\ t$$

Die Angriffskraft ist nach abwärts gerichtet und die Grundgleichung lautet

$$P_{11}\cdot x = F \qquad 1\cdot466\cdot x = 20\cdot374$$

daraus ist

$$x = 13\cdot90$$

Die Momente nach Abb. 94 zuzüglich der $13\cdot9$ fachen Momente nach Abb. 93 ergeben daher die Lösung für den am oberen Riegel gleichmäßig mit $q = 3\cdot60\ tm$ belasteten Rahmen, sie ist in Abb. 95 dargestellt.

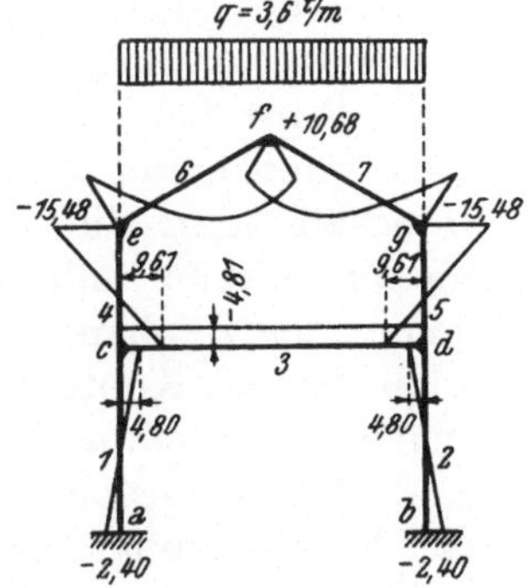

Abb. 95

Nimmt man beim Grundverschiebungszustand an Stelle einer vertikalen Kraft P_{11} im First die aus zwei horizontalen Kräften P'_{11} an den Knoten *e* und *f* bestehende Kräftegruppe an, so ergibt sich die Größe der Kräfte P'_{11} aus P_{11} mittels der Arbeitsgleichung.

Es ist

$$P_{11}\cdot\varDelta = 2\cdot P'_{11}\cdot\varDelta_4 \quad \text{(Abb. 91)}$$

Mit $\varDelta_4 = 0\cdot60\ \varDelta$ wird

$$P'_{11} = \frac{P_{11}}{2\cdot0\cdot60} = \frac{1\cdot466}{1\cdot20} = 1\cdot222\ t$$

Auf Abb. 94 angewendet ergeben sich aus der Arbeitsgleichung die die vertikale Festhaltekraft F ersetzenden horizontalen Festhaltekräfte F'. Es ist $F \cdot \varDelta = 2\,F' \cdot \varDelta_4$. Daraus folgt mit $F = 20{\cdot}374\,t$

$$F' = \frac{20{\cdot}374}{2 \cdot 0{\cdot}6} = 16{\cdot}978\,t$$

Man erhält aus der neuen Grundgleichung natürlich wieder

$$x = \frac{F'}{P'_{11}} = \frac{16 \cdot 978}{1{\cdot}222} = 13 \cdot 90$$

IV. Rahmen mit Zugbändern

1. Grundlagen

Ändert sich der Abstand zweier mit einem Zugband verbundenen Knoten um $\varDelta_z$, so ergibt sich die Änderung der Zugbandkraft aus

$$\varDelta_z = \frac{\sigma_z}{E_z} \cdot l_z = \frac{Z}{E_z\,F_z} \cdot l_z$$

mit

$$Z = \frac{E_z \cdot F_z}{l_z} \cdot \varDelta_z \tag{61}$$

l_z ist die Länge des Zugbandes, F_z sein Querschnitt und E_z der Elastizitätsmodul des Zugbandmaterials.

Aus Gl. (61) folgt:

a) Jedes nicht vorgespannte Zugband ist im ersten Berechnungsabschnitt (im Rahmen mit unverschieblichen Knoten) spannungslos.

b) Wird bei einer Grundverschiebung der gegenseitige Abstand zweier mit einem Zugband verbundener Knoten um $\varDelta_z$ geändert, so erhält man die Zugbandkraft mittels der Beziehung Gl. (61), um ihre Größe ändern sich die Festhaltekräfte der Knoten an den Enden des Zugbandes.

c) Da die Knotenabstände durch einen Momentenausgleich nicht geändert werden, ändert sich durch ihn auch nicht die Zugbandkraft.

d) Bei vorgespannten Zugbändern kann man die Momente aus der Vorspannung für sich ermitteln. Zu diesen Momenten sind die Momente zu addieren, welche durch die Belastung im Rahmen mit nicht vorgespannten Zugbändern erzeugt werden.

2. Zahlenbeispiel 10

Im Stahlbetonrahmen des Beispiels 9 sind die Knoten e und g mittels eines stählernen Zugbandes verbunden. Der obere Riegel des Rahmens ist wie im Beispiel 9 mit $q = 3{\cdot}60\,tm$ belastet.

a) **Das Zugband ist nicht vorgespannt.** Im unverschieblichen System treten, da es durch das Zugband nicht beeinflußt wird, wieder die Momente nach Abb. 94 auf.

Im Grundverschiebungszustand wurde der First um Δ gesenkt und die Knoten e und g um je $0.6\,\Delta$ nach außen verschoben. Da $E\,c\,\Delta = 1$ gesetzt wurde, wird dieser Verschiebungszustand entweder durch eine vertikal nach unten gerichtete, im First angreifende Kraft $P_{11} = 1.466\,t$ oder durch zwei in den Knoten e und g nach außen gerichtete Horizontalkräfte von je $P'_{11} = 1.222\,t$ (siehe am Ende des Beispiels 9) ausgelöst. Dabei entstehen die Momente nach Abb. 93. Wird nun zwischen den Knoten e und g ein Zugband eingeschaltet, so ändert sich bei dieser Grundverschiebung der Momentenverlauf (Abb. 94) nicht. Das Zugband wird aber um $2 \cdot 0.6\,\Delta$ verlängert, da sich die Knoten e und g um diesen Betrag voneinander entfernen. Um die Grundverschiebung von derselben Größe bei eingeschaltetem Zugband durchzuführen, muß an den Knoten e und g zusätzlich die Kraft angebracht werden, welche das Zugband um $2 \cdot 0.6\,\Delta$ elastisch verlängert. Wird diese Kraft mit Z'_{11} bezeichnet, so betragen die Festhaltekräfte bei e und g je

$$P'_{11} + Z'_{11} = 1.222 + Z'_{11}$$

Anstatt durch die Horizontalkraft Z'_{11} kann das Zugband natürlich auch durch eine im First angreifende Vertikalkraft Z_{11} angespannt werden.

Aus der Arbeitsgleichung ergibt sich wieder

$$2\,Z'_{11} \cdot 0.6\,\Delta = Z_{11} \cdot \Delta$$

und daraus

$$Z_{11} = 1.2\,Z'_{11}$$

Als gesamte vertikale Festhaltekraft im First erhält man daher

$$P_{11} + Z_{11} = 1.466 + 1.2 \cdot Z'_{11} = 1.2\,(P'_{11} + Z'_{11})$$

Mit $\Delta_z = 2 \cdot 0.6\,\Delta = 1.2\,\Delta$ beträgt die Zugbandkraft, da $E\,c\,\Delta = 1$ angenommen wurde, nach Gl. (61)

$$Z'_{11} = \frac{E_z \cdot F_z}{l_z}\,1.2\,\Delta = \frac{E_z \cdot F_z}{l_z} \cdot 1.2 \cdot \frac{1}{E\,c} = 1.2\,\frac{E_z}{E} \cdot \frac{F_z}{c \cdot l_z}$$

Will man mit dem Verhältnis des Zugbandquerschnittes zum Trägheitsmoment des Riegels, also $\dfrac{F_z}{J_6}$, rechnen, so wird mit

$$J_6 = c \cdot k_6 \cdot s_6 \qquad Z'_{11} = 1.2\,\frac{E_z}{E} \cdot \frac{F_z}{J_6} \cdot \frac{s_6}{l_z} \cdot k_6$$

(Dimensionsmäßig ist bei diesem Ausdruck zu berücksichtigen, daß $E\,c\,\Delta$ mit $1\,tm^2$ eingesetzt ist.)

Angenommen, es sei $\dfrac{F_z}{J_6} = 0.26\,\dfrac{1}{m^2}$, mit $\dfrac{E_z}{E} = 10$, $s_6 = 5.83\,m$, $l_z = 10.00\,m$, $k_6 = 1.7$

ist

$$Z'_{11} = 1.2 \cdot 10 \cdot 0.26\,\frac{5.83}{10.00} \cdot 1.7 = 3.092\,t$$

Will man mit der Kräftegruppe, bestehend aus den Horizontalkräften, rechnen, so betragen diese je

$$P'_{11} + Z'_{11} = 1{\cdot}222 + 3{\cdot}092 = 4{\cdot}314\,t$$

Die horizontalen Angriffskräfte von der Belastung des Riegels mit $q = 3{\cdot}6\,tm$ sind je $16{\cdot}978\,t$ (s. Beispiel 9) und man erhält die Grundgleichung

$$4{\cdot}314 \cdot x = 16{\cdot}978\,t$$

und daraus $x = 3{\cdot}936$.

Die Zugbandkraft selbst beträgt:

$$Z = x \cdot Z'_{11} = 3{\cdot}936 \cdot 3{\cdot}092 = 12{\cdot}170\,t$$

Der Momentenverlauf ergibt sich aus den Momenten nach Abb. 94 (unverschiebliches System) zuzüglich den $3{\cdot}936$ fachen Momenten nach Abb. 93 (Grundverschiebungszustand). Das Ergebnis ist in Abb. 96 dargestellt.

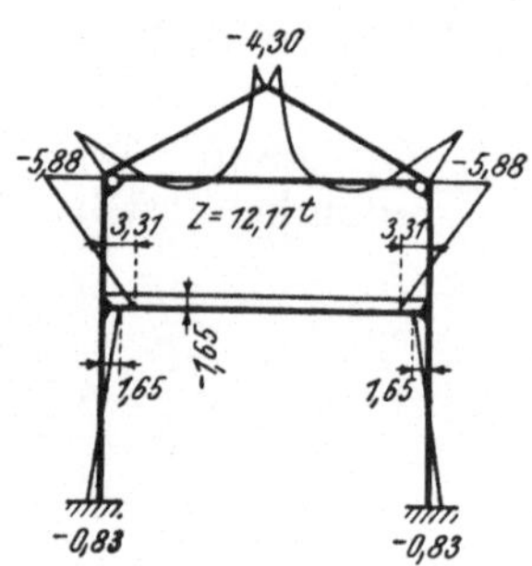

Abb. 96

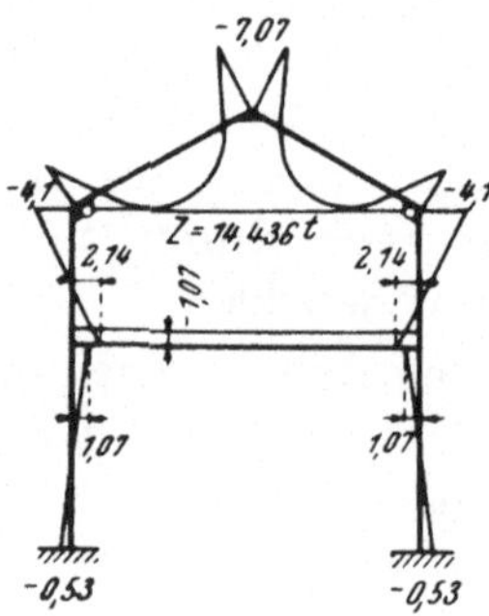

Abb. 97

Ist z. B. $c = 4{\cdot}0 \cdot 10^{-4}$, also

$$J_6 = c \cdot k_6 \cdot s_6 = 4{\cdot}0 \cdot 10^{-4} \cdot 1{\cdot}7 \cdot 5{\cdot}83 = 39{\cdot}64 \cdot 10^{-4}\,m^4$$

dann ist

$$F_z = 0{\cdot}26\,J_6 = 0{\cdot}26 \cdot 39{\cdot}64 \cdot 10^{-4}\,m^2 = 10{\cdot}3 \cdot 10^{-4}\,m^2 = 10{\cdot}3\,cm^2$$

In diesem Falle beträgt die Spannung im Zugband

$$\sigma_z = \frac{12\,170}{10{\cdot}3} = 1180\,kg/cm^2$$

b) Das Zugband ist vorgespannt. Will man das Zugband mit $\sigma = 1400\,kg/cm^2$ beanspruchen, so muß es mit

$$\Delta Z = (1400 - 1180) \cdot 10{\cdot}3 = 2266\,kg$$

vorgespannt werden. Durch diese Vorspannung entstehen im Rahmen Momente vom $-\dfrac{\Delta Z}{P'_{11}} = -\dfrac{2{\cdot}266}{1{\cdot}222} = -1{\cdot}854$ fachen Betrag der Momente des Grundverschiebungszustandes.

Die Momente, die bei einem mit $2{\cdot}266\,t$ vorgespannten Zugband entstehen, setzen sich daher aus den Momenten des unverschieblichen

Rahmens nach Abb. 94 und den $3 \cdot 936 - 1 \cdot 854 = 2 \cdot 082$ fachen Momenten des Grundverschiebungszustandes nach Abb. 93 zusammen.

Diese Lösung ist in Abb. 97 dargestellt. Die Zugbandkraft beträgt

$$12 \cdot 17 + 2 \cdot 266 = 14 \cdot 436 \, t$$

die Spannung

$$\sigma = \frac{14\,436}{10 \cdot 3} = 1400 \, kg/cm^2$$

V. Rahmen mit krummen und polygonalen Stäben

Der III. Abschnitt des ersten Teiles behandelt das Crosssche Verfahren für Rahmen mit beliebig geformten Stäben.

Die Bogenschübe gekrümmter oder polygonaler Stäbe ändern ihre Größe durch den Ausgleich der Einspannungsmomente. Die Änderungen der Bogenschübe während des Momentenausgleiches kann zwar auch schrittweise unmittelbar verfolgt werden, einfacher ist es jedoch, in jedem Bogen einen Hilfspunkt, z. B. den Bogenscheitel, anzunehmen, für diesen Punkt das Moment im System mit unverdrehbaren Knoten zu ermitteln und in den Momentenausgleich mit einzubeziehen. Nach dem Momentenausgleich können die geänderten Bogenschübe aus den Momenten in den Hilfspunkten berechnet werden.

Für die Durchführung des Momentenausgleiches ist die Kenntnis des Momentes im Hilfspunkt bei der Belastung nach Abb. 10 erforderlich. Bei Beachtung der Vorzeichenregel des Crossschen Ausgleichsverfahren ist dieses Moment eine Art Abklingungszahl für den Ausgleich im Knoten s (Abb. 10). Mit ihrer Hilfe erhält man die Änderung des Momentes im Zwischenpunkt bei jedem Ausgleichsschritt.

1. Der eingespannte Bogen und Stabzug

Der eingespannte Bogen ist dreifach statisch unbestimmt. Das übliche Berechnungsverfahren nimmt als statisch bestimmtes Grundsystem den Balken auf zwei Stützen an. Die drei statisch unbestimmten Größen werden im sogenannten elastischen Mittelpunkt angesetzt. Seine Lage folgt aus der Bedingung, daß sich das Moment und der Horizontalschub, sowie das Moment und die Vertikalkraft gegenseitig nicht beeinflussen. Dadurch zerfallen die Elastizitätsgleichungen in ein Gleichungssystem mit zwei Unbekannten und eine davon unabhängige Gleichung. Bei einem symmetrischen Bogen zerfallen gleichzeitig auch die beiden Gleichungen mit zwei Unbekannten in zwei voneinander unabhängige Gleichungen. Bei unsymmetrischen Bögen erhält man durch eine Schräglage der horizon-

talen Achse unter einem bestimmten Winkel ebenfalls drei voneinander unabhängige Gleichungen für die Berechnung der drei statisch
unbestimmten Größen.

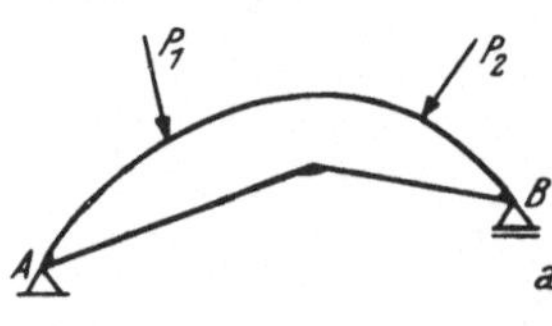

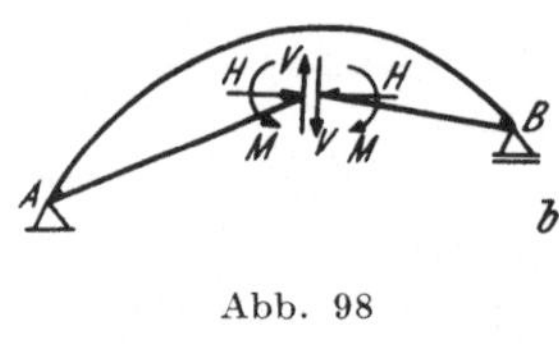

Abb. 98

Ein eingespannter Bogen kann durch das äußerlich statisch bestimmte Tragwerk nach Abb. 98a ersetzt werden. Die beiden Kämpfer sind mittels eines starren Stabes verbunden, sie können sich daher weder verdrehen noch verschieben.

Wird der starre Stab an irgend einer Stelle, z. B. an seinem Knickpunkt, durchschnitten, so erhält man nach Abb. 98b einen Balken auf zwei Stützen als statisch bestimmtes Grundsystem. Die statisch unbestimmten Größen sind der Horizontalschub H, die Querkraft V und das Moment M an den Schnittufern des starren Stabes.

Infolge $H = -1$ sei die gegenseitige horizontale Verschiebung der beiden Schnittufer δ_{hh}, ihre gegenseitige vertikale Verschiebung δ_{vh} und ihre gegenseitige Verdrehung τ_{mh}.

$V = -1$ erzeuge im horizontalen, bzw. vertikalen Sinn die gegenseitigen Verschiebungen δ_{hv} und δ_{vv}, sowie die Verdrehung τ_{mv}. Schließlich verursache $M = -1$: δ_{hm}, δ_{vm} und τ_{mm}.

Eine äußere Belastung erzeuge folgende gegenseitige Lageänderungen der beiden Schnittufer:

$$\delta_{hp}, \ \delta_{vp} \ \text{und} \ \tau_{mp}$$

Im statisch unbestimmten System kann keine gegenseitige Lageänderung der nun fest verbundenen Schnittufer eintreten, daher muß die Summe der gegenseitigen Horizontalverschiebungen, Vertikalverschiebungen und Verdrehungen infolge der statisch unbestimmten Größen und der äußeren Kräfte Null sein.

Da die δ- und τ-Werte für die negativen Einheiten der statisch unbestimmten Größen mit $+\delta_{hh}$, $+\delta_{vh}$, $+\tau_{mh}$ usw. bezeichnet wurden, erzeugen die positiven Einheiten der statisch unbestimmten Größe $-\delta_{hh}$, $-\delta_{vh}$, $-\tau_{mh}$ usw. und es ergeben sich folgende drei Gleichungen:

$$-H \cdot \delta_{hh} - V \cdot \delta_{hv} - M \cdot \delta_{hm} + \delta_{hp} = 0$$
$$-H \cdot \delta_{vh} - V \cdot \delta_{vv} - M \cdot \delta_{vm} + \delta_{vp} = 0$$
$$-H \cdot \tau_{mh} - V \cdot \tau_{mv} - M \cdot \tau_{mm} + \tau_{mp} = 0$$

Nach Maxwell, bzw. Betti ist $\delta_{hv} = \delta_{vh}$, $\tau_{mh} = \delta_{hm}$ und $\tau_{mv} = \delta_{vm}$. Bezeichnet man ferner τ_{mm} mit δ_{mm} und τ_{mp} mit δ_{mp}, so erhält man

$$H \cdot \delta_{hh} + V \cdot \delta_{hv} + M \cdot \delta_{hm} = \delta_{hp}$$
$$H \cdot \delta_{hh} + V \cdot \delta_{vv} + M \cdot \delta_{vm} = \delta_{vp}$$
$$H \cdot \delta_{hm} + V \cdot \delta_{vm} + M \cdot \delta_{mm} = \delta_{mp}$$

Die Schnittstelle des starren Stabes kann so gelegt werden, daß die Verschiebungen δ_{hm} und δ_{vm} Null werden. Nimmt man nach Abb. 99 den Koordinatenursprung an linken Kämpfer an und bezeichnet die Ordinaten der gesuchten Schnittstelle mit x_0 und z_0, so erzeugt die Kraft $H = -1$ im Punkt x, z der Stabachse das Moment

$$\overline{M}_h = 1 \cdot (z - z_0)$$

während das Moment im selben Punkte infolge $V = -1$

$$\overline{M}_v = 1 \cdot (x - x_0)$$

beträgt.

Das Moment $M = -1$ ist an allen Punkten der Bogenachse unverändert, daher ist $\overline{M}_m = -1$.

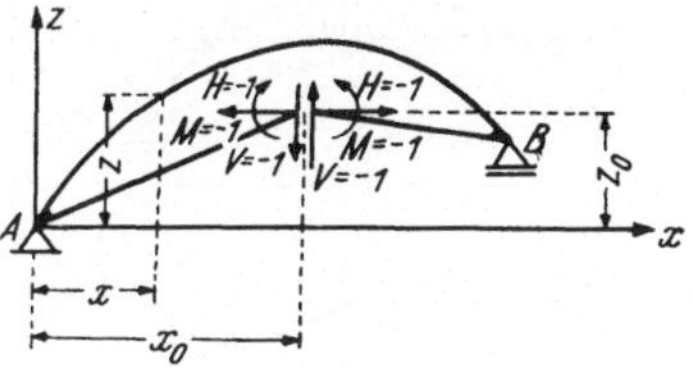

Abb. 99

Bei flachen Bögen beeinflussen die Normalkräfte meist nur die Verschiebungen δ_{hh}, bei den übrigen Verschiebungen können sie vernachlässigt werden, bzw. beeinflussen die Verschiebungswerte überhaupt nicht. Daher ergeben sich diese aus den Formänderungen infolge der Momente allein.

Die gegenseitige Verdrehung der Schnittufer infolge $H = -1$ beträgt: [Virtuelle Arbeit Formeln (40) und (41)]

$$\tau_{mh} = \delta_{mh} = \delta_{hm} = \frac{1}{E} \int\limits_R \frac{\overline{M}_m \overline{H}_h}{J} \, ds = -\frac{1}{E} \int\limits_R \frac{z - z_0}{J} \, ds$$

Die gegenseitige Verdrehung der Schnittufer infolge $V = -1$ ergibt sich mit

$$\tau_{mv} = \delta_{mv} = \delta_{vm} = \frac{1}{E} \int\limits_R \frac{\overline{M}_m \overline{M}_v}{J} \, ds = -\frac{1}{E} \int\limits_R \frac{x - x_0}{J} \, ds$$

Aus der Bedingung $\delta_{mh} = \delta_{hm} = 0$ folgt

$$0 = \int\limits_R \frac{z \, ds}{J} - z_0 \int\limits_R \frac{ds}{J} \text{ und daraus } z_0 = \frac{\int\limits_R \dfrac{z \, ds}{J}}{\int\limits_R \dfrac{ds}{J}} \tag{62}$$

Die zweite Bedingung: $\delta_{mv} = \delta_{vm} = 0$ liefert

$$0 = \int\limits_R \frac{x}{J} \, ds - x_0 \int\limits_R \frac{ds}{J} \text{ und } x_0 = \frac{\int\limits_R \dfrac{x}{J} \, ds}{\int\limits_R \dfrac{ds}{J}} \tag{63}$$

Werden $\dfrac{d\,s}{J}$ als elastische Gewichte bezeichnet und als vertikale Lasten aufgefaßt, so ist x_0 die Abszisse des Schwerpunktes der Belastungsfläche. Setzt man die elastischen Gewichte als Horizontalkräfte an, so ist z_0 die Ordinate des Schwerpunktes der Belastungs-

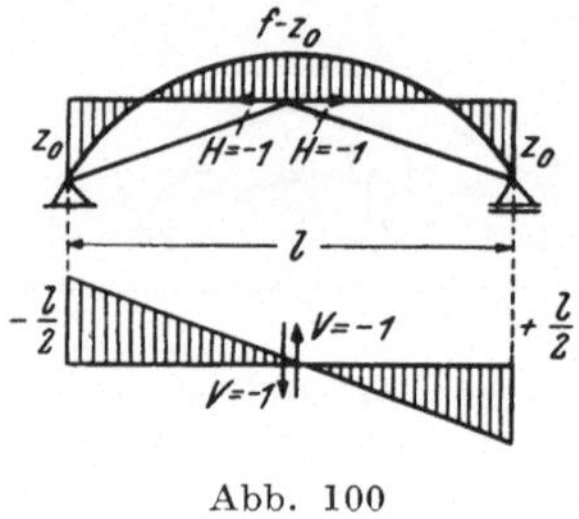

Abb. 100

fläche. Daher sind x_0 und z_0 die Ordinaten des Schwerpunktes des Bogens, wenn sein Gewicht $\displaystyle\int \dfrac{d\,s}{J}$ betragen würde. Verlegt man die Schnittstelle des starren Stabes in diesen elastischen Mittelpunkt, so wird

$$\left.\begin{aligned}
H \cdot \delta_{hh} + V \cdot \delta_{hv} &= \delta_{hp}\\
H \cdot \delta_{hv} + V \cdot \delta_{vv} &= \delta_{vp}\\
M \cdot \delta_{mm} &= \delta_{mp}
\end{aligned}\right\} \qquad (64)$$

Bei symmetrischen Bögen und Stabzügen ist $x_0 = \dfrac{1}{2}\,l$, in diesem Fall ist nach Abb. 100 der Momentenverlauf infolge $H = -1$ symmetrisch, daher ist nach Gl. (48)

$$\delta_{hv} = \frac{1}{E} \cdot \frac{1}{2}\left(\frac{l}{2} - \frac{l}{2}\right) \int \frac{\overline{M}_h\,d\,s}{J} = 0$$

und die Gl. (64) erhalten die einfache Form

$$H = \frac{\delta_{hp}}{\delta_{hh}}, \quad V = \frac{\delta_{vp}}{\delta_{vv}}, \quad M = \frac{\delta_{mp}}{\delta_{mm}} \qquad (65)$$

2. Das verschiebliche System

Ist der Bogen oder Stabzug ein Konstruktionsteil eines Rahmens und wird im Rahmen mit verschieblichen, aber unverdrehbaren Knoten eine Verschiebung eines Auflagers in Richtung des Horizontalschubes H um $\varDelta_h$ durchgeführt, so kann sich der starre Stab nur parallel zu sich selbst verschieben (Abb. 101). Daher ist

$$\delta_{hp} = -\varDelta_h, \quad \delta_{vp} = 0 \quad \text{und} \quad \delta_{mp} = 0$$

$\varDelta_h$ ist hier negativ, da die gegenseitige Verschiebung der Kämpfer entgegen dem positiven Richtungssinn von H erfolgt.

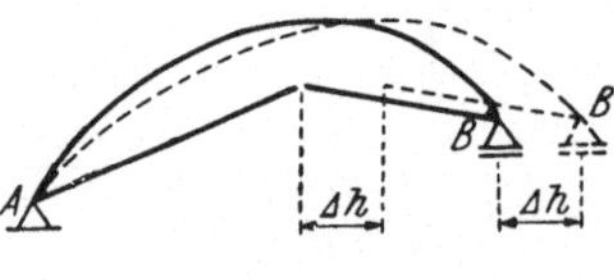

Abb. 101

Die Gl. (64) lauten daher:

$$\begin{aligned}
H \cdot \delta_{hh} + V \cdot \delta_{hv} &= -\varDelta_h\\
H \cdot \delta_{hv} + V \cdot \delta_{vv} &= 0\\
M \cdot \delta_{mm} &= 0
\end{aligned}$$

Daraus ist

$$H = \frac{-\delta_{vv}}{\delta_{hh}\cdot\delta_{vv} - \delta_{hv}^2}\cdot\varDelta_h, \quad V = \frac{\delta_{hv}}{\delta_{hh}\cdot\delta_{vv} - \delta_{hv}^2}\,\varDelta_h, \quad M = 0 \qquad (66)$$

Ist der Bogen symmetrisch, also $\delta_{hv} = 0$, so ergibt sich

$$H = -\frac{\varDelta_h}{\delta_{hh}}, \quad V = 0, \quad M = 0 \qquad (67)$$

Erfolgt eine Verschiebung des rechten Kämpfers in vertikaler Richtung um Δ_v nach unten, so kann sich bei unverdrehbaren Knoten der starre Stab auch nur parallel zu sich selbst um Δ_v im Sinne des positiven V verschieben.

Dann ist

$$\delta_{hp} = 0, \quad \delta_{vp} = +\,\Delta_v, \quad \delta_{mp} = 0$$

und die Gl. (64) lauten:

$$H \cdot \delta_{hh} + V \cdot \delta_{hv} = 0$$
$$H \cdot \delta_{hv} + V \cdot \delta_{vv} = +\,\Delta_v$$
$$M \cdot \delta_{mm} = 0$$

Die Lösungen dieser Gleichungen sind

$$H = \frac{-\,\delta_{hv}}{\delta_{hh} \cdot \delta_{vv} - \delta_{hv}^2}\,\Delta_v, \quad V = \frac{\delta_{hh}}{\delta_{hh} \cdot \delta_{vv} - \delta_{hv}^2}\,\Delta_v = 0 \tag{68}$$

Bei symmetrischen Bögen oder Stabzügen ist wegen $\delta_{hv} = 0$

$$H = 0, \quad V = \frac{\Delta_v}{\delta_{vv}}, \quad M = 0 \tag{69}$$

3. Der einseitig gelenkig gelagerte Bogen und Stabzug

Bei einem Bogen oder Stabzug ist für die Berechnung der Einspannungsmomente im Grundsystem des ersten Berechnungsabschnittes zumindest die Ermittlung von δ_{hh}, δ_{vv} und τ_{mm} erforderlich. Daher ist es zweckmäßig, den in Abb. 102a dargestellten Belastungsfall des einseitig eingespannten Bogens auf den beiderseits eingespannten Bogen zurückzuführen.

Der Belastungsfall der Abb. 102a liefert die für den Momentenausgleich erforderliche Stabsteifigkeiten $\frac{1}{\tau'}$ und $\frac{1}{\tau''}$ sowie die Abklingungszahlen μ' und μ''.

Wird die Länge des linken Teiles des starren Stabes mit s bezeichnet, so beträgt nach Abb. 102b bei einer Verdrehung des linken Auflagers um den Winkel τ'

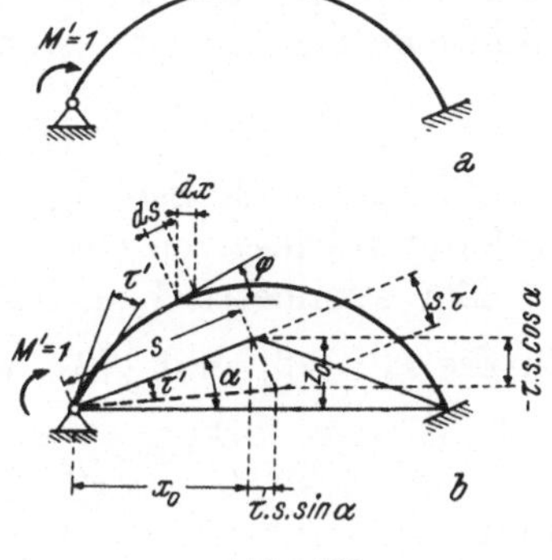

Abb. 102

$$\delta_{hp} = +\,\tau' \cdot s \cdot \sin \alpha, \quad \delta_{vp} = -\,\tau' \cdot s \cdot \cos \alpha, \quad \tau_{mp} = \delta_{mp} = \tau'$$

Die Gl. (64) ergeben:

$$H \cdot \delta_{hh} + V \cdot \delta_{hv} = +\,\tau' \cdot s \cdot \sin \alpha = +\,\tau' \cdot s \cdot \frac{z_0}{s} = +\,\tau' \cdot z_0$$

$$H \cdot \delta_{hv} + V \cdot \delta_{vv} = -\,\tau' \cdot s \cdot \cos \alpha = -\,\tau' \cdot s \cdot \frac{x_0}{s} = -\,\tau' \cdot x_0$$

$$M \cdot \delta_{mm} = \tau'$$

Daraus folgt

$$H = \frac{x_0 \cdot \delta_{hv} - z_0 \cdot \delta_{vv}}{\delta_{hh} \cdot \delta_{vv} - \delta_{hv}^{2}} \, \tau'$$

$$V = - \frac{x_0 \cdot \delta_{hh} + z_0 \cdot \delta_{hv}}{\delta_{hh} \cdot \delta_{vv} - \delta_{hv}^{2}} \, \tau' \qquad\qquad (70)$$

$$M = \frac{\tau'}{\delta_{mm}}$$

Äußere Kräfte treten nicht auf.

Bei symmetrischen Bögen und Stabzügen wird wegen $\delta_{hv} = 0$

$$H = \frac{z_0}{\delta_{hh}} \cdot \tau'$$

$$V = - \frac{x_0}{\delta_{vv}} \cdot \tau' \qquad\qquad (71)$$

$$M = \frac{\tau'}{\delta_{mm}}$$

Das Moment am linken Kämpfer beträgt

$$M' = 1 = H \cdot z_0 - V \cdot x_0 + M$$

daraus erhält man als linke Stabsteifigkeit

$$\frac{1}{\tau'} = \frac{H \cdot z_0 - V \cdot x_0 + M}{\tau'} \qquad\qquad (72)$$

Die Abklingungszahl ist das Verhältnis des Einspannungs-
momentes am rechten Kämpfer zum angreifenden Moment, wobei
entsprechend der Vorzeichenregel des Crossschen Verfahrens der
Quotient negativ ist. Man erhält daher

$$\mu' = - \frac{H \cdot z_0 + V \cdot x_0 + M}{H \cdot z_0 - V \cdot x_0 + M} \qquad\qquad (73)$$

Die rechte Stabsteifigkeit und die rechte Abklingungszahl ergeben
sich durch Einsetzen von $l - x_0$ an Stelle von x_0 in die Gl. (70) bis (73).

Bei symmetrischen Stäben wird durch Einsetzen der Gl. (71)
in die Gl. (72) und (73), wobei $x_0 = \dfrac{l}{2}$ ist:

$$\frac{1}{\tau'} = \frac{1}{\tau''} = \frac{1}{\tau} = \frac{z_0^{\,2}}{\delta_{hh}} + \frac{l^2}{4\,\delta_{vv}} + \frac{1}{\delta_{mm}} \qquad\qquad (74)$$

und

$$\mu' = \mu'' = \mu = - \frac{\dfrac{z_0^{\,2}}{\delta_{hh}} - \dfrac{l^2}{4\,\delta_{vv}} + \dfrac{1}{\delta_{mm}}}{\dfrac{z_0^{\,2}}{\delta_{hh}} + \dfrac{l^2}{4\,\delta_{vv}} + \dfrac{1}{\delta_{mm}}} \qquad\qquad (75)$$

Den für die Durchführung des Momentenausgleiches erforderlichen
Horizontalschub erhält man aus Gl. (70), bzw. (71) durch Einsetzen
der sich aus den Gl. (72), bzw. (74) ergebenden Werte von τ'.

Das Moment in einem Hilfspunkt mit den Koordinaten x, y
beträgt daher

$$M_{(x,\,y)} = - H\,(z - z_0) + V\,(x - x_0) + M \qquad\qquad (76)$$

4. Zahlenbeispiel 11

Ein geschlossener Kreisring ist nach Abb. 103a durch zwei radikale Kräfte belastet. Gesucht ist der Verlauf der Momente.

Nimmt man die Festhaltungen nach Abb. 103b an, so entstehen im unverschieblichen System keine Momente. Nach Lösen der Festhaltung F_1 verformt sich der Ring wie zwei halbkreisförmige beiderseits eingespannte Bögen. Der Symmetrie wegen ist jeder Halbkreisbogen durch die Kraft $\frac{1}{2}\,P$ in Richtung der Verbindungsgeraden der beiden Kämpfer belastet.

Bei konstantem Trägheitsmoment ist der elastische Mittelpunkt der Massenschwerpunkt des Bogens. Nach Abb. 104 ist

$$z = r \cdot \sin\varphi, \quad d\,s = r \cdot d\,\varphi$$

Aus Gl. (62) folgt

$$z_0 = \frac{r^2 \int\limits_0^\pi \sin\varphi\, d\varphi}{r \cdot \int\limits_0^\pi d\varphi} = \frac{2\,r}{\pi}$$

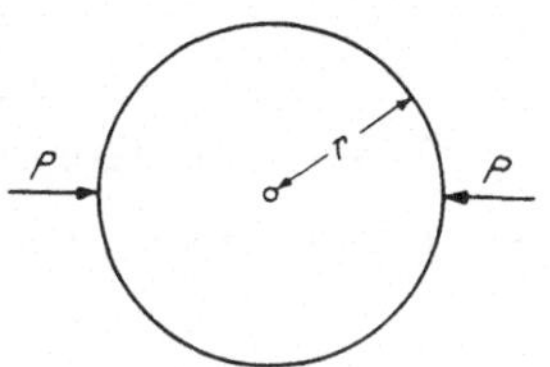

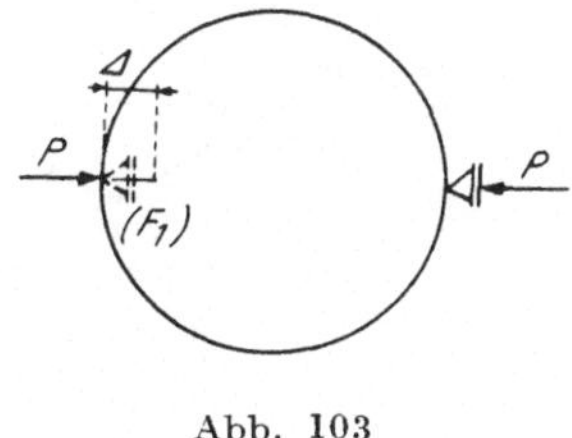

Abb. 103

Da nur eine Verschiebung der Auflager ohne Verdrehung eintritt, ist nach Gl. (67) $V = 0$, $M = 0$.

Eine verdrehungsfreie Verschiebung der Auflager ist nur möglich, wenn $H = \frac{1}{2}\,P$ ist.

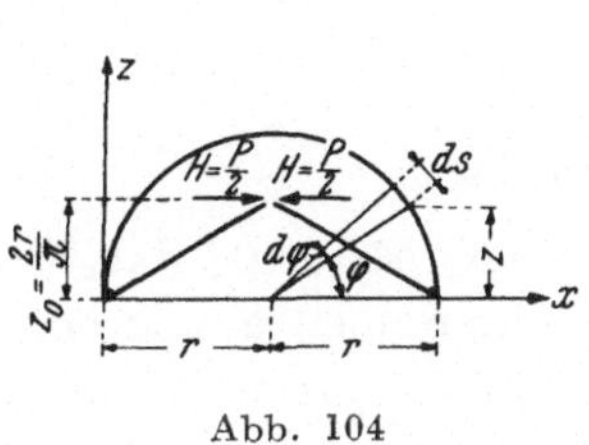

Abb. 104

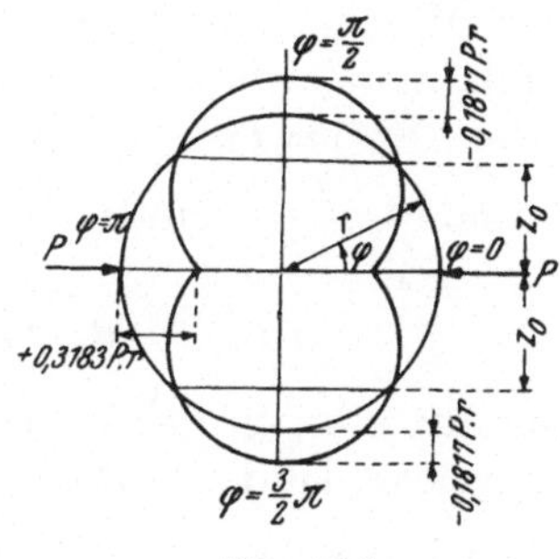

Abb. 105

Das Moment in den Punkten mit den Ordinaten z beträgt daher nach Abb. 104:

$$M = -\frac{P}{2}\,(z - z_0) = -\frac{P\,r}{2}\left(\sin\varphi - \frac{2}{\pi}\right)$$

In Abb. 105 sind die Momente dargestellt:

5. Zahlenbeispiel 12

Ein rhombenförmiges Stabwerk ist nach Abb. 106 belastet. Alle Stäbe haben gleichen Querschnitt. Gesucht ist der Momentenverlauf. Das Stabwerk kann nach Abb. 107 in zwei eingespannten Hälften geteilt werden.

Der Schwerpunkt jeder Hälfte liegt in ihrer halben Höhe, daher ist

$$z_0 = \frac{b}{4}$$

Da nur eine Horizontalverschiebung der Punkte A und C entsteht, ist $V = 0$ und $M = 0$. Wegen des Gleichgewichtes ist $H = \frac{P}{2}$.

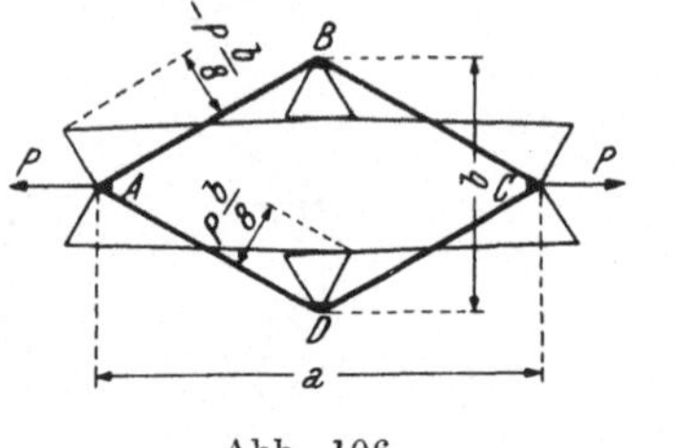

Abb. 106

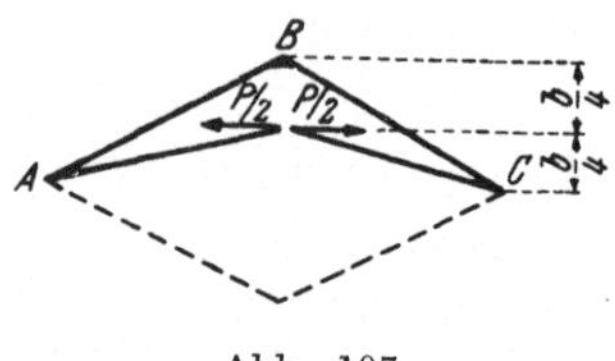

Abb. 107

Die Momente in den Knoten betragen daher:

$$M_A = M_C = - \frac{P}{2} \cdot \frac{b}{4} = - \frac{P \cdot b}{8}$$

$$M_B = M_D = + \frac{P}{2} \cdot \frac{b}{4} = \frac{P \cdot b}{8}$$

Der Momentenverlauf ist in Abb. 106 eingetragen. Ist $a = 0$, so erhält man zwei eingespannte, parallel zu einander liegende Stäbe mit der Stützweite b, deren Feld- und Einspannungsmomente $\frac{P \cdot b}{8}$ und $-\frac{P \cdot b}{8}$ sind.

6. Zahlenbeispiel 13

Die Mittellinien der beiden Gewölbe der in Abb. 108 dargestellten Bogenbrücke sind Parabeln. Die Trägheitsmomente nehmen nach der Beziehung $J = \frac{J_s}{\cos \varphi}$ vom Scheitel (J_s) nach den Kämpfern hin zu. Der elastische Mittelpfeiler verjüngt sich vom Fuß aus geradlinig von $1{\cdot}70\,m$ auf $1{\cdot}00\,m$. Alle Kämpfer liegen auf gleicher Höhe.

Die Größe der Horizontalschübe und der Momentenverlauf sind für die Gewölbebreite von $1{\cdot}00\,m$ für folgende Belastungen zu berechnen.

1. Ständige Lasten $g_1 = 2 \cdot 3\ tm^2$, $g_2 = 2 \cdot 1\ tm^2$
2. Nutzlast am linken Bogen $p_1 = 0 \cdot 6\ tm^2$
3. Einzellast $P = 5\ tm$ in der Mitte des linken Bogens.

Der Einfluß der Längskräfte in den Gewölben wird vernachlässigt. Vernachlässigt man auch die Zusammendrückbarkeit des Zwischenpfeilers, so erhält man nach Abb. 109 ein unverschiebliches System durch Anordnung einer horizontal wirkenden Festhaltung im Schnittpunkt der Gewölbeachsen mit der Pfeilerachse.

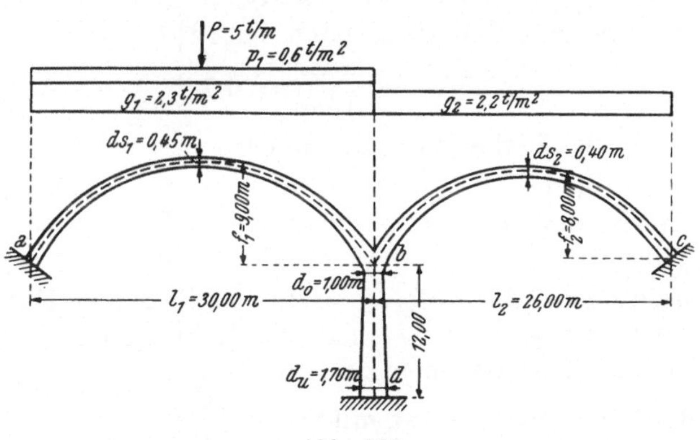

Abb. 108

Berechnet man nach den Formeln (74), bzw. (75) die Stabsteifigkeit, bzw. Abklingungszahl eines Parabelbogens mit der Spannweite l bei $J = \dfrac{J_s}{\cos \varphi}$, so erhält man

$$\frac{1}{\tau} = \frac{9}{l} \, E\,J_s \quad \text{und} \quad \mu = -\frac{1}{3}$$

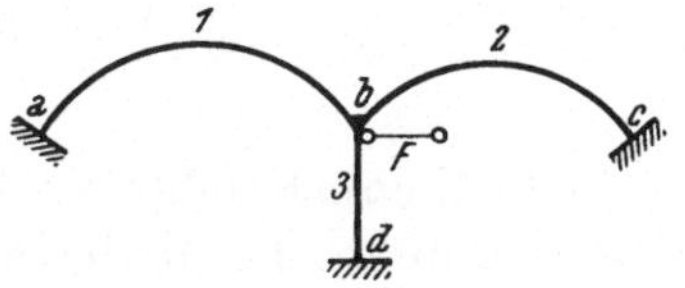

Für die beiden Gewölbe sind daher

$$\frac{1}{\tau_1} = \frac{9}{30 \cdot 00} \cdot \frac{1 \cdot 0 \cdot 0 \cdot 45^3}{12}\, E = 27 \cdot 2 \cdot \frac{10^{-3}}{12}\, E$$

und

$$\frac{1}{\tau_2} = \frac{9}{26 \cdot 00} \cdot \frac{1 \cdot 0 \cdot 0 \cdot 40^3}{12}\, E = 22 \cdot 2 \cdot \frac{10^{-3}}{12}\, E$$

Abb. 109

Die Drehwinkel des Pfeilers werden mittels der Tabelle 3, S. 1390 des Taschenbuches für Bauingenieure von F. Schleicher ermittelt. Es ist

$$n = \frac{J_0}{J_n} = \frac{d_0{}^3}{d_u{}^3} = \left(\frac{1 \cdot 00}{1 \cdot 70}\right)^3 = 0 \cdot 203 \sim 0 \cdot 200$$

Der Anlauf des Pfeilers, die Voute, erstreckt sich auf die ganze Pfeilerhöhe von $12\ m$, daher ist $\lambda = 1$. Aus der Tabelle folgt:

$$\alpha'' = c_1 \cdot \frac{h}{E\,J_0} = 0.2195 \cdot \frac{12.00}{E\,J_0} = 2.634\,\frac{1}{E\,J_0}$$

$$\alpha' = c_2 \cdot \frac{h}{E\,J_0} = 0.0980 \cdot \frac{12.00}{E\,J_0} = 1.176\,\frac{1}{E\,J_0}$$

$$\beta = c_3 \cdot \frac{h}{E\,J_0} = 0.0730 \cdot \frac{12.00}{E\,J_0} = 0.876 \cdot \frac{1}{E\,J_0}$$

Nach der Formel (10b) ist

$$\frac{1}{\tau''} = \frac{\alpha'}{\alpha'\,\alpha'' - \beta^2} = \frac{1.176\ E\,J_0}{1.176 \cdot 2.634 - 0.876^2} = 504.8 \cdot 1.00^3 \cdot \frac{10^{-3}}{12}\,E$$

Die Abklingungszahl beträgt nach Gl. (9b)

$$\mu'' = \frac{\beta}{\alpha'} = \frac{0.876}{1.176} = 0.745$$

Relative Stabsteifigkeiten sind daher:

für den linken Bogen $(l_1 = 30\ m)$ $k_1 = 27.2$

für den rechten Bogen $(l_2 = 26\ m)$ $k_2 = 22.2$

für den Pfeiler $k_3 = 504.8$

Zur Durchführung der Aufgabe sind noch die beiden Einspannungsmomente des Pfeilers bei einer verdrehungsfreien Horizontalverschiebung des Pfeilerkopfes zu ermitteln.

Nach den Formeln (29) ist mit $J_0 = \dfrac{1.00^4}{12} = \dfrac{1}{12}$

$$M_u = M' = -\,\frac{\alpha'' + \beta}{\alpha'\,\alpha'' - \beta^2} \cdot \frac{\Delta}{h} = -\,\frac{2.634 + 0.876}{1.176 \cdot 2.634 - 0.876^2} \cdot \frac{E\,J_0}{12.00}\,\Delta =$$

$$= 0.12553\ E\,J_0\,\Delta = 125.53\,\frac{10^{-3}}{12}\,E\,\Delta$$

$$M_0 = M'' = +\,\frac{\alpha' + \beta}{\alpha'\,\alpha'' - \beta^2} \cdot \frac{\Delta}{h} = \frac{1.176 + 0.876}{1.176 \cdot 2.634 - 0.876^2} \cdot \frac{E\,J_0}{12.00}\,\Delta =$$

$$= 0.07338\ E\,J_0\,\Delta = 73.38\,\frac{10^{-3}}{12}\,E\,\Delta$$

Schließlich fehlt noch die Größe der Horizontalschübe der eingespannten Parabelbögen bei einer Widerlagerverschiebung Δ. Nach Gl. (67) ist $H = -\,\dfrac{\Delta}{\delta_{hh}}$.

Beim Parabelbogen mit $J = \dfrac{J_s}{\cos\varphi}$ ist $\delta_{hh} = \dfrac{1}{E\,J_s} \cdot \dfrac{4}{45}\,f^2\,l^2$ und es ergibt sich für den linken Bogen:

$$H_1 = -\,\frac{45}{4} \cdot \frac{E\,J_{s1}}{f^2\,l^2}\,\Delta = -\,\frac{45}{4} \cdot \frac{0.45^3}{9.00^3 \cdot 30.00} \cdot \frac{1.00}{12}\,E\,\Delta =$$

$$= -\,0.422\,\frac{10^{-3}}{12}\,E\,\Delta$$

Für den rechten Bogen erhält man, da die gegenseitige Verschiebung der Kämpfer in Richtung der positiven H erfolgt:

$$H_2 = +\,\frac{45}{4} \cdot \frac{0.40^3}{8.00^3 \cdot 26.00} \cdot \frac{1.00}{12}\,E\,\Delta = +\,0.432 \cdot \frac{10^{-3}}{12}\,E\,\Delta$$

Diese Kräfte greifen in den elastischen Schwerpunkten der Bögen an. Durch Anbringung der Einspannungsmomente werden die Horizontalschübe parallel zu sich selbst in Höhe der Kämpfer verschoben.

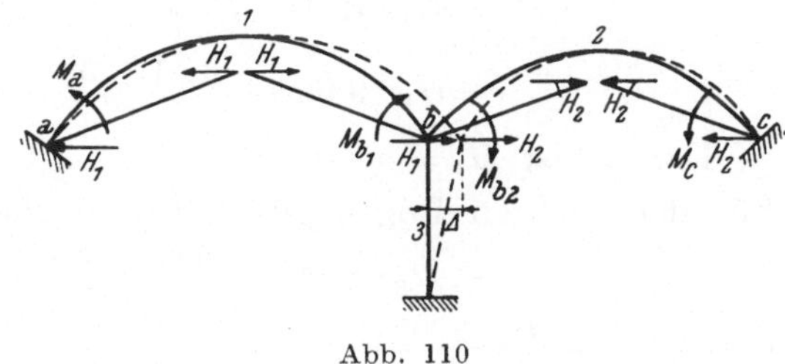

Abb. 110

Beim Parabelbogen mit $J = \dfrac{J_s}{\cos \varphi}$ ist $z_0 = \dfrac{2}{3} f$. Daher betragen die Einspannungsmomente bei der in Abb. 110 dargestellten Grundverschiebung

$$M_a = M_{b1} = - H_1 \cdot \frac{2}{3} f_1 = - 0{\cdot}422 \cdot \frac{2}{3} \cdot 9{\cdot}00 \cdot \frac{10^{-3}}{12} E \, \varDelta =$$

$$= - 2{\cdot}53 \, \frac{10^{-3}}{12} E \, \varDelta$$

$$M_{b2} = M_c = + H_2 \cdot \frac{2}{3} \cdot f_2 = + 0{\cdot}432 \cdot \frac{2}{3} \cdot 8{\cdot}00 \cdot \frac{10^{-3}}{12} E \, \varDelta =$$

$$= 2{\cdot}31 \, \frac{10^{-3}}{12} E \, \varDelta$$

Die Momente in den Scheiteln sind halb so groß mit umgekehrtem Drehsinn, also $+ 1{\cdot}27 \; tm$ und $- 1{\cdot}16 \; tm$.

Da alle Momente den Faktor $\dfrac{10^{-3}}{12} E \, \varDelta$ besitzen, wird die Grundverschiebung für $1 = \dfrac{10^{-3}}{12} E \, \varDelta$ durchgeführt. Der Momentenausgleich erfolgt in Abb. 111.

Beim Parabelbogen entsteht beim Belastungsfall nach Abb. 14 ein Scheitelmoment von $M_s = - \dfrac{1}{6}$, daher ist für

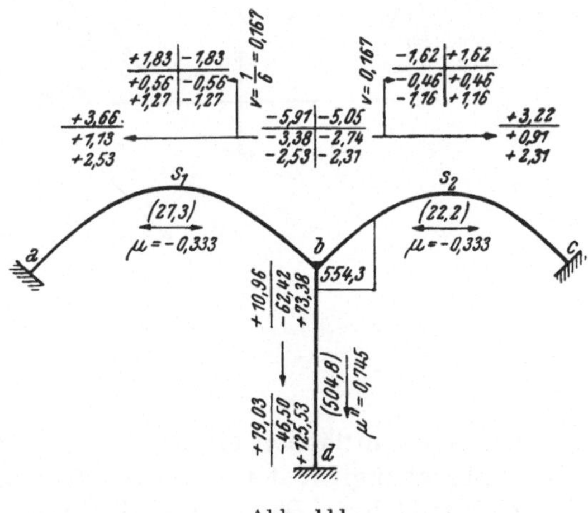

Abb. 111

den Scheitel als Hilfspunkt zur Berechnung der Horizontalschübe mit einer Abklingungszahl $\nu = \dfrac{1}{6} = 0{\cdot}617$ zu rechnen, für den Kämpfer beträgt sie wie erwähnt $\mu = - \dfrac{1}{3} = - 0{\cdot}333$.

Im linken Bogen erfordert das Gleichgewicht der Momente bezogen auf den Scheitel mit Rücksicht auf die Symmetrie

$$- H_1 \cdot f_1 + \frac{M_{a1} + M_{b1}}{2} = M_{s1}$$

$$- H_1 \cdot 9 \cdot 00 - \frac{3 \cdot 66 + 5 \cdot 91}{2} = + 1 \cdot 83 \; tm$$

Daraus ist $H_1 = - 0 \cdot 735 \, t$.

Für den rechten Bogen gilt mit $f_2 = 8 \cdot 00 \; m$

$$- H_2 \cdot 8 \cdot 00 + \frac{5 \cdot 05 + 3 \cdot 22}{2} = - 1 \cdot 62 \; tm$$

und daraus $H_2 = + 0 \cdot 718 \, t$.

Positive Horizontalschübe versuchen nach Abb. 98 die Kämpfer zu nähern, daher drückt der negative Horizontalschub des linken Bogens den Mittelpfeiler nach rechts, der positive Horizontalschub des rechten Bogens zieht den Mittelpfeiler ebenfalls nach rechts. Da die Querkraft des Pfeilers

$$Q = \frac{10 \cdot 96 + 79 \cdot 03}{12 \cdot 00} = 7 \cdot 499 \; t$$

beträgt, ergibt sich als gesamte Festhaltekraft

$$P_{11} = 0 \cdot 735 + 0 \cdot 718 + 7 \cdot 499 = 8 \cdot 952 \; t$$

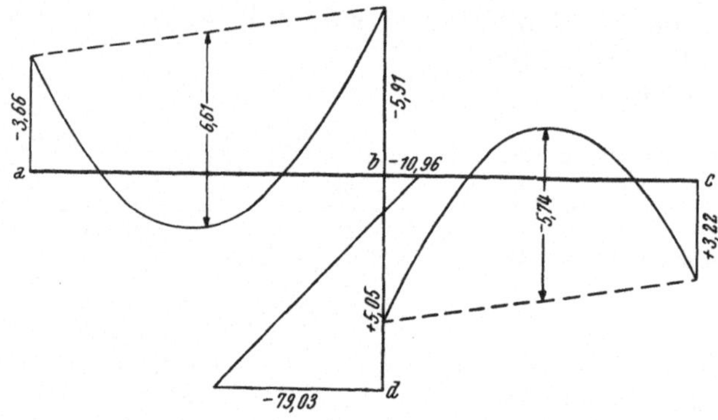

Abb. 112

Die Momentflächen erhält man aus den Trapezflächen der Stützmomente abzüglich der von den Horizontalschüben hervorgerufenen Momentenflächen $H \cdot z$. Da die z-Werte eine Parabel mit dem Scheitel f bilden, ist von der Trapezfläche der Stützmomente eine Parabel mit dem Scheitel $H \cdot f$ abzuziehen. In Abb. 112 ist der Momentenverlauf des Grundverschiebungszustandes dargestellt.

Es ist

$$- H_1 \cdot f_1 = + 0 \cdot 735 \cdot 9 \cdot 00 = + 6 \cdot 61 \; tm$$

$$- H_2 \cdot f_2 = - 0 \cdot 718 \cdot 8 \cdot 00 = - 5 \cdot 74 \; tm$$

Der Momentenmaßstab für den Mittelpfeiler wurde in Abb. 112 zehnmal kleiner als bei den Bögen angenommen.

1. Belastungsfall.

$$g_1 = 2 \cdot 3 \ tm^2, \quad g_2 = 2 \cdot 1 \ tm^2$$

Da eine gleichmäßig verteilte Belastung einen Parabelbogen nur auf Druck beansprucht, treten im unverschieblichen Tragwerk keine Momente auf. (Der Einfluß der Längskräfte wurde vernachlässigt.)

Die Angriffskraft ergibt sich aus den beiden Horizontalschüben der Bögen. Da P_{11} nach rechts positiv gezählt wurde, ist

$$R_1 = \frac{g_1 \cdot l_1^2}{8 f_1} - \frac{g_2 \cdot l_2^2}{8 f_2} = \frac{2 \cdot 3 \cdot 30 \cdot 00^2}{8 \cdot 9 \cdot 00} - \frac{2 \cdot 1 \cdot 26 \cdot 00^2}{8 \cdot 8 \cdot 00} =$$
$$= 28 \cdot 570 - 22 \cdot 181 = 6 \cdot 569 \ t$$

Die Grundgleichung lautet daher:

$$P_{11} \cdot x_1 = R_1, \quad 8 \cdot 952 \cdot x_1 = 6 \cdot 569$$

Daraus ist

$$x_1 = 0 \cdot 734$$

Der Momentenverlauf entspricht der Abb. 112, wenn alle Momente mit $0 \cdot 734$ multipliziert werden.

Die Horizontalschübe setzen sich aus den Horizontalschüben im unverschieblichen System und den mit x_1 multiplizierten Schüben des Grundverschiebungszustandes zusammen. Daher ist

$$H_{1g} = 28 \cdot 750 - 0 \cdot 734 \cdot 0 \cdot 735 = 28 \cdot 211 \ t$$
$$H_{2g} = 22 \cdot 181 + 0 \cdot 734 \cdot 0 \cdot 718 = 22 \cdot 608 \ t$$

2. Belastungsfall.

$$p_1 = 0 \cdot 6 \ tm^2$$

Im unverschieblichen System entstehen keine Momente. Der Horizontalschub beträgt

$$H_{1p} = \frac{0 \cdot 6 \cdot 30 \cdot 00^2}{8 \cdot 9 \cdot 00} = 7 \cdot 500 \ t$$

Die Grundgleichung lautet daher:

$$8 \cdot 952 \cdot x_1' = 7 \cdot 50 \ t, \quad \text{daraus ist} \quad x_1' = 0 \cdot 838$$

Der Momentenverlauf ergibt sich durch Multiplikation der Momente der Abb. 194 mit $x' = 0 \cdot 838$.

Die Horizontalschübe sind:

$$H_{1p}' = 7 \cdot 500 - 0 \cdot 838 \cdot 0 \cdot 735 = 6 \cdot 884 \ t$$
$$H_{2p}' = + 0 \cdot 838 \cdot 0 \cdot 718 = 0 \cdot 602 \ t$$

3. Belastungsfall.

Einzellast $P = 5 \ t$ in der Mitte des linken Bogens, verteilt auf 1 m Breite.

Die Berechnung des Systems mit unverschieblichen und unverdrehbaren Knoten, des beiderseits eingespannten, symmetrisch

belasteten Parabelbogen läßt sich leicht durchführen und liefert
im vorliegenden Fall folgende Momente:

In den Kämpfern $M = -\ 4{\cdot}686\ tm$
im Scheitel $M = +\ 7{\cdot}032\ tm$

Der Momentenausgleich im unverschieblichen System ist in
Abb. 113 durchgeführt.

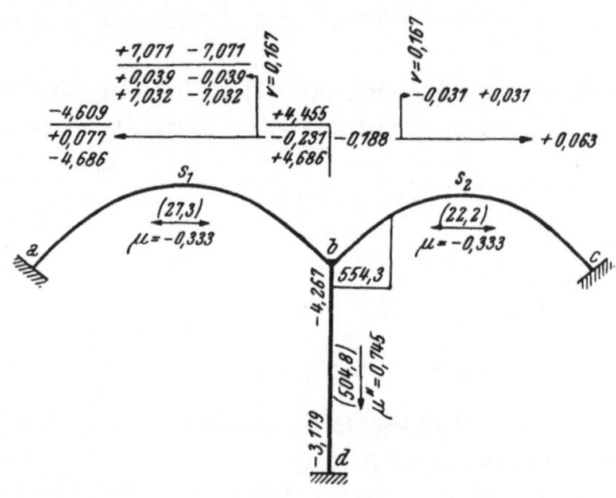

Abb. 113

Aus den Momenten in den Scheiteln lassen sich die Bogenschübe
berechnen. Für den linken Bogen ergibt sich, da die Einzellast
im Balken auf zwei Stützen ein Moment von $\dfrac{5{\cdot}00 \cdot 30{\cdot}00}{4} = 37{\cdot}5\ tm$
erzeugt:

$$37{\cdot}5 - H_1 \cdot 9{\cdot}00 + \frac{4{\cdot}609 + 4{\cdot}455}{2} = +\ 7{\cdot}071\ tm$$

daraus ist $H_1 = 3{\cdot}885\ t$

Für das Moment im Scheitel des rechten Bogens gilt:

$$H_2 \cdot 8{\cdot}00 + \frac{0{\cdot}188 + 0{\cdot}063}{2} = -\ 0{\cdot}031\ tm$$

Aus dieser Gleichung ergibt sich

$$H_2 = 0{\cdot}020\ t$$

Die Querkraft des Pfeilers ist:

$$Q = +\ \frac{3{\cdot}179 + 4{\cdot}267}{12{\cdot}00} = +\ 0{\cdot}620\ t$$

Daher beträgt die Angriffskraft:

$$R = +\ 3{\cdot}885 - 0{\cdot}020 + 0{\cdot}620 = 4{\cdot}485\ t$$

Aus der Grundgleichung

$$8{\cdot}952 \cdot x_1{}'' = 4{\cdot}485$$

folgt

$$x_1{}'' = 0{\cdot}498$$

Die Momente setzen sich aus den Momenten im unverschieblichen Rahmen und den mit x_1'' multiplizierten Momenten der Abb. 112 zusammen

Die Horizontalschübe sind:
$$H_1 = 3 \cdot 885 - 0 \cdot 498 \cdot 0 \cdot 735 = 3 \cdot 519\ t$$
$$H_2 = +\, 0 \cdot 020 + 0 \cdot 498 \cdot 0 \cdot 718 = 0 \cdot 558\ t$$

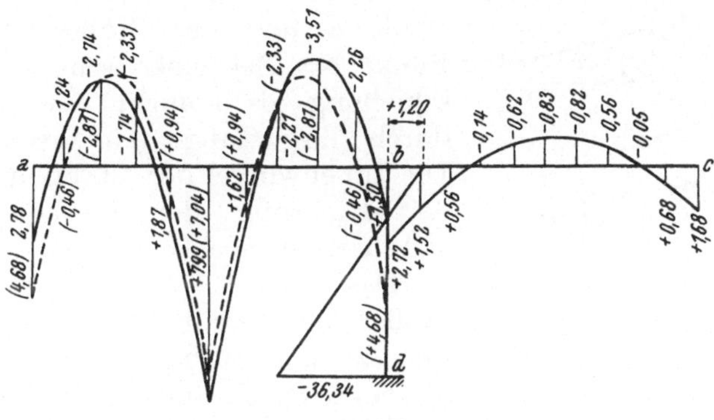

Abb. 114

Der Momentenverlauf ist in Abb. 114 dargestellt, die Momente des eingespannten Bogens sind zum Vergleich gestrichelt eingetragen und ihre Größen in Klammern angegeben.

VI. Rahmen mit nur aus zwei Stäben bestehenden Stabzügen

1. Grundlagen

Ein Punkt wird in der Ebene durch zwei Stäbe von unveränderlicher Länge unverrückbar festgehalten. Daher genügen bei dem Rahmen nach Abb. 115 vier Festhaltungen, um alle sieben Knoten gegen Verschiebungen zu sichern.

Es erscheint daher zweckmäßig, bei Rahmen mit nur aus zwei Stäben bestehenden Stabzügen die Knickpunkte der Stabzüge als Nebenknoten zu betrachten.

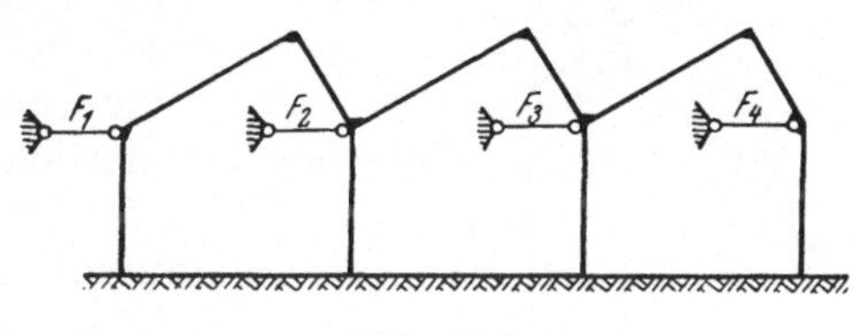

Abb. 115

Nimmt man beim Stabzug der Abb. 116a bei a, b und c Gelenke an und verschiebt den Punkt c in irgend einer Richtung x um $\varDelta$

nach c', so nimmt infolge der unveränderlichen Längen s_1 und s_2 der beiden Stäbe der Knoten b eine bestimmte Lage ein. Trennt man die Stäbe im Knoten b und verschiebt zuerst den Stab $b\,c$ parallel zu sich selbst um $\varDelta$ nach $b'\,c'$, so erhält man die endgültige Lage b'' des Knotens b durch Drehen des Stabes $a\,b$ um den Punkt a und des Stabes $b\,c$ um den Punkt c'. Bei einer sehr kleinen Verschiebung $\varDelta$ können die Kreisbögen durch ihre Tangenten ersetzt werden. Die Innenwinkel der Stabrichtungen mit der Richtung der Verschiebung, der x-Achse, seien α und β.

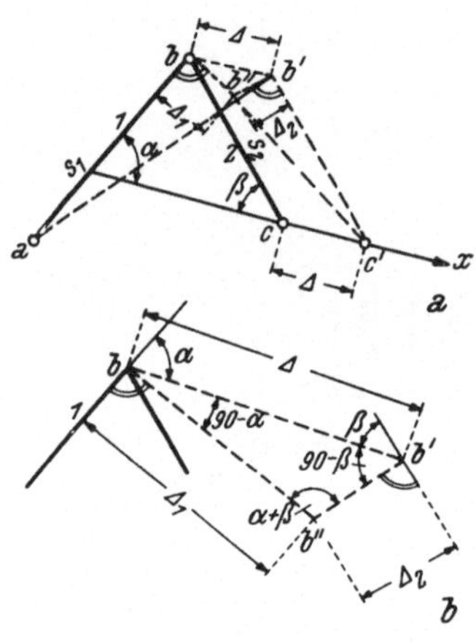

Abb. 116

Das Dreieck $b\,b'\,b''$ ist in Abb. 116b größer dargestellt. Die Verschiebungen quer zu den Stabachsen erhält man aus diesem Dreieck mittels des Sinussatzes. Es ist

$$\left.\begin{aligned}
\varDelta_1 &= \frac{\sin\,(90° - \beta)}{\sin\,(\alpha + \beta)}\,\varDelta = \frac{\cos\beta}{\sin\,(\alpha + \beta)}\,\varDelta \\[2mm]
\varDelta_2 &= \frac{\sin\,(90° - \alpha)}{\sin\,(\alpha + \beta)}\,\varDelta = \frac{\cos\alpha}{\sin\,(\alpha + \beta)}\,\varDelta
\end{aligned}\right\} \tag{77}$$

und

Beim Rahmen mit unverdrehbaren Knoten bleiben die Tangentenrichtungen der verformten Stabachsen an den Knoten parallel zu den ursprünglichen Stabrichtungen. Sind bei a, b und c keine Gelenke vorhanden, so stimmt wohl die Endlage b'' des Knotens b bei einer Verschiebung um $\varDelta$ überein, die Stäbe verformen sich aber nach Abb. 117. Sind die Stäbe beiderseits eingespannt und sind die Trägheitsmomente unveränderlich, so entstehen nach Gl. (31) und (31a) folgende Einspannungsmomente.

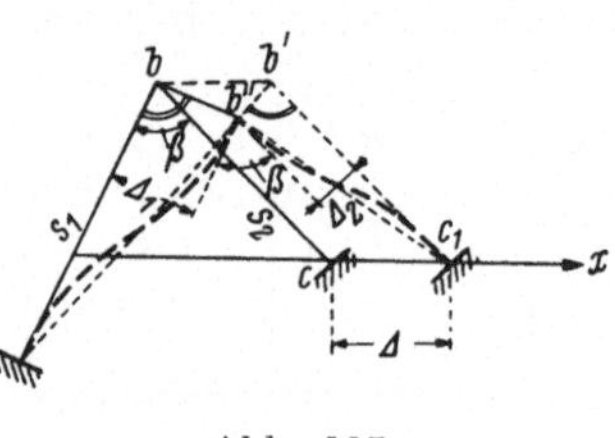

Abb. 117

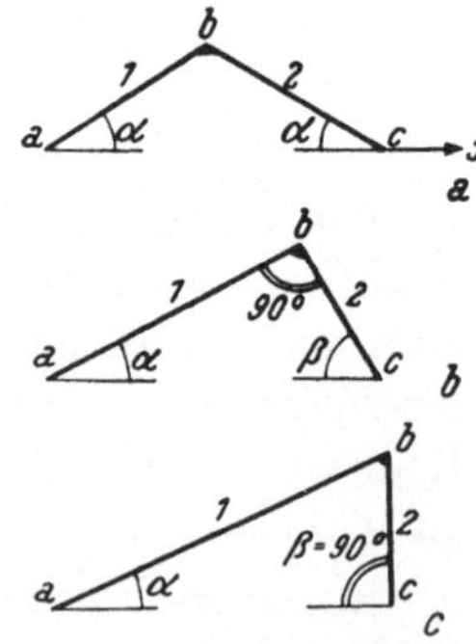

Abb. 118

$$M' = -\,M'' = -\,\frac{6\,E\,J}{s^2}\,\varDelta_s = -\,6\,E\,c\,k\,\frac{\varDelta_s}{s}$$

Bei veränderlichen Trägheitsmomenten erhält man die Einspannungsmomente mittels der Formeln (29).

Bei den drei häufigsten Formen des Zweistabzuges ergeben sich folgende vereinfachte Beziehungen für die Werte Δ_1 und Δ_2 nach den Gln. (77).

1. Beim symmetrischen Satteldach nach Abb. 118a ist $\alpha = \beta$, daher ist

$$\Delta_1 = \Delta_2 = \frac{\cos \alpha}{\sin 2\alpha}\, \Delta = \frac{\cos \alpha}{2 \sin \alpha \cdot \cos \alpha}\, \Delta = \frac{\Delta}{2 \cdot \sin \alpha} \tag{78}$$

2. Beim Sägedach mit rechtem Winkel im Scheitel (bei b) nach Abb. 118b ist $\alpha + \beta = 90°$.
Daher ist

$$\left.\begin{aligned}
\Delta_1 &= \frac{\cos \beta}{\sin 90°}\, \Delta = \Delta \cdot \cos \beta \\[2ex]
\Delta_2 &= \frac{\cos \alpha}{\sin 90°}\, \Delta = \Delta \cos \alpha
\end{aligned}\right\} \tag{79}$$

3. Beim Sägedach mit rechtem Winkel bei c nach Abb. 118c ist $\beta = 90°$ und

$$\left.\begin{aligned}
\Delta_1 &= \frac{\cos 90°}{\sin (\alpha + 90°)}\, \Delta = 0 \\[2ex]
\Delta_2 &= \frac{\cos \alpha}{\sin (\alpha + 90°)}\, \Delta = \Delta
\end{aligned}\right\} \tag{80}$$

2. Zahlenbeispiel 14

Der Rahmen mit den Abmessungen der Abb. 119 ist für eine gleichmäßig verteilte Last $q\,tm$ sowie für eine horizontale Einzellast P, welche im Knoten a angreift, zu berechnen. Relative Stabsteifigkeiten der Stützen sind $k = \dfrac{J}{c \cdot h} = 1$, der Riegel $k = 2$.

Der Rahmen erfordert nach Abb. 120 vier Festhaltungen, wenn die Riegel als Zweistabzüge betrachtet werden.

Infolge der Rahmensymmetrie sind die Grundverschiebungszustände der Festhaltungen F_1 und F_4, sowie F_2 und F_3 zu einander symmetrisch, daher sind nur zwei Grundverschiebungszustände zu berechnen. Bei den Grundverschiebungen findet eine gegenseitige

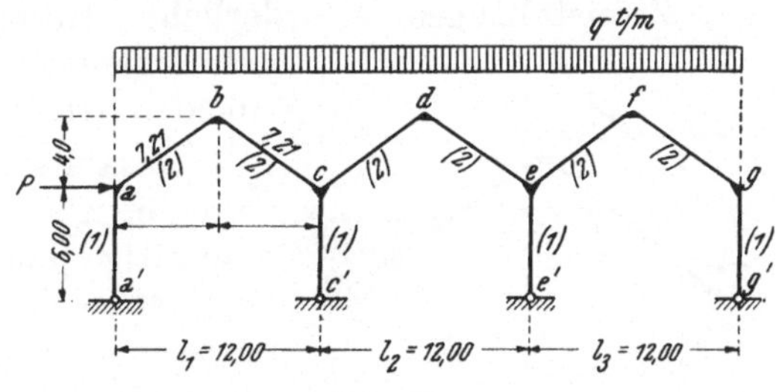

Abb. 119

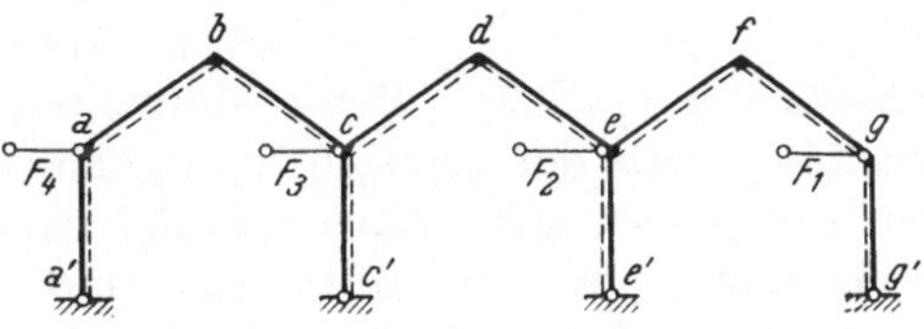

Abb. 120

Verschiebung der Kämpfer um Δ statt. (Als Kämpfer seien die Knoten a, c, e und g bezeichnet.)

Nach Gl. (78) beträgt

$$\Delta_1 = \Delta_2 = \frac{\Delta}{2} \cdot \frac{1}{\sin a} = \frac{\Delta}{2} \cdot \frac{7{\cdot}21}{4{\cdot}00} = 0{\cdot}902 \, \Delta$$

Daher ergeben sich die Einspannungsmomente nach Gl. (31a) mit

$$M' = - M'' \, 6 \, c \, k \cdot \frac{\Delta_s}{s} = - 6 \, E \, c \cdot 2 \cdot \frac{0{\cdot}902}{7{\cdot}21} \, \Delta = - 1{\cdot}5 \cdot E \, c \, \Delta$$

Diese Momente sind in Abb. 121 dargestellt. Das Einspannungsmoment der Stützen beträgt nach Gl. (34a) wegen der Fußgelenke

$$M'' = 3 \, E \, c \, k \, \frac{\Delta}{h} = 3 \, \frac{E \, c \; 1{\cdot}0}{6{\cdot}00} \, \Delta = 0{\cdot}50 \, E \, c \, \Delta$$

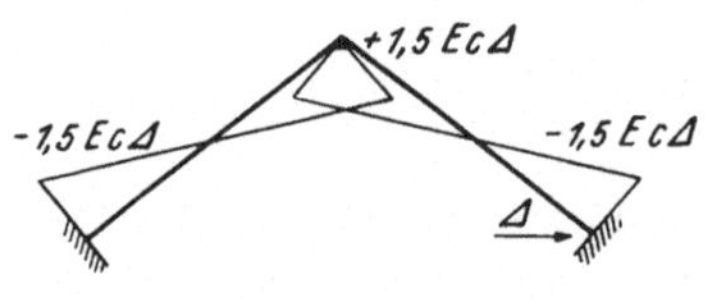

Abb. 121

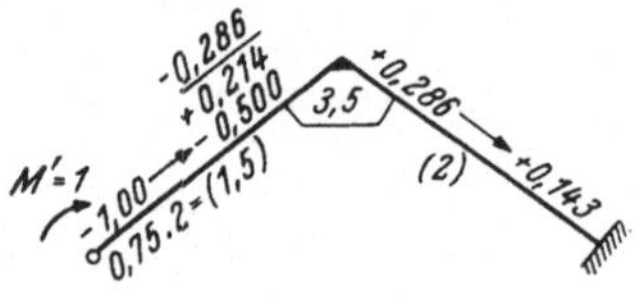

Abb. 122

Der Momentenausgleich der Grundverschiebungen kann in allen Knoten erfolgen. Er gestaltet sich jedoch einfacher, wenn die Knoten b, d und f übersprungen werden. In diesem Falle ist noch die Kenntnis der Gesamtsteifigkeiten und der Abklingungszahlen des Zweistabzuges erforderlich. Infolge seiner Symmetrie sind Steifigkeiten und Abklingungszahlen in beiden Richtungen gleich groß.

Gesamtsteifigkeit und Abklingungszahl ergeben sich aus der Belastung des einseitig gelenkig gelagerten Stabzuges mit $M' = + 1 \, tm$. Die Berechnung dieses Systems kann mit Hilfe der Gl. (74) und (75) erfolgen.

Da alle Knoten unverschieblich sind,

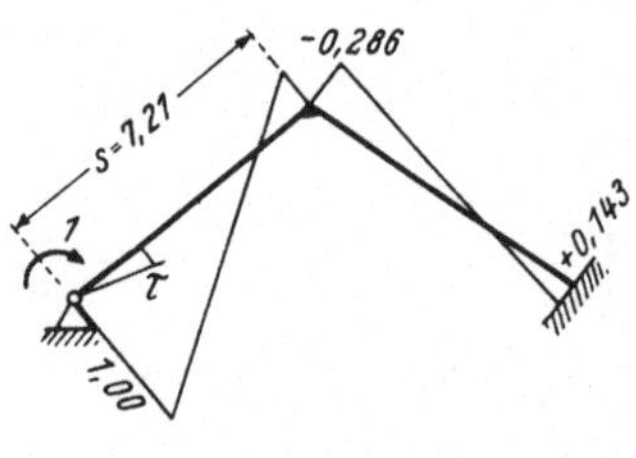

Abb. 123

führt aber das Crosssche Verfahren schneller zum Ziele. Beim Momentenausgleich in Abb. 122 ist zu beachten, daß der relative Steifigkeitswert des linken Stabes wegen der nur einseitigen Einspannung nach Gl. (16) mit $^3/_4 \cdot 2{\cdot}0 = 1{\cdot}5$ anzunehmen ist. In Abb. 123 sind die ausgeglichenen Momente dargestellt. Die Verdrehung im Punkte a erhält man am einfachsten mittels des Mohrschen Satzes $\left(\dfrac{1}{E \, J} \text{-facher Auflagerdruck der Momentenfläche} \right)$.

Nach Abb. 123 ist

$$\tau = \frac{1}{E\,J}\left(\frac{1{\cdot}00 \cdot s}{2} \cdot \frac{2}{3} - \frac{0{\cdot}286 \cdot s}{2} \cdot \frac{1}{3}\right) = \frac{1}{E\,J} \cdot 0{\cdot}02857 \cdot s$$

Mit $\dfrac{J}{s} = c\,k' = 2\,c\ (k = 2)$ wird $\tau = \dfrac{0{\cdot}1428}{c\,E}$ und die Stabsteifigkeit

des Zweistabzuges ist $\dfrac{1}{\tau} = 0{\cdot}70\,c\,E$.

Die Abklingungszahl (Einspannungsmoment bei c) beträgt mit Rücksicht auf die Vorzeichenregel des Crossschen Verfahrens nach Abb. 122 und 123

$$\mu = -\,0{\cdot}143$$

und das Moment bei b wird ebenfalls mit Rücksicht auf die Vorzeichenregel mit

$$\nu = +\,0{\cdot}286$$

abgeändert.

Für die Stützen erhält man aus der Verdrehung des Stützenkopfes bei beiderseits gelenkiger Lagerung infolge $M = 1$ am Stützenkopf nach Gl. (12)

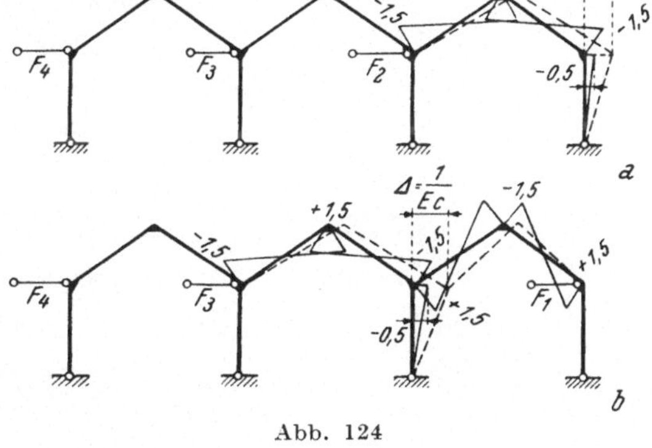

Abb. 124

$$\alpha = \frac{h}{3\,E\,J};\ \text{mit}\ k = 1\ \text{beträgt die Stabsteifigkeit der Stützen}$$

$$\frac{1}{\alpha} = \frac{3\,E\,J}{h} = 3\,E\,c\,k = 3\,E\,c$$

Damit sind alle für die Durchführung des abgekürzten Momentenausgleiches erforderlichen Hilfsgrößen bekannt.

In den Abb. 124a und 124b sind die Grundverschiebungszustände der Festhaltungen F_1 und F_2 im Rahmen mit verschieblichen, aber unverdrehbaren Knoten mit den dabei auftretenden Einspannungsmomenten dargestellt. Hiebei wurde $E\,c\,\varDelta = 1$ angenommen.

Den Momentenausgleich für den Grundverschiebungszustand der Festhaltung F_1 zeigt Abb. 125. Sein Ergebnis enthält Abb. 126. In derselben Form hat der Momentenausgleich des Grundverschiebungszustandes von F_2 zu erfolgen, er führt zu dem in Abb. 127 dargestellten Momentenverlauf.

An Hand der Abb. 126 und 127 können die Kräftegruppen der beiden Grundverschiebungszustände berechnet werden.

Für den Grundverschiebungszustand der Festhaltung F_1 erhält man aus Abb. 126 die Horizontalkräfte an den Fußgelenken der Stützen, wenn nach rechts gerichtete Kräfte positiv gezählt werden:

$$H_a' = + \frac{0{\cdot}002}{6{\cdot}00} = 0{\cdot}0003\,t, \qquad H_e' = + \frac{0{\cdot}250}{6{\cdot}00} = +\,0{\cdot}0417\,t$$

$$H_c' = + \frac{0{\cdot}014}{6{\cdot}00} = +\,0{\cdot}0023\,t, \quad H_g' = -\,\frac{0{\cdot}775}{6{\cdot}00} = -\,0{\cdot}1292\,t$$

Die Vertikalkomponenten der Querkräfte in den beiden Riegeln ergeben sich aus den Anschlußmomenten der Riegel. Es ist

$$A = -\,C_L = -\,\frac{0{\cdot}034 - 0{\cdot}002}{12{\cdot}00} = -\,0{\cdot}0027\,t$$

$$C_R = -\,E_L = -\,\frac{0{\cdot}576 - 0{\cdot}048}{12{\cdot}00} = -\,0{\cdot}0440\,t$$

$$E_R = -\,G = -\,\frac{0{\cdot}775 - 0{\cdot}826}{12{\cdot}00} = +\,0{\cdot}0042\,t$$

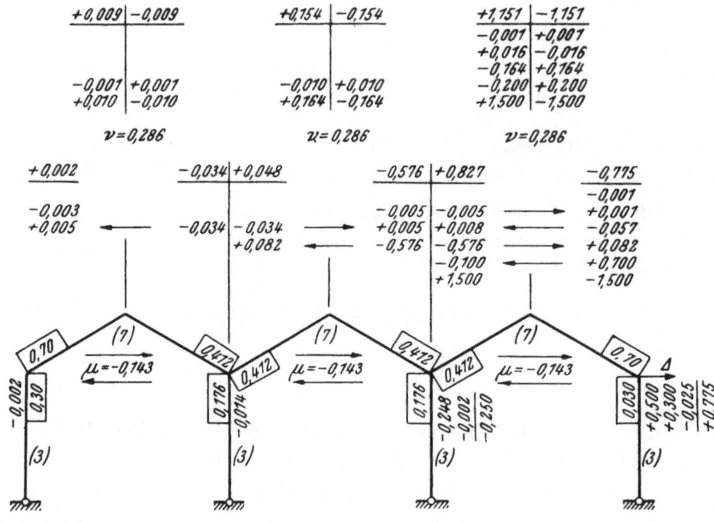

Abb. 125

Aus den Momenten in den Firstpunkten lassen sich die Horizontalkräfte der Binderriegel berechnen.

Man erhält für das linke Feld

$$-\,H_a \cdot 4{\cdot}00 - 0{\cdot}002 - 0{\cdot}0027 \cdot 6{\cdot}00 = +\,0{\cdot}009$$

und daraus

$$H_a = -\,0{\cdot}0067\,t$$

Für das Mittelfeld ist

$$-\,H_c \cdot 4{\cdot}00 - 0{\cdot}0048 - 0{\cdot}0440 \cdot 6{\cdot}00 = 0{\cdot}154$$

und ergibt

$$H_c = -\,0{\cdot}1165\,t$$

Im rechten Feld ergibt sich

$$- H_e \cdot 4{\cdot}00 - 0{\cdot}826 + 0{\cdot}0042 \cdot 6{\cdot}00 = + 1{\cdot}151$$

mit

$$H_e = - 0{\cdot}4879\ t$$

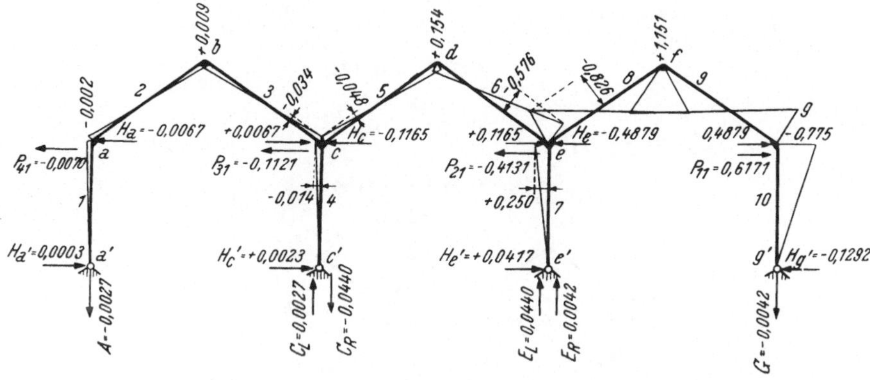

Abb. 126

Alle berechneten Kräfte sind in der Abb. 126 eingetragen. Die Festhaltekräfte ergeben sich aus der Summe der Horizontalschübe am betreffenden Knoten und der Querkraft der anschließenden Stütze, welche der Kraft H' am Stützenfuß entgegengesetzt gleich ist.

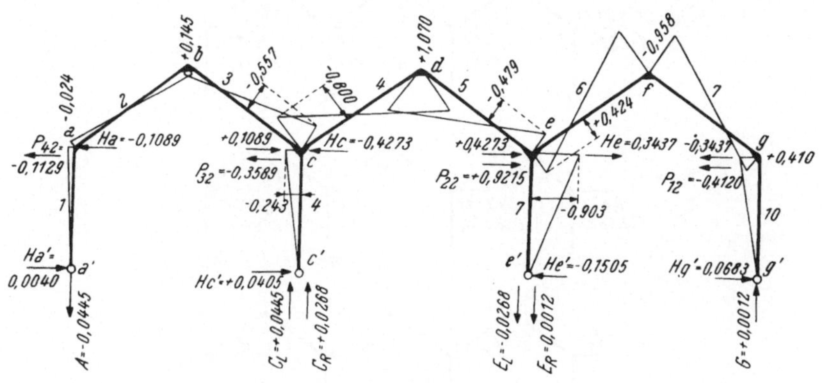

Abb. 127

Man erhält:

$$P_{41} = - 0{\cdot}0067 - 0{\cdot}0003 \qquad\qquad = - 0{\cdot}007\ t$$
$$P_{31} = + 0{\cdot}0067 - 0{\cdot}1165 - 0{\cdot}0023 = - 0{\cdot}112\ t$$
$$P_{21} = + 0{\cdot}1165 - 0{\cdot}4879 - 0{\cdot}0417 = - 0{\cdot}413\ t$$
$$P_{11} = + 0{\cdot}4879 - 0{\cdot}1292 \qquad\qquad = + 0{\cdot}617\ t$$

Aus Abb. 127 erhält man für den Grundverschiebungszustand der Festhaltung F_2 in derselben Reihenfolge wie beim ersten Grundverschiebungszustand:

$$H_a' = \frac{0\cdot024}{6\cdot00} = 0\cdot0040\ t, \qquad H_e' = -\frac{0\cdot903}{6\cdot00} = -0\cdot1505\ t$$

$$H_c' = \frac{0\cdot243}{6\cdot00} = 0\cdot0405\ t, \qquad H_g' = \frac{0\cdot410}{6\cdot00} = 0\cdot0683\ t$$

$$A = -C_L = -\frac{0\cdot557 - 0\cdot024}{12\cdot00} = -0\cdot0445\ t$$

$$C_R = -E_L = -\frac{0\cdot479 - 0\cdot800}{12\cdot00} = +0\cdot0268\ t$$

$$E_R = -G = +\frac{0\cdot410 - 0\cdot424}{12\cdot00} = -0\cdot0012\ t$$

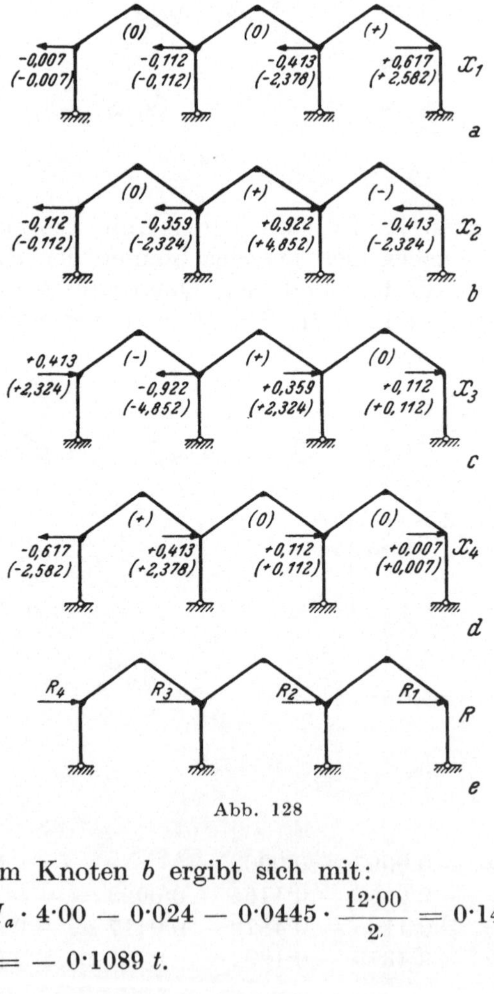

Abb. 128

Das Moment im Knoten b ergibt sich mit:

$$-H_a \cdot 4\cdot00 - 0\cdot024 - 0\cdot0445 \cdot \frac{12\cdot00}{2} = 0\cdot145\ tm$$

daraus ist $H_a = -0\cdot1089\ t$.

Das Moment im Knoten c beträgt:

$$- H_c \cdot 4{\cdot}00 - 0{\cdot}800 + 0{\cdot}0268 \cdot \frac{12{\cdot}00}{2} = 1{\cdot}070 \; tm$$

daraus folgt $H_c = - 0{\cdot}4273 \; t$.

Das Moment im Knoten ist:

$$- H_c \cdot 4{\cdot}00 + 0{\cdot}424 - 0{\cdot}0012 \cdot \frac{12{\cdot}00}{2} = - 0{\cdot}958 \; tm$$

daraus ist $H_c = + 0{\cdot}3437 \; t$.

Aus diesen in Abb. 127 eingetragenen Kräften ergeben sich folgende Festhaltekräfte:

$$
\begin{aligned}
P_{12} &= - 0{\cdot}3437 - 0{\cdot}0683 \sim - 0{\cdot}413 \; t \\
P_{22} &= + 0{\cdot}3437 + 0{\cdot}4273 = + 0{\cdot}922 \; t \\
P_{32} &= - 0{\cdot}4273 + 0{\cdot}1089 = - 0{\cdot}359 \; t \\
P_{42} &= - 0{\cdot}1089 - 0{\cdot}0040 \quad - 0{\cdot}112 \; t
\end{aligned}
$$

Die Grundverschiebungszustände der Festhaltung F_3 und F_4 werden symmetrisch zu jenen von F_2 und F_1 angenommen. Dadurch werden die Richtungen von $\varDelta_3$ und $\varDelta_4$ entgegengesetzt den Richtungen von $\varDelta_2$ und $\varDelta_1$ und die Matrix der Grundgleichungen ist nur den absoluten Beträgen der Koeffizienten nach symmetrisch.

In Abb. 128 sind die Kräftegruppen der vier Grundverschiebungszustände eingetragen (*nicht* eingeklammerte Zahlen unter den Kräftepfeilen), ferner sind in Abb. 128e die Angriffskräfte bezeichnet. An Hand der Abb. 128 ergeben sich von rechts beginnend folgende Grundgleichungen:

x_1	x_2	x_3	x_4	
0·617	− 0·413	+ 0·112	+ 0·007	= R_1
0·413	+ 0·922	+ 0·359	+ 0·112	= R_2
0·112	− 0·359	− 0·922	+ 0·413	= R_3
0·007	− 0·112	+ 0·413	− 0·617	= R_4

Durch Addition, bzw. Subtraktion erhält man aus den vier Grundgleichungen folgende Gleichungssysteme mit je zwei Unbekannten:

$$
\left.
\begin{aligned}
0{\cdot}610 \, (x_1 - x_4) - 0{\cdot}525 \, (x_2 - x_3) &= R_1 + R_4 \\
- 0{\cdot}525 \, (x_1 - x_4) + 0{\cdot}563 \, (x_2 - x_3) &= R_2 + R_3
\end{aligned}
\right\} \quad \text{(a)}
$$

$$
\left.
\begin{aligned}
0{\cdot}624 \, (x_1 + x_4) - 0{\cdot}301 \, (x_2 + x_3) &= R_1 - R_4 \\
- 0{\cdot}310 \, (x_1 + x_4) + 1{\cdot}281 \, (x_2 + x_3) &= R_2 - R_3
\end{aligned}
\right\} \quad \text{(b)}
$$

Aus den beiden ersten Gleichungen kann $x_1 - x_4$ und x_2 und x_3 berechnet werden, davon unabhängig ergeben die beiden letzten Gleichungen $x_1 + x_4$ und $x_2 + x_3$. Die x-Werte lassen sich dann leicht trennen.

1. *Belastungsfall.*

Gleichmäßig verteilte Last q *tm* nach Abb. 119.

Da die Belastung symmetrisch ist, beschränkt sich der Momentenausgleich auf eine Rahmenhälfte mit fester Einspannung bei d. Gleicht man die Momente ohne Knotenüberspringung aus, so betragen die Einspannungsmomente im unverschieblichen System

$$M = - q \cdot \frac{6{\cdot}00^2}{12} = - 3{\cdot}000 \cdot q$$

Das Ergebnis des Momentenausgleiches zeigt Abb. 129, es ist nur eine Hälfte des Rahmen dargestellt.

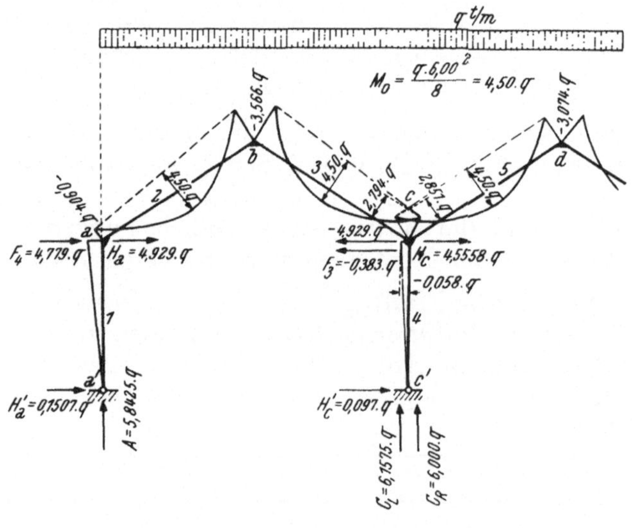

Abb. 129

Aus Abb. 129 ergeben sich an den Stützenfüßen folgende Horizontalkräfte:

$$H_a' = - H_g' = \frac{0{\cdot}904}{6{\cdot}00}\, q = 0{\cdot}15076\, q$$

$$H_c' = - H_c' = \frac{0{\cdot}058}{6{\cdot}00}\, q = 0{\cdot}0097\, q$$

Die Vertikalkomponenten der Querkräfte der Riegel sind

$$A = G = q \cdot \frac{12{\cdot}00}{2} - \frac{2{\cdot}794 - 0{\cdot}904}{12{\cdot}00}\, q = 5{\cdot}8425\, q$$

$$C_L = E_R = q \cdot 12{\cdot}00 - A = (12{\cdot}00 - 5{\cdot}8425)\, q = 6{\cdot}1575\, q$$

$$C_R = E_L = q \cdot \frac{12{\cdot}00}{2} = 6{\cdot}000\, q$$

Mittels der Momente in den Firstknoten erhält man die Horizontalkräfte der Riegel:

$$- H_a \cdot 4 \cdot 00 - 0 \cdot 904 \cdot q + 5 \cdot 8425 \cdot \frac{12 \cdot 00}{2} \cdot q - \frac{6 \cdot 00^2}{2} \cdot q = - 3 \cdot 5664 \cdot q$$

daraus ist $H_a = 4 \cdot 9294\, q$

$$- H_c \cdot 4 \cdot 00 - 2 \cdot 856 \cdot q + q \cdot \frac{12 \cdot 00^2}{8} = - 3 \cdot 074 \cdot q$$

daraus ist $H_c = 4 \cdot 5558 \cdot q$

Daher ergeben sich folgende Festhaltekräfte, wobei die oberen Querkräfte der Stützen entgegen den H'-Kräften wirken:

bei a: $(4 \cdot 9294 - 0 \cdot 1507)\, q = \qquad\qquad + 4 \cdot 7787\, q$

„ c: $(- 4 \cdot 9294 + 4 \cdot 5558 - 0 \cdot 0097)\, q = - 0 \cdot 3833\, q$

„ e: $\qquad\qquad\qquad\qquad\qquad\qquad\qquad + 0 \cdot 3833\, q$

„ g: $\qquad\qquad\qquad\qquad\qquad\qquad\qquad - 4 \cdot 7787\, q$

Die Festhaltekräfte bei e und g sind infolge der Symmetrie den Festhaltekräften bei e und a entgegen gerichtet.

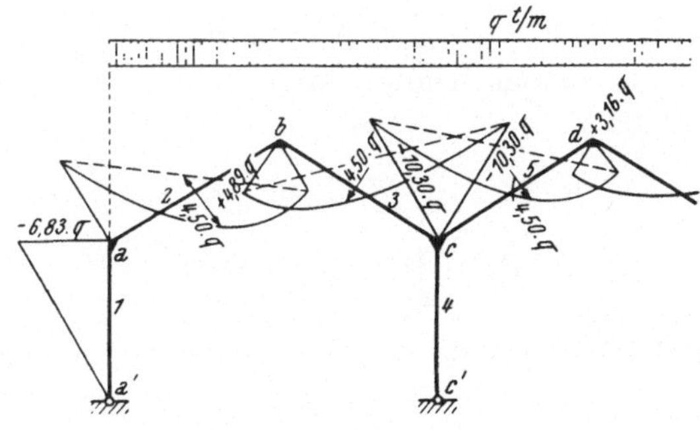

Abb. 130

Die Angriffskräfte ergeben sich aus den Festhaltekräften durch Änderung ihres Richtungssinnes.

Die Gruppe der Angriffskräfte besteht daher aus folgenden Kräften:

$$R_4 = - 4 \cdot 779\, q$$
$$R_3 = + 0 \cdot 383\, q$$
$$R_2 = - 0 \cdot 383\, q$$
$$R_1 = + 4 \cdot 779\, q$$

Es ist

$$R_1 + R_4 = 0, \quad R_1 - R_4 = 2 \cdot 4 \cdot 779 \cdot q$$
$$R_2 + R_3 = 0, \quad R_2 - R_3 = - 2 \cdot 0 \cdot 383\, q$$

und die Gl. (a) ergeben:

$$x_1 - x_4 = 0, \quad x_1 = x_4$$
$$x_2 - x_3 = 0, \quad x_2 = x_3$$

Die Gl. (b) lauten:

$$0 \cdot 624 \cdot 2 \cdot x_1 - 0 \cdot 301 \cdot 2 \cdot x_2 = 2 \cdot 4 \cdot 779\, q$$
$$- 0 \cdot 301 \cdot 2 \cdot x_1 + 1.281 \cdot 2 \cdot x_2 = 2 \cdot 0 \cdot 383\, q$$

Sie ergeben:

$$x_1 = x_4 = 8{\cdot}473\,q$$
$$x_2 = x_3 = 1{\cdot}692\,q$$

Die endgültigen Momente setzen sich aus den Momenten nach Abb. 129 (unverschiebliches System), den mit x_1 multiplizierten Momenten nach Abb. 126, den mit x_4 multiplizierten Momenten des Spiegelbildes von Abb. 126, den mit x_2 multiplizierten Momenten nach Abb. 127 und den mit x_3 multiplizierten Momenten des Spiegelbildes von Abb. 127 zusammen.

Man erhält daher z. B. für den Knoten b

$$M_b = -\,3{\cdot}566\,q + 8{\cdot}473\,(0{\cdot}009 + 1{\cdot}151)\,q +$$
$$+\,1{\cdot}692\,(0{\cdot}145 - 0{\cdot}958)\,q = +\,4{\cdot}887\,q$$

Der Momentenverlauf ist in Abb. 130 dargestellt.

2. Belastungsfall.

Horizontale Einzellast P nach Abb. 119 am Knoten a angreifend.

Da die Last an einem Knoten angreift, ist das unverschiebliche System spannungslos.

Es ist:

$$R_1 = R_2 = R_3 = 0, \quad R_4 = P$$

und

$$R_1 + R_4 = P, \quad R_1 - R_4 = -\,P$$
$$R_2 + R_3 = 0, \quad R_2 - R_3 = 0$$

Mit diesen Werten erhält man als Lösungen der Gl. (a) und (b)
$$x_1' = 3{\cdot}248\,P, \quad x_2' = 3{\cdot}659\,P, \quad x_3' = -\,4{\cdot}084\,P \quad \text{und} \quad x_4' = -\,5{\cdot}055\,P$$

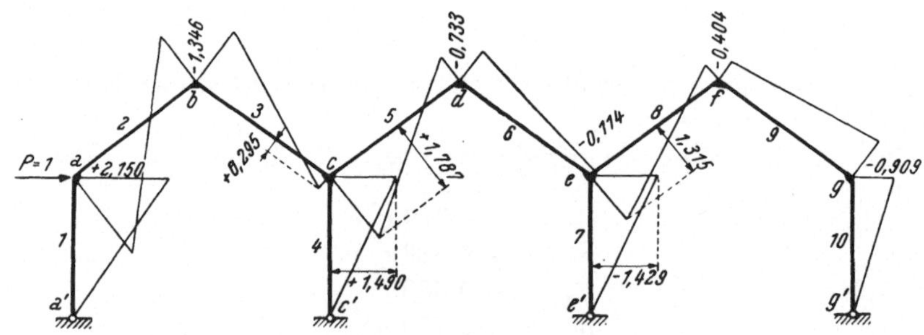

Abb. 131

An Hand der Abb. 126 und 127 läßt sich der endgültige Momentenverlauf berechnen.

Man erhält z. B. das Moment im Knoten b nach Gl. (2) mit
$$M_b = 3{\cdot}248 \cdot 0{\cdot}009 \cdot P - 5{\cdot}055 \cdot 1{\cdot}151\,P + 3{\cdot}659 \cdot 0{\cdot}145\,P -$$
$$-\,4{\cdot}084 \cdot (-\,0{\cdot}954\,P) = 1{\cdot}346\,P$$

Der Momentenverlauf ist in Abb. 131 dargestellt.

3. Zahlenbeispiel 15

Der Rahmen des Zahlenbeispiels 14 ist

1. Nach Abb. 132a mit einem durchgehenden Stahlzugband versehen,

2. Nur die beiden äußeren Felder besitzen nach Abb. 132b Zugbänder.

Der Rahmen ist bei beiden Varianten für eine gleichmäßig verteilte Last q tm zu berechnen.

Nach Gl. (61) beträgt die Zugbandkraft bei einer Grundverschiebung um Δ

$$Z = \frac{E_z \cdot F_z}{l_z} \cdot \Delta$$

Im Beispiel 14 betrug der Verschiebungsweg bei allen vier Grundverschiebungen

$$\Delta = \frac{1}{Ec}$$

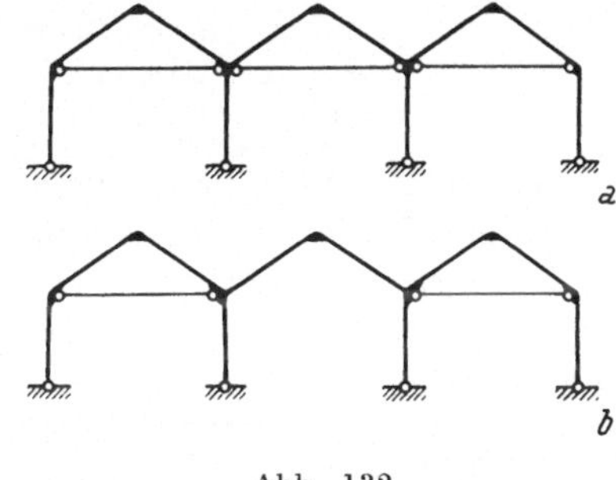

Abb. 132

Will man mit dem Verhältnis der Zugbandfläche zum Trägheitsmoment der Riegel rechnen, so ergibt sich aus

$$J = c \cdot k \cdot s; \quad \frac{1}{c} = \frac{ks}{J}$$

daher ist

$$Z = \frac{Ez}{E} \cdot \frac{Fz}{J} \cdot \frac{s}{l_z} \cdot k$$

Da der Rahmen selbst aus Stahlbeton besteht, ist $\dfrac{Ez}{E} = 10$.

Es sei $\dfrac{Fz}{J} = 0\cdot1635$.

Ferner ist $s = 7\cdot21\ m$, $l_z = 12\cdot00\ m$, $k = 2\cdot00$.
Mit diesen Werten wird

$$Z = 10 \cdot 0\cdot1635 \cdot \frac{7\cdot21}{11\cdot00} \cdot 2\cdot00 = 1\cdot965\ t$$

1. Bei einem über alle drei Felder durchgehenden Zugband tritt beim Grundverschiebungszustand der Festhaltung F_1 zusätzlich im Knoten f eine nach rechts gerichtete Kraft von $1\cdot965\ t$ auf, während dieselbe Kraft im Knoten e nach links gerichtet ist. Man erhält daher folgende Festhaltekräfte

$$P_{11} = 0\cdot617 + 1\cdot965 = +\ 2\cdot582\ t$$
$$P_{21} = -\ 0\cdot413 - 1\cdot965 = -\ 2\cdot378\ t$$
$$P_{31} = -\ 0\cdot112\ t$$
$$P_{41} = -\ 0\cdot007\ t$$

Beim Grundverschiebungszustand der Festhaltung F_2 wird das Zugband im rechten Außenfeld um Δ verkürzt, also gedrückt, im Mittelfeld erhält es Zug. Daher betragen die zusätzlichen Festhaltekräfte im Knoten g $- 1{\cdot}965\,t$, im Knoten e $+ 1{\cdot}965\,t$ vom Zugband des Außenfeldes und ebenfalls $+ 1{\cdot}965\,t$ vom Zugband des Mittelfeldes, die Festhaltung im Knoten c erhält $- 1{\cdot}965\,t$.

Die gesamten Festhaltekräfte sind daher:

$$P_{12} = - 0{\cdot}413 - 1{\cdot}965 = - 2{\cdot}378\,t$$
$$P_{22} = + 0{\cdot}922 - 2 \cdot 1{\cdot}965 = + 4{\cdot}852\,t$$
$$P_{32} = - 0{\cdot}359 - 1{\cdot}965 = 2{\cdot}324\,t$$
$$P_{42} = - 0{\cdot}112\,t$$

In den Abb. 128a bis 128d sind die Festhaltekräfte für den in allen Feldern mit Zugbändern versehenen Rahmen in runden Klammern eingetragen.

An Hand der Abb. 128 ergeben sich daher folgende Grundgleichungen:

x_1	x_2	x_3	x_4	
$- 2{\cdot}582$	$- 2{\cdot}378$	$+ 0{\cdot}112$	$+ 0{\cdot}007$	$= R_1$
$- 2{\cdot}378$	$+ 4{\cdot}852$	$+ 2{\cdot}324$	$+ 0{\cdot}112$	$= R_2$
$- 0{\cdot}112$	$- 2{\cdot}324$	$- 4{\cdot}852$	$+ 2{\cdot}378$	$= R_3$
$- 0{\cdot}007$	$- 0{\cdot}112$	$+ 2{\cdot}378$	$- 2{\cdot}582$	$= R_4$

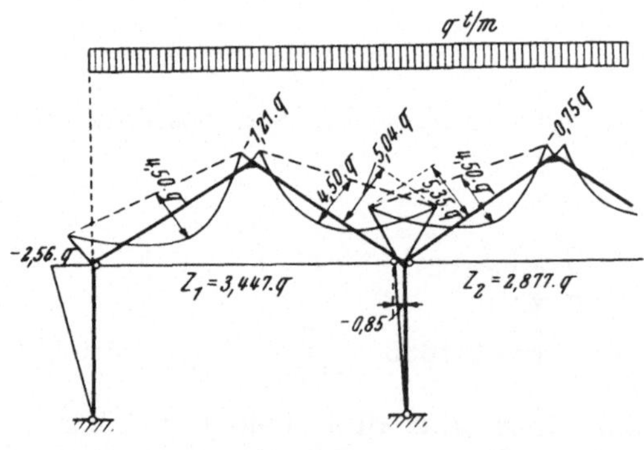

Abb. 133

Diese Gleichungen können auf demselben Weg gelöst werden wie die Grundgleichungen im Beispiel 14, sie ergeben mit den im Beispiel 14 berechneten Angriffskräften der gleichmäßig verteilten Belastung

$$x_1 = x_4 = 2{\cdot}486\,q$$
$$x_2 = x_3 = 0{\cdot}732\,q$$

Die Zugbandkräfte bei den Grundverschiebungen sind in der Abb. 128 in Klammern angegeben, ihr absoluter Betrag ist $1\cdot965\,t$ (+) bedeutet Zug, (—) Druck, (0) keine Zugbandkraft.

Die Zugbandkräfte in den Außenfeldern sind daher
$$Z_1 = 2\cdot486 \cdot 1\cdot965\,q - 0\cdot732 \cdot 1\cdot965\,q = 3\cdot447\,q$$
Im Mittelfeld ist
$$Z_2 = 2 \cdot 0\cdot732 \cdot 1\cdot965\,q = 2\cdot877\,q$$

Der Momentenverlauf ist in Abb. 133 dargestellt.

2. Werden nur in den Außenfeldern Zugbänder angeordnet, so ist der Grundverschiebungszustand von F_1 derselbe wie bei einem durchgehenden Zugband. Beim Grundverschiebungszustand von F_2 treten nur an den Knoten g und e zusätzliche Kräfte auf, bei $g - 1\cdot965\,t$, bei $e + 1\cdot965\,t$, daher sind die Festhaltekräfte
$$P_{12} = - 0\cdot413 - 1\cdot965 = - 2\cdot378\,t$$
$$P_{22} = + 0\cdot922 + 1\cdot965 = + 2\cdot887\,t$$
$$P_{32} = \qquad\qquad = - 0\cdot359\,t$$
$$P_{43} = \qquad\qquad = - 0\cdot112\,t$$

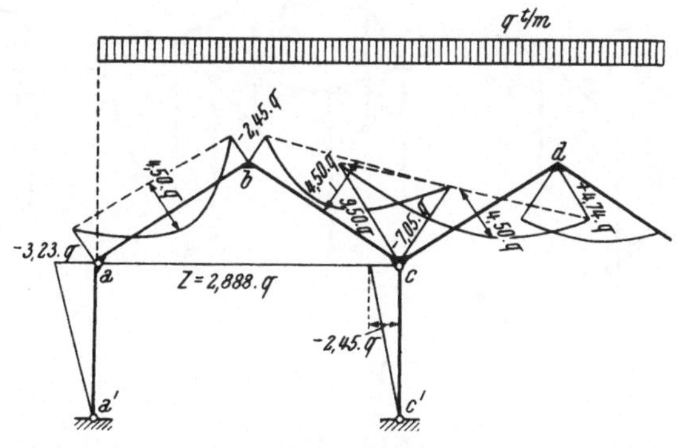

Abb. 134

Mit diesen Werten erhält man mittels der neuen Grundgleichungen bei einer gleichmäßig verteilten Belastung $q\,tm$
$$x_1 = x_4 = 4\cdot478\,q$$
$$x_2 = x_3 = 3\cdot008\,q$$

Die Zugbandkraft beträgt
$$Z = (4\cdot478 - 3\cdot008) \cdot 1\cdot965 \cdot q = 2\cdot888\,q$$

Der Momentenverlauf ist in Abb. 134 dargestellt.

Dritter Teil

Räumliche Rahmentragwerke

I. Einteilung der räumlichen Rahmentragwerke

1. Beim Rahmentragwerk nach Abb. 135 stehen die Stäbe in allen Knoten senkrecht aufeinander, sie sind daher parallel zu den Achsen eines rechtwinkeligen Koordinatensystems angeordnet.

Auch die Trägheitshauptachsen aller Stabquerschnitte sind parallel zu den Koordinatenachsen.

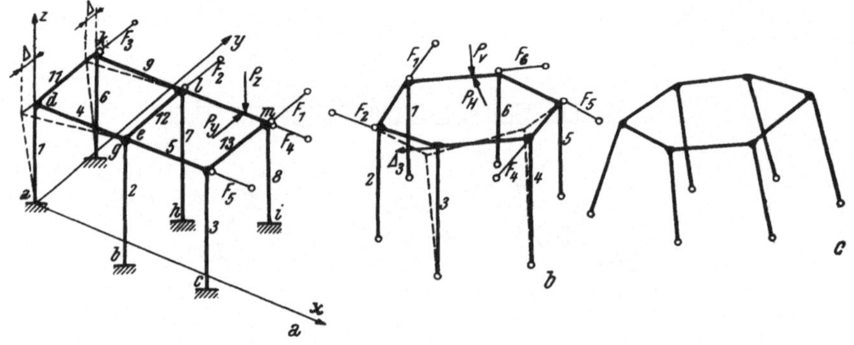

Abb. 135

2. Beim Tragwerk nach Abb. 135b liegen alle Riegel in einer Ebene, sie schließen miteinander beliebige Winkel ein. Die Stützen stehen senkrecht auf der Ebene der Riegel. Eine Hauptträgheitsachse aller Riegelquerschnitte liegt parallel zur Riegelebene.

3. Abb. 135c stellt den allgemeinsten Fall eines räumlichen Tragwerks dar; alle Stäbe schließen beliebige Winkel miteinander ein, die Riegel brauchen nicht in einer Ebene zu liegen.

Zu 1. Zur Berechnung des unverschieblichen Systems kann das Tragwerk in ebene Rahmen zerlegt werden. Parallel zueinander liegende ebene Rahmen beeinflussen sich gegenseitig nur durch die Torsionsteifigkeit der Querverbindungen.

Wird die Torsionssteifigkeit vernachlässigt, so sind die ebenen Rahmenteile bei in ihren Ebenen wirkenden Belastungen voneinander unabhängig. Rechnerisch ergibt sich dieser Umstand aus Gl. (56), S. 44. Eine gegenseitige Beeinflussung der vertikalen und horizontalen ebenen Rahmen bei Belastung in ihren Ebenen findet nicht statt, da jede Trägheitshauptachse zu einer Stabrichtung parallel ist.

Zur Berechnung dieses Rahmentyps werden daher alle Belastungen in Komponenten zerlegt, welche in die einzelnen Rahmenebenen fallen. Diese Komponenten werden von den betreffenden ebenen Rahmen allein oder bei torsionsteifen Stäben auch von den Parallelrahmen mit aufgenommen.

Z. B. wird die Kraft P_z am Stabe *10* der Abb. 135a nur vom Vertikalrahmen *g, k, l, m, i* aufgenommen. Wird die Torsionssteifigkeit der Stäbe *11*, *12* und *13* berücksichtigt, so wirkt auch der vordere Längsrahmen *a d e f c* mit. Die horizontale Kraft P_y am Stabe *10* wird nur von dem Horizontalrahmen aufgenommen, wobei die Stützen nur auf Torsion beansprucht werden.

Die Torsionssteifigkeit aller Rahmenstäbe kann, wie auf S. 121 gezeigt wird, unmittelbar beim Ausgleich der Momente berücksichtigt werden.

Die Festhaltekräfte des räumlichen Tragwerks erhält man als Summe der Festhaltekräfte aller ebenen Rahmen, welche den Festhaltepunkt als gemeinsamen Knoten besitzen.

Bei Durchführung einer Grundverschiebung ergibt sich ein analoges Verhalten des räumlichen Tragwerks. Die einzelnen ebenen Rahmen werden nur in ihren Ebenen verformt. Der Zusammenhang zueinander paralleler Rahmen durch torsionsteife Querverbindungen kann unmittelbar beim Momentenausgleich berücksichtigt werden.

Zu 2. Beim Rahmen nach Abb. 135b erzeugt im unverschieblichen System eine auf einen Riegel wirkende Horizontalkraft nur Momente in der Riegelebene und Torsionsmomente in den Stützen. Die Stützen werden nicht auf Biegung beansprucht, da sie senkrecht zur Riegelebene stehen.

Eine vertikale, auf einen Riegel wirkende Kraft muß jedoch auch im unverschieblichen System vom räumlichen Rahmentragwerk aufgenommen werden. Die Momente drehen jedoch nur um die horizontalen Hauptträgheitsachsen der Riegelquerschnitte. Die Wirkungsebenen dieser Momente stehen daher senkrecht zur Riegelebene. Diese Tatsache vereinfacht die Berechnung des Tragwerks und ermöglicht einen räumlichen Momentenausgleich, welcher im 5. Abschnitt behandelt wird.

Die Festhaltekräfte setzen sich aus den Festhaltekräften des ebenen, aus den Riegeln bestehenden Rahmens und den Festhaltekräften des beschriebenen räumlichen Tragwerks zusammen.

Bei Durchführung einer Grundverschiebung ergibt sich ein analoges Verhalten des ebenen und des räumlichen Teiltragwerks.

Zu 3. Die allgemeinste Form des räumlichen Rahmentragwerks ermöglicht keine unmittelbare Vereinfachung der Berechnung, doch läßt sich unter gewissen Voraussetzungen eine allgemeinste Rahmenform dem Verhalten nach in eine Rahmenform nach Abb. 135a, bzw. 135b umwandeln.

Es erscheint zweckmäßig, die räumlichen Rahmentragwerke in drei Gruppen einzuteilen, deren charakteristische Vertreter die Rahmenformen der Abb. 135 sind. Im folgenden werden daher Rahmen mit nur senkrecht aufeinander stehenden Stäben als *räumliche Rahmentragwerke erster Ordnung*, Rahmen mit in einer Ebene liegenden und dazu senkrechten Stäben als *räumliche Rahmentragwerke zweiter Ordnung*; alle übrigen Rahmenformen als *räumliche Rahmentragwerke dritter Ordnung* bezeichnet.

Schließlich treten häufig Rahmentragwerke auf, die durch Scheiben, z. B. Decken, ausgesteift sind, wodurch sich Vereinfachungen bei der Berechnung ergeben. Diese Tragwerke werden auf S. 171 behandelt.

II. Räumliche Rahmentragwerke erster Ordnung

Zahlenbeispiel 16

Das in Abb. 136 dargestellte räumliche Rahmentragwerk ist nach Abb. 137a durch eine horizontale Kraft von 25 t in der Rahmenecke d, sowie nach Abb. 137b durch eine schräge Einzellast am

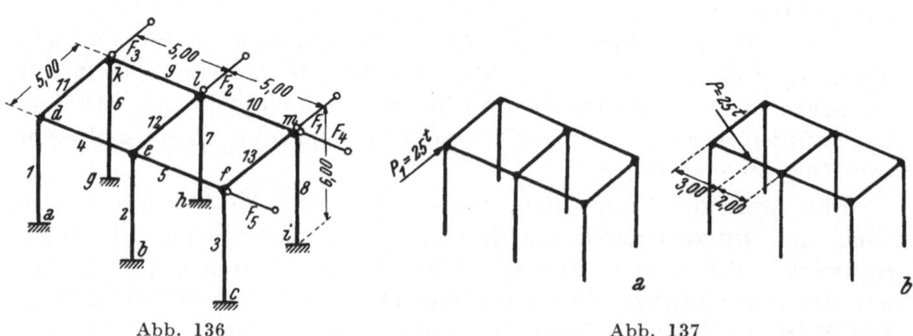

Abb. 136   Abb. 137

Riegel *4* belastet. Diese Einzellast schließt mit den drei Richtungen der Rahmenstäbe gleiche Winkel ein, daher betragen ihre Komponenten in jeder Richtung je $\dfrac{25 \cdot 00}{\sqrt{3}} = 14 \cdot 434\ t$. Die Stabquerschnitte, Stablängen, Trägheitsmomente und die relativen Stabsteifigkeiten sind in der Tabelle 1 zusammengestellt. In $J = c \cdot k \cdot s$ nach Gl. (14) wird $c = 10^{-3}$ angenommen. Die Torsionssteifigkeit der Stäbe wird nicht berücksichtigt.

Die relativen Stabsteifigkeiten in den ebenen Teilrahmen sind in Abb. 138a bis 138d eingetragen.

In Abb. 136 sind die fünf Festhaltungen ersichtlich, welche die Unverschieblichkeit aller Knoten im Raume bei jeder möglichen Belastung verhindern.

Infolge der Symmetrien des Tragwerkes sind die Verschiebungszustände der Festhaltungen F_1 und F_3 sowie F_4 und F_5 paarweise spiegelgleich, es sind daher nur drei verschiedene Grundverschiebungszustände zu berechnen.

Die Abb. 139 bis 141 zeigen die Einspannungsmomente dieser Grundverschiebungszustände für den Rahmen mit verschieblichen, aber unverdrehbaren Knoten. Da alle Stäbe beiderseits eingespannt sind, sind die Einspannungsmomente mittels der Formel (31a) zu berechnen.

Tabelle 1

Stäbe	Querschnitt cm	Stablänge S m	Trägheitsmomente $m^4 \cdot 10^{-3}$	$c = 10^3$ $k = \dfrac{J}{c \cdot s}$
Stiele 1, 3, 6 u. 8		6,00	$J_1 = 20{,}01$	$k_1 = 3{,}34$
			$J_2 = 20{,}01$	$k_2 = 3{,}34$
Stiele 2 u. 7		6,00	$J_1 = 42{,}53$	$k_1 = 7{,}09$
			$J_2 = 25{,}73$	$k_2 = 4{,}29$
Riegel 4, 5, 9 u. 10		5,00	$J_1 = 50{,}00$	$k_1 = 10{,}00$
			$J_2 = 18{,}00$	$k_2 = 3{,}60$
Riegel 11 u. 13		5,00	$J_1 = 58{,}33$	$k_1 = 11{,}67$
			$J_2 = 28{,}58$	$k_2 = 5{,}72$
Riegel 12		5,00	$J_1 = 100{,}80$	$k_1 = 20{,}16$
			$J_2 = 34{,}30$	$k_2 = 6{,}86$

Man erhält im Grundverschiebungszustand von F_1 um Δ (Abb. 139) für die Stäbe *3* und *8* als Stäbe des äußeren Querrahmens mit den Stabsteifigkeiten nach Abb. 138d

$$M_E = 6\ E\ c\ k\ \frac{\Delta}{s} = 6\ E\ c \cdot 3 \cdot 34\ \frac{\Delta}{6 \cdot 00} = 3 \cdot 34\ E\ c\ \Delta$$

und für die Stäbe *5* und *10* als Stäbe des Horizontalrahmens mit den Steifigkeiten nach Abb. 138a

$$M_E = 6\ E\ c \cdot 3 \cdot 60 \cdot \frac{\Delta}{5 \cdot 00} = 4 \cdot 32\ E\ c\ \Delta$$

Der Grundverschiebungszustand von F_2 ergibt für die Stäbe *2* und *7* nach Abb. 140 (Steifigkeiten nach Abb. 138b)

$$M_E = 6\ E\ c \cdot 7 \cdot 09 \cdot \frac{\Delta}{6 \cdot 00} = 7 \cdot 09\ E\ c\ \Delta$$

und für die Stäbe *4, 5, 9* und *10* (Steifigkeiten nach Abb. 138a)

$$M_E = 6\ E\ c \cdot 3 \cdot 60 \cdot \frac{\Delta}{5 \cdot 00} = 4 \cdot 32\ E\ c\ \Delta$$

Schließlich betragen beim Grundverschiebungszustand von F_4 die Momente in den Stäben *6* und *8* nach Abb. 141 (Steifigkeiten nach Abb. 138c)

$$M_E = 6\,E\,c \cdot 3\cdot34 \cdot \frac{\varDelta}{6\cdot00} = 3\cdot34\,E\,c\,\varDelta$$

im Stab *7* (Steifigkeit nach Abb. 138c)

$$M_E = 6\,E\,c \cdot 4\cdot29 \cdot \frac{\varDelta}{6\cdot00} = 4\cdot290\,E\,c\,\varDelta$$

in den Stäben *11* und *13* (Stabsteifigkeiten nach Abb. 138a)

$$M_E = 6\,E\,c \cdot 5\cdot72\,\frac{\varDelta}{5\cdot00} = 6\cdot864\,E\,c\,\varDelta$$

und im Stab *12* (Stabsteifigkeit nach Abb. 138a)

$$M_E = 6\,E\,c \cdot 6\cdot86\,\frac{\varDelta}{5\cdot00} = 8\cdot232\,E\,c\,\varDelta$$

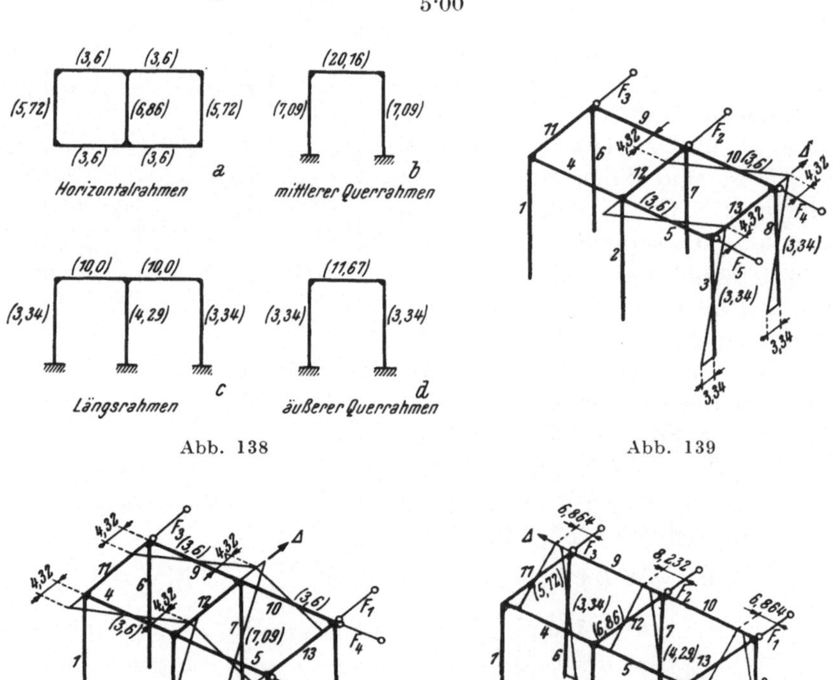

Abb. 138

Abb. 139

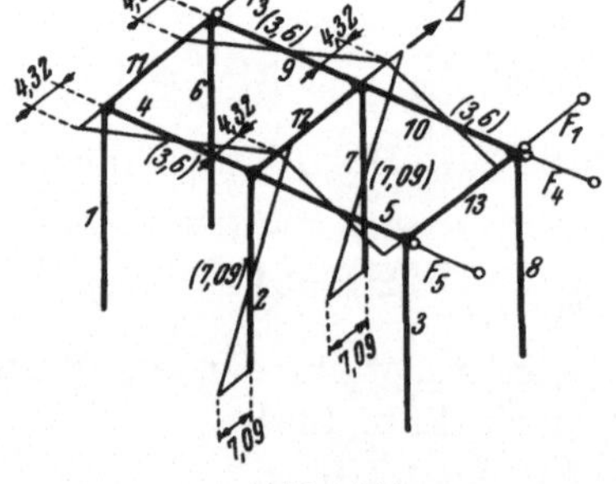

Abb. 140

Abb. 141

In den Vertikal- und den Horizontalrahmen sind die Momente auszugleichen. Mittels der ausgeglichenen Momente können die

Festhaltekräfte der ebenen Teilrahmen berechnet werden. Werden diese Kräfte an jeder Festhaltung summiert, so erhält man die Festhaltekräfte des räumlichen Rahmentragwerks. Sie bilden die Kräftegruppe des betreffenden Grundverschiebungszustandes.

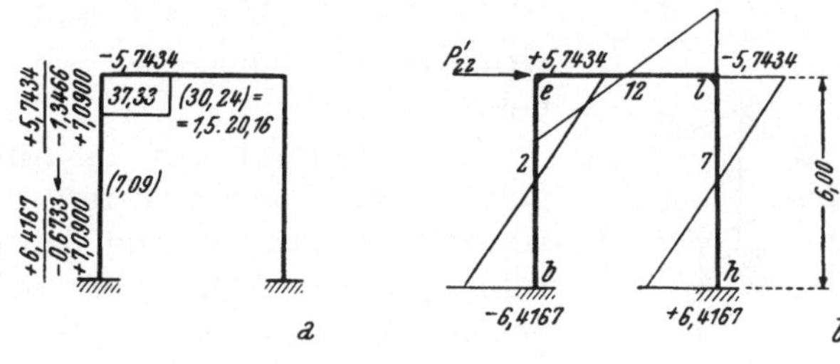

Abb. 142

Für den Grundverschiebungszustand von F_2 enthält die Abb. 142a den Momentenausgleich im Vertikalrahmen. Die Abb. 142b stellt sein Ergebnis mit den in der Statik üblichen Momentenvorzeichen dar. In Abb. 143a werden die Momente im Horizontalrahmen ausgeglichen. Abb. 143b enthält das Ergebnis des Ausgleiches.

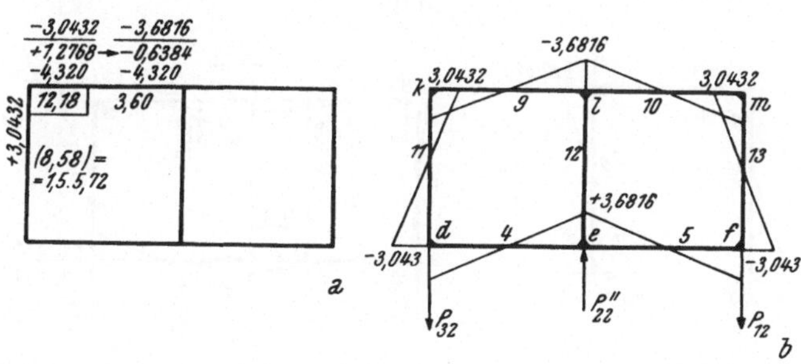

Abb. 143

Für den vertikalen Querrahmen erhält man aus Abb. 142b die Festhaltekraft

$$P_{22}' = 2 \cdot \frac{6 \cdot 4167 + 5 \cdot 7434}{6 \cdot 00} = 4 \cdot 053 \ t$$

Die Festhaltekräfte des Horizontalrahmens ergeben sich aus Abb. 143b mit:

$$P_{12} = P_{32} = -2 \cdot \frac{3 \cdot 0432 + 3 \cdot 6816}{5 \cdot 00} = 2 \cdot 690 \ t$$

und

$$P_{22}'' = -2 P_{12} = 5 \cdot 380 \ t$$

Insgesamt beträgt daher die Festhaltekraft

$$P_{22} = P_{22}' + P_{22}'' = 4{\cdot}053 + 5{\cdot}380 = 9{\cdot}433 \ t$$

Die Kräftegruppe der Grundverschiebung von F_2 setzt sich daher aus den in Abb. 144 dargestellten Kräften zusammen.

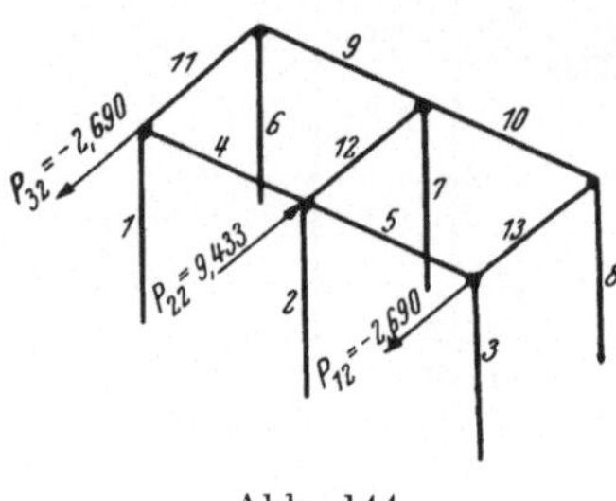

Abb. 144

In der gleichen Art sind die übrigen Grundverschiebungszustände zu behandeln.

Der Ausgleich der in Abb. 139 eingetragenen Momente liefert für den vertikalen Querrahmen und den Horizontalrahmen die in Abb. 145a und 145b dargestellten Momente.

Daher setzt sich die Kräftegruppe der Grundverschiebung von F_1 wie folgt zusammen:

Aus Abb. 145a folgt

$$P_{11}' = 2 \cdot \frac{3{\cdot}0724 + 2{\cdot}8047}{6{\cdot}00} = 1{\cdot}959 \ t$$

Aus Abb. 145b ergibt sich

$$P_{11}'' = 2 \cdot \frac{2{\cdot}9578 + 2{\cdot}7679}{5{\cdot}00} = 2{\cdot}290 \ t$$

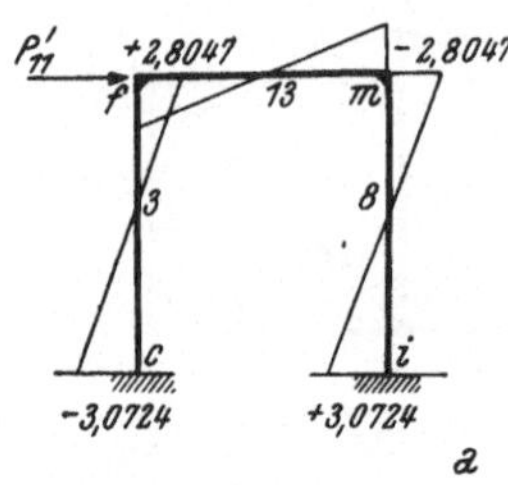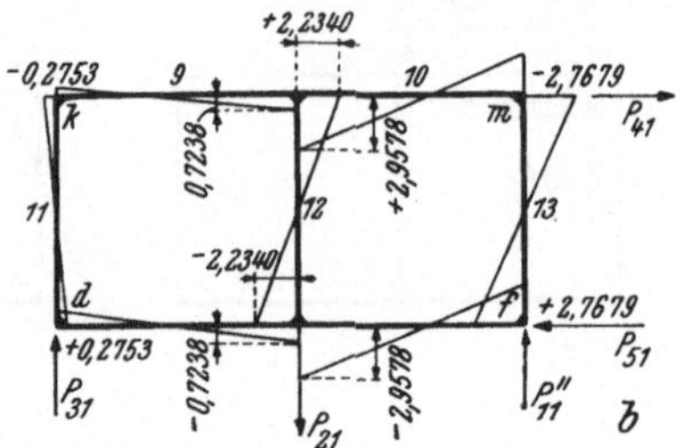

Abb. 145

Daher ist

$$P_{11} = P_{11}' + P_{11}'' = 4{\cdot}249 \ t$$

weiters ist aus Abb. 145b

$$P_{31} = 2 \cdot \frac{0{\cdot}2753 + 0{\cdot}7238}{5{\cdot}00} = 0{\cdot}400 \ t$$

und

$$P_{21} = - P_{11}'' - P_{31} = - 2{\cdot}690 \ t$$

In der Längsrichtung des horizontalen Rahmens erhält man (Abb. 145b)

$$P_{41} = - P_{51} = - 2 \cdot \frac{2{\cdot}7679 + 2{\cdot}2340 - 0{\cdot}2753}{5{\cdot}00} = - 1{\cdot}891 \ t$$

In Abb. 146 ist diese Kräftegruppe dargestellt.

Die ausgeglichenen Momente der Abb. 141 des Grundverschiebungszustandes der Festhaltung F_4 enthält Abb. 147a und 147b. Aus Abb. 147a ergibt sich als Festhaltekraft des vertikalen Längsrahmens:

$$P_{44}' = \frac{2\,(2{\cdot}6125 + 2{\cdot}9762) + 3{\cdot}9168 + 4{\cdot}1035}{6{\cdot}00} = 3{\cdot}200\ t$$

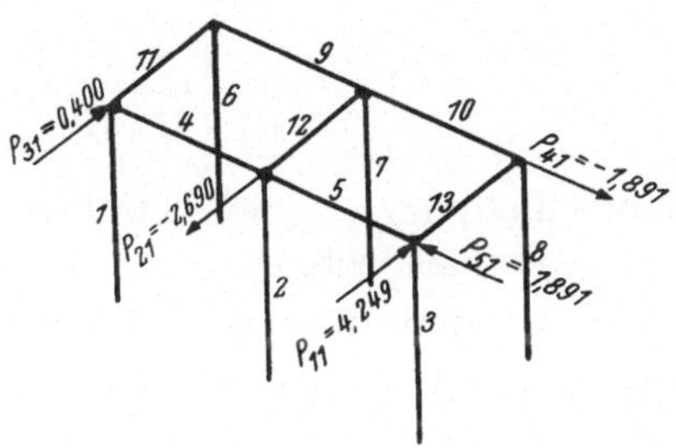

Abb. 146

Die Festhaltekräfte des Horizontalrahmens sind (Abb. 147b)

$$P_{44}'' = -\,P_{54} = 2 \cdot \frac{2 \cdot 2{\cdot}4926 + 4{\cdot}4680}{5{\cdot}00} = 3{\cdot}781\ t$$

$$P_{34} = -\,P_{14} = 2 \cdot \frac{2{\cdot}2340 + 2{\cdot}4926}{5{\cdot}00} = 1{\cdot}891\ t$$

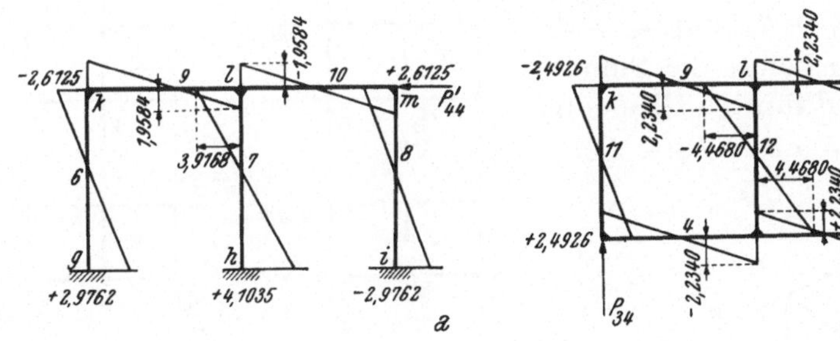

Abb. 147

Daher ist

$$P_{44} = P_{44}' + P_{44}'' = 6{\cdot}981\ t$$

An der Festhaltung F_2 tritt keine Kraft auf.

Die Kräftegruppen des Grundverschiebungszustandes von F_1 sind in Abb. 148 dargestellt.

Alle Kräftegruppen der fünf Grundverschiebungszustände sind in Abb. 149a bis 149e zusammengestellt.

In Abb. 149f sind die möglichen Angriffskräfte eingetragen.
An Hand der Abb. 149 ergeben sich folgende Grundgleichungen:

	x_1	x_2	x_3	x_4	x_5	
1	$4{\cdot}249$	$-\,2{\cdot}690$	$+\,0{\cdot}400$	$-\,1{\cdot}891$	$+\,1{\cdot}891$	$=R_1$
2	$-\,2{\cdot}690$	$+\,9{\cdot}433$	$-\,2{\cdot}690$	—	—	$=R_2$
3	$+\,0{\cdot}400$	$-\,2{\cdot}690$	$+\,4{\cdot}249$	$+\,1{\cdot}891$	$-\,1{\cdot}891$	$=R_3$
4	$-\,1{\cdot}891$	—	$+\,1{\cdot}891$	$+\,6{\cdot}981$	$-\,3{\cdot}781$	$=R_4$
5	$+\,1{\cdot}891$	—	$-\,1{\cdot}891$	$-\,3{\cdot}781$	$+\,6{\cdot}981$	$=R_5$

Da alle Grundverschiebungen gleich groß sind, ist die Matrix
der Grundgleichungen symmetrisch.

Die Summe der ersten und dritten Gleichung ergibt
$$4{\cdot}649\,(x_1 + x_3) - 5{\cdot}380\,x_2 = R_1 + R_3$$
Die zweite Gleichung lautet:
$$-\,2{\cdot}690\,(x_1 + x_3) + 9{\cdot}433\,x_2 = R_2$$
Aus diesen beiden Gleichungen kann $x_1 + x_3$ und x_2 berechnet
werden. Die dritte Gleichung von der ersten und die fünfte von
der vierten abgezogen, ergibt:
$$3{\cdot}849\,(x_1 - x_3) - \quad 3{\cdot}782\,(x_4 - x_5) = R_1 - R_3$$
$$-\,3{\cdot}782\,(x_1 - x_3) - 10{\cdot}762\,(x_4 - x_5) = R_4 - R_5$$

Aus diesen beiden Gleichungen
erhält man $x_1 - x_3$ und $x_4 - x_5$.

Schließlich liefert die Summe
der vierten und fünften Gleichung
$$3{\cdot}200\,(x_4 + x_5) = R_4 + R_5$$

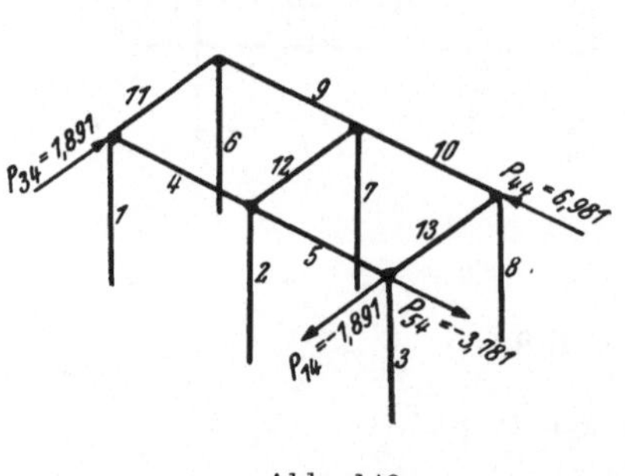

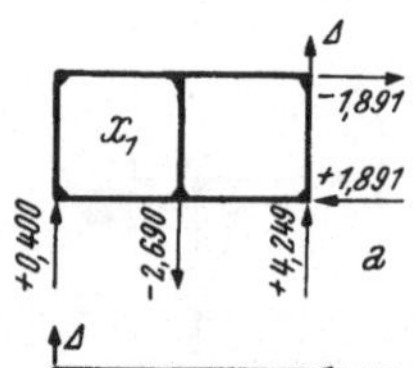

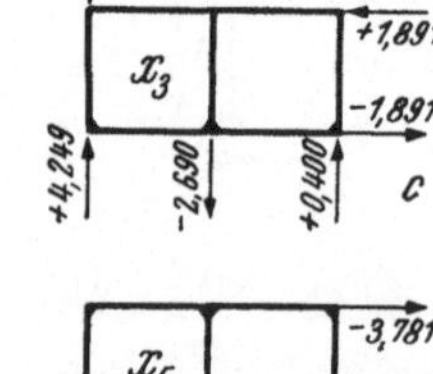

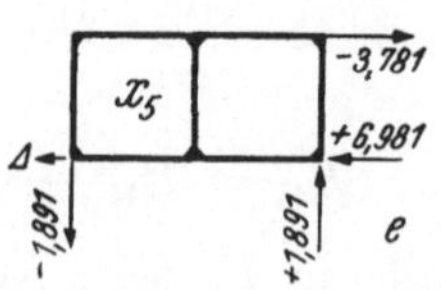

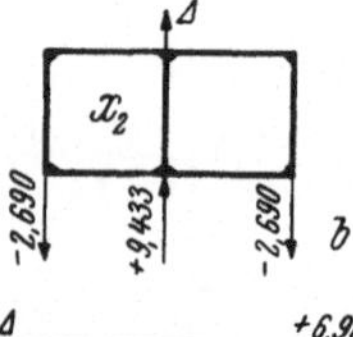

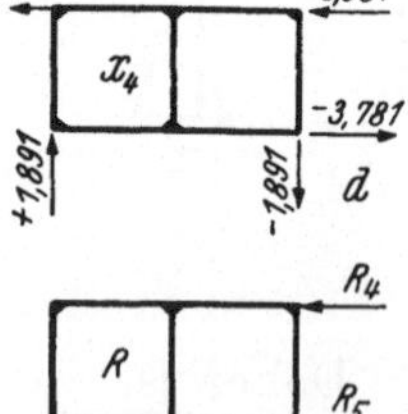

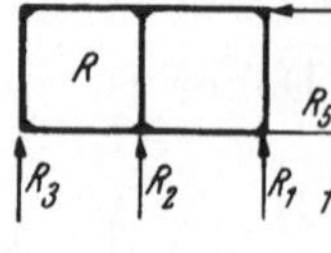

Abb. 148   Abb. 149

Infolge der Symmetrie des Tragwerkes zerfallen die fünf Grundgleichungen in drei voneinander unabhängige Gleichungssätze, welche

der Anwendung des Belastungsumformungsverfahrens entsprechen. Es ergeben sich somit die Vorteile der Belastungsformung von selbst.

Bei der Belastung durch eine waagrechte Kraft von $25\,t$ nach Abb. 137a ist $R_1 = R_2 = R_4 = R_5 = 0$ und $R_3 = P = 25\,t$.

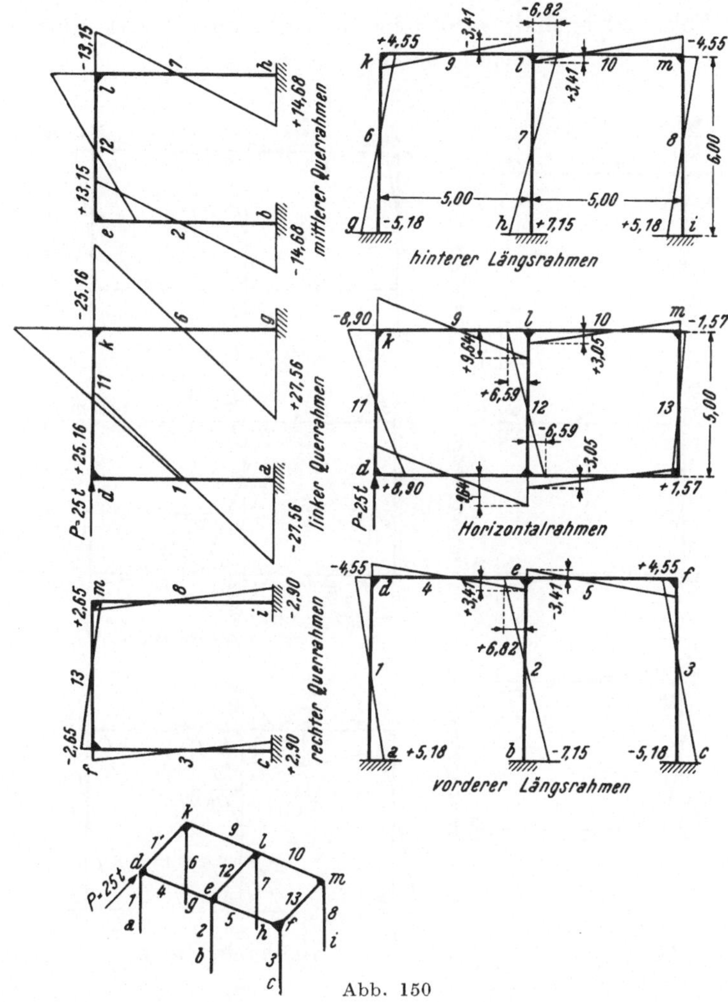

Abb. 150

Mit diesen Werten erhält man aus obigen Gleichungen

$$x_2 = 2{\cdot}289, \quad x_1 + x_3 = +\,8{\cdot}026, \quad \text{daraus ist } x_1 = -\,0{\cdot}945$$
$$x_1 - x_3 = -\,9{\cdot}916 \qquad\qquad x_3 = +\,8{\cdot}971$$

und

$$x_4 - x_5 = 3{\cdot}484, \quad \text{daraus ist } x_4 = -\,1{\cdot}742$$
$$x_4 + x_5 = 0 \qquad\qquad x_5 = +\,1{\cdot}742$$

Die Momente ergeben sich nach Gl. (2). Z. B. erhält man für das Moment des Stabes *4* am Knoten *d*

$$M_{d4} = 0{\cdot}2753 \cdot x_1 - 3{\cdot}0432 \cdot x_2 + 2{\cdot}7655 \cdot x_3 + 2{\cdot}4926 \cdot x_4 +$$
$$+ 2{\cdot}4926 \cdot x_5 = 8{\cdot}90 \; tm$$

Die Abb. 150 enthält sämtliche im Rahmentragwerk auftretende Momente bei der Belastung nach Abb. 137a.

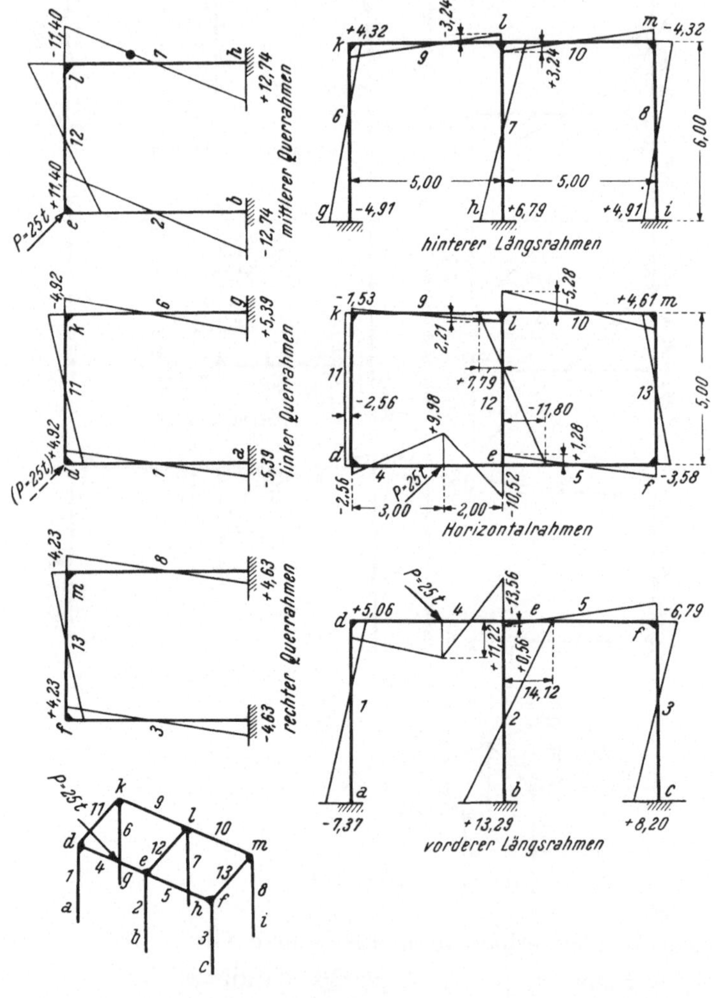

Abb. 151

Die Gleichgewichtsbedingungen müssen natürlich an allen Knotenpunkten erfüllt sein.

Am Knoten d (Abb. 150) ergibt der linke Querrahmen

$$Q' = 2 \cdot \frac{27 \cdot 56 + 25 \cdot 16}{6 \cdot 00} = 17 \cdot 57 \, t$$

Die Querkraft der Stäbe 4 und 9 beträgt:

$$Q'' = 2 \cdot \frac{8 \cdot 90 + 9 \cdot 64}{5 \cdot 00} = 7 \cdot 42 \, t$$

Zusammen ist, da die Summe der Querkräfte aller einen Knoten bildenden Stäbe gleich der Angriffskraft sein muß

$$Q = Q' + Q'' = 17 \cdot 57 + 7 \cdot 42 = 24 \cdot 99 \sim 25 \cdot 0 \, t$$

Dies stimmt mit der Belastung des Tragwerks überein.

Die Querkraftsumme der Stäbe 1, 2 und 3 des vorderen Längsrahmens beträgt:

$$Q' = \frac{2 \, (4 \cdot 55 + 5 \cdot 18) + 7 \cdot 15 + 6 \cdot 82}{6 \cdot 00} = 5 \cdot 57 \, t$$

Die Querkraftsumme der Stäbe 11, 12 und 13 muß dieselbe Kraft mit entgegengesetztem Richtungssinn ergeben, da in den Knoten d, e und f in Richtung der Stäbe 4 und 5 keine Angriffskraft wirkt:

$$\text{Es ist } Q'' = - 2 \cdot \frac{8 \cdot 90 + 6 \cdot 59 - 1 \cdot 57}{5 \cdot 00} = - 5 \cdot 57 \, t$$

Beim Belastungsfall nach Abb. 137b ergeben sich die Momente aus der Summe der Momente des unverschieblichen Systems und der Momente des verschieblichen Systems, dessen Angriffskräfte gleich groß, aber entgegengesetzt gerichtet sind wie die Festhaltekräfte des unverschieblichen Systems.

In Abb. 151 ist der Momentenverlauf bei dieser Belastung dargestellt.

III. Ausgleich von Biegungs- und Torsionsmomenten in räumlichen Rahmentragwerken erster Ordnung

1. Grundlagen

Weder im Tragwerk mit unverschieblichen und unverdrehbaren Knoten noch im Tragwerk mit verschieblichen, aber unverdrehbaren Knoten können Torsionsmomente entstehen.

Erst der Momentenausgleich weckt den Torsionswiderstand der Stäbe.

Ein Stab mit der Länge s und dem Drillungswiderstand J_d ist nach Abb. 152 an einem Ende fest eingeklemmt. Wird der Stab

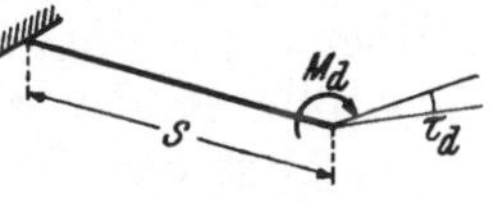

Abb. 152

an seinem freien Ende durch ein Torsionsmoment belastet, so verdreht sich das freie Ende um den Winkel

$$\tau_d = \frac{M}{G \cdot J_d} \cdot s \tag{81}$$

G ist der Schubmodul; zwischen ihm und dem Elastizitätsmodul besteht folgende Beziehung:

$$G = \frac{E}{2\,(1 + \nu)}$$

ν ist die Querdehnungszahl, der reziproke Wert der Poissonschen Zahl. ν beträgt bei Metallen zirka $0\cdot3$, bei Beton annähernd Null. Als Mittelwert wurde beim ersten Kongreß der Int. Vereinigung für Brückenbau und Hochbau, Paris 1932, $\nu = \frac{1}{6}$ vorgeschlagen. Mit diesen Werten ist bei Stahl

$$G = \frac{E}{2 \cdot (1 + 0\cdot3)} = \frac{2,100.000}{2\cdot6} = 810\,000 \; kg/cm^2$$

bei Beton

$$G = \frac{E}{2} \; \text{bis} \; \frac{E}{2\cdot33}$$

Der Drillungswiderstand J_d beträgt bei Rechteckquerschnitten nach Bach

$$J_d = \Psi\, b^3\, h = \frac{1}{3\,n} \left(n - 0\cdot630 + \frac{0\cdot052}{n^4} \right) b^3\, h \qquad (82)$$

b ist die kleinere Seite des Rechteckes, h seine größere Seite, n ist das Verhältnis der Höhe zur Breite:

$$n = \frac{h}{b}$$

Bei quadratischem Querschnitt ist

$$J_d = \frac{b^3\, h}{7\cdot11} \qquad (83)$$

Setzt sich ein Querschnitt aus mehreren Rechtecken zusammen, so ist der Drillungswiderstand des Gesamtquerschnittes gleich der Summe der Drillungswiderstände der einzelnen Rechtecke. Dies gilt jedoch nicht bei geschlossenen Querschnitten.

Das Torsionsmoment erzeugt in den Stabquerschnitten Schubspannungen, deren Größtwerte bei einem Rechteckquerschnitt in den Randfasern der schmäleren Seiten auftreten. Da die Schubspannung in den Schnitten senkrecht zur Schubspannungsrichtung ebenso groß wie in den betreffenden Querschnittpunkten sind, verursacht die ungleichmäßige Verteilung der Schubspannungen eine Verwölbung der Querschnitte. Wird diese Verwölbung verhindert, so erzeugt das Torsionsmoment auch zusätzliche Normalspannungen und der Verdrehungswinkel infolge des Momentes M_d ist kleiner als der Wert, welchen die Formel (83) liefert.

Der reziproke Wert des Verdrehungswinkels eines an einem Ende gelenkig gelagerten Stabes infolge des Momentes $M_d = 1$ an der Gelenkstelle ist die Stabsteifigkeit des Torsionsstabes. Nach Gl. (7) verteilt sich ein an einem Knoten angreifendes Moment im

Verhältnis der Stabsteifigkeiten auf die einzelnen Stäbe. Der Stab *1*
in Abb. 153 steht auf der Ebene der Stäbe *2* und *3* senkrecht. Im
Knoten *a* greift ein Moment an, dessen
Wirkungsebene mit der Ebene der beiden
Stäbe *2* und *3* zusammenfällt.

Die Steifigkeiten der Stäbe *2* und *3* seien
$\dfrac{1}{\tau_2}$ und $\dfrac{1}{\tau_3}$.

Der Verdrehungswinkel des Stabes *1* infolge
eines Torsionsmomentes $M = 1$ an seinem
frei gelagert gedrehten Ende am Knoten *a*
sei τ_{d11}.

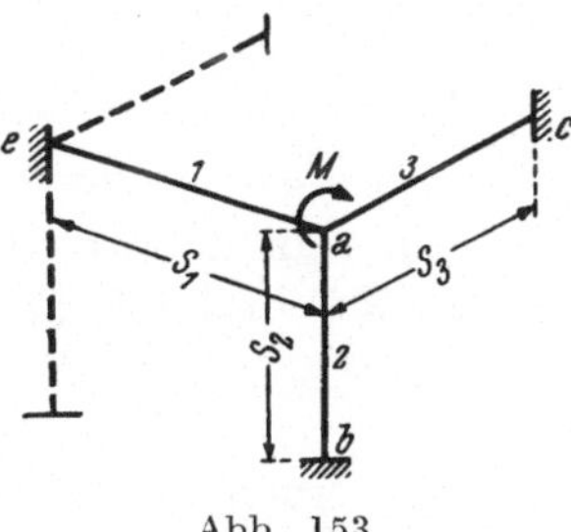

Abb. 153

$\dfrac{1}{\tau_{d1}}$ ist daher die Stabsteifigkeit des Stabes *1* bei Beanspruchung
auf Torsion. Sind die Stäbe bei *b*, *c* und *e* fest und unverdrehbar
eingespannt, so verteilt sich das Moment M nach Gl. (7) wie folgt
auf die Stäbe *1*, *2* und *3*

$$M_{d1} = - \frac{\dfrac{1}{\tau_{d1}}}{\dfrac{1}{\tau_2} + \dfrac{1}{\tau_3} + \dfrac{1}{\tau_{d1}}} M$$

$$M_2 = - \frac{\dfrac{1}{\tau_2}}{\dfrac{1}{\tau_2} + \dfrac{1}{\tau_3} + \dfrac{1}{\tau_{d1}}} M$$

$$M_3 = - \frac{\dfrac{1}{\tau_3}}{\dfrac{1}{\tau_2} + \dfrac{1}{\tau_3} + \dfrac{1}{\tau_{d1}}} M$$

Der Stab *1* leitet das Moment M_{d1} zum Knoten *e*.

Im Parallelrahmen versucht es den Knoten *e* im Uhrzeigersinn
zu verdrehen, ist also ein positives Moment. Die Übergangszahl
beträgt daher im Sinne der Vorzeichenregel des Crossschen Verfahrens

$$\mu_d = - 1 \tag{84}$$

Im Knoten *e* kann das Moment M_{d1} wieder zum Ausgleich gebracht
werden, wobei ein Anteil dieses Momentes nach Gl. (7) zum Knoten *a*
mit $\mu_d = - 1$ zurückkommt, dort kann der Ausgleich wiederholt
werden usw., bis der gewünschte Grad der Genauigkeit des Momentenausgleiches erreicht ist.

$\mu_d = - 1$ gilt sowohl bei Rahmen mit Stäben, deren Trägheits-
momentenverlauf veränderlich ist, als auch bei Rahmen, deren
Stäbe konstanten Querschnitt besitzen.

Im letzten Falle wird bei ebenen Rahmen nach Gl. (14) mit den Stabsteifigkeiten $k = \dfrac{J}{c \cdot 1}$ oder Relativwerten der Stabsteifigkeiten gerechnet.

Es ist daher erforderlich, den entsprechenden Steifigkeitswert für die auf Torsion beanspruchten Stäbe zu ermitteln.

Für einen auf Biegung beanspruchten Stab ergibt sich nach Abb. 154 und Gl. (13)

$$k = \frac{1}{\tau} = \frac{4\,E\,J}{s} = \frac{J}{c \cdot s} \tag{85}$$

Für einen auf Torsion beanspruchten Stab ist nach Gl. (81) für $M = 1$

$$k_d = \frac{1}{\tau_d} = \frac{G \cdot J_d}{s} \tag{86}$$

aus Gl. (85) folgt

$$E = \frac{1}{4\,c} \tag{87}$$

Wird in Gl. (86) der Zähler mit $\dfrac{1}{4\,c}$, der Nenner mit E, also gleichen Faktoren, multipliziert, so erhält man

$$k_d = \frac{1}{\tau_d} = \frac{G\,\dfrac{J_d}{4\,c}}{E\,s} = \frac{G \cdot J_d}{4\,E\,c\,s} \tag{88}$$

Bei Stahlbeton wird mit $G \sim \dfrac{E}{2}$

$$k_d = \frac{J_d}{8\,c\,s} \tag{89}$$

Beim Ausgleich der Momente können natürlich alle Vereinfachungen, die sich bei Rahmensymmetrie ergeben, verwertet werden.

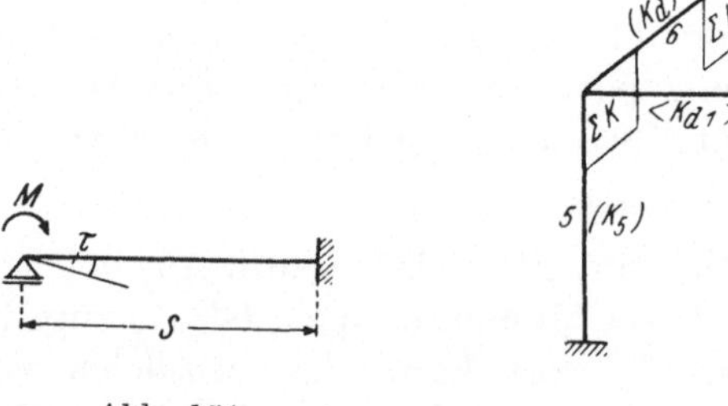

Abb. 154　　　　　　　　　　　　　　　Abb. 155

Es ist zweckmäßig, die k_d-Werte, z. B. wie Abb. 155 durch eine besondere Klammerform, in der Skizze, in der der Momentenausgleich erfolgt, kenntlich zu machen, da für die auf Torsion beanspruchten

Stäbe die Abklingungszahl $\mu = -\,1$ ist, während bei den auf Biegung beanspruchten Stäben mit $\mu = \dfrac{1}{2}$ zu rechnen ist.

2. Der Einfluß der Torsionssteifigkeit auf das Berechnungsergebnis

Die offenen Stabquerschnitte des Stahlbaues besitzen eine kleine Torsionssteifigkeit, daher hat ihre Berücksichtigung meist keinen nennenswerten Einfluß auf das Berechnungsergebnis. Bei kurzen Stäben, namentlich mit zweiflanschigen Querschnitten, kann sich die Wölbkrafttorsion bemerkbar machen.

Die gedrungenen Stäbe des Stahlbetonbaues sind wesentlich torsionssteifer. Das Verhältnis der Torsionssteifigkeit zur Biegungssteifigkeit ist aber auch hier noch klein, weshalb der Unterschied der rechnerischen Beanspruchung der Tragwerksteile bei Berücksichtigung und Vernachlässigung der Torsionssteifigkeit der Stäbe mehr den Charakter einer Nebenspannung hat, wenn nicht die Belastung, wie z. B. beim zweiten Belastungsfall des Zahlenbeispieles 17 (Abb. 164), den Torsionswiderstand der Stäbe geradezu herausfordert.

Bei einem Plattenbalkenquerschnitt sind die Verhältnisse etwas günstiger als beim Rechteckquerschnitt.

Während die Druckplatte einen wesentlichen Beitrag zum Trägheitsmoment liefert und daher die Biegesteifigkeit erhöht, ist ihr Anteil am Drillungswiderstand, bedingt durch die kleine Plattendicke, nicht groß.

Das Verhältnis der Torsionssteifigkeit zur Biegesteifigkeit der Stäbe gibt einen gewissen Anhalt für die Größe des Einflusses der Torsionssteifigkeit der Stäbe auf das Berechnungsergebnis. Aus Gl. (89) und (85) ergibt sich bei Stahlbeton das Verhältnis

$$\varphi = \frac{k_d}{k} = \frac{1}{8}\,\frac{J_d}{J} \tag{90}$$

Bei rechteckigen Querschnitten erhält man die in der Tabelle 2 angegebenen Werte. Der obere Wert φ_1 bezieht sich auf das größere, der untere φ_2 auf das kleinere Hauptträgheitsmoment des Rechteckquerschnittes. Auf Grund der Formel (82) ist

$$\varphi_1 = \frac{1}{8}\,\frac{\psi\,b^3\,h}{\dfrac{b\,h^3}{12}} = 1{\cdot}5\cdot\psi\,\frac{b^2}{h^2} = \frac{1{,}5\,\psi}{n^2}$$

und

$$\varphi_2 = \frac{1}{8}\,\frac{\psi\,b^3\,h}{\dfrac{b^3\,h}{12}} = 1{\cdot}5\,\psi$$

Tabelle 2

$n = \dfrac{h}{b}$	1	1·5	2	2·5	3
ψ	0·140	0·196	0·229	0·250	0·263
φ_1	0·211	0·130	0·086	0·060	0·044
φ_2	0·211	0·294	0·344	0·376	0·395
$\dfrac{\varphi_1 + \varphi_2}{2}$	0·211	0·212	0·212	0·217	0·220

Der Mittelwert $\dfrac{\varphi_1 + \varphi_2}{2}$ ist bei den üblichen Verhältnissen der Höhen zu den Breiten nur wenig veränderlich.

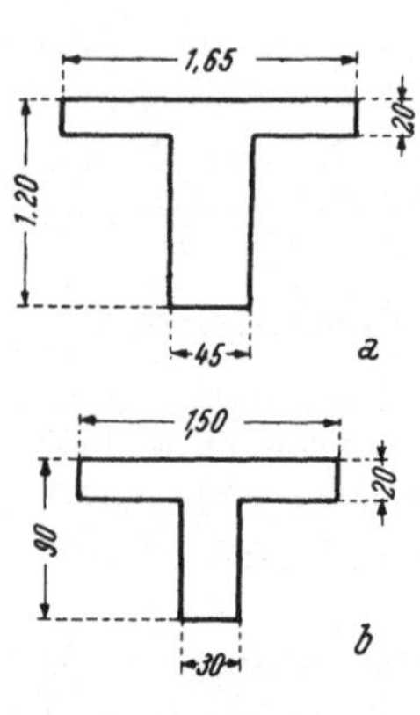

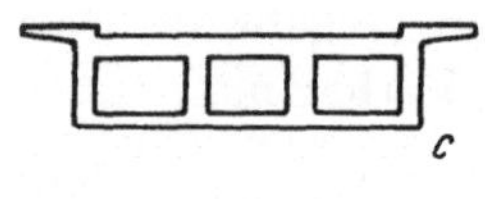

Abb. 156

Bei Plattenbalken des Stahlbetonbaues, die z. B. als Konstruktionsteil eines Trägerrostes auf Torsion beansprucht werden, ist das Verhältnis der Torsionssteifigkeit zur Biegesteifigkeit kleiner. Nimmt man nach DIN 1045 die mittragende Breite mit $b_0 + 6\,d$ sowohl beim Trägheitsmoment als auch beim Drillungswiderstand an, so erhält man für den Hauptträgerquerschnitt einer Trägerrostbrücke nach Abb. 156a

$$J = 107 \cdot 10^{-3}\ m^4, \quad J_d = 29 \cdot 06 \cdot 10^{-3}\ m^4$$

und

$$\varphi = 0 \cdot 034$$

Beim entsprechenden Querträgerquerschnitt nach Abb. 156b ist

$$J = 39 \cdot 8 \cdot 10^{-3}\ m^4, \quad J_d = 8 \cdot 10 \cdot 10^{-3}\ m^4$$

und

$$\varphi = 0 \cdot 0255$$

Infolge des relativ kleinen Wertes von φ darf auch bei Trägerrostbrücken aus Stahlbeton der Einfluß der Torsionssteifigkeit nicht überschätzt werden. Berücksichtigt man die Torsionssteifigkeit aller Längs- und Querträger, so sind die Größenmomente um etwa 6 bis 8% kleiner als bei Vernachlässigung der Torsionssteifigkeit der Träger, normale Verhältnisse, d. h. nicht zu enge Trägerteilung vorausgesetzt. Bei einer Brücke mit einem geschlossenen Querschnitt, etwa nach Abb. 156c, liegen ganz andere Verhältnisse vor, da dieser Querschnitt einen sehr großen Drillungswiderstand besitzt.

Wie bereits erwähnt, ist der Drillungswiderstand der offenen Querschnitte des Stahlbaues klein. Bei einem breit- und parallelflanschigen I P 40 ist

$$J_x = 60.640 \ cm^4, \quad J_y = 11.710 \ cm^4$$

Die Flanschstärke ist 26 *mm*, die Stegdicke 16 *mm*.
Der Drillungswiderstand beträgt

$$J_d' \sim 2 \cdot 0{\cdot}313 \cdot 2{\cdot}6^3 \cdot 30 + 0{\cdot}333 \cdot 1{\cdot}6^3 (40 - 2 \cdot 2{\cdot}6) = 363 \ cm^4$$

Mit Rücksicht auf die Ausrundungen usw. ist dieser Wert nach Föppl um zirka 30% zu erhöhen (Hütte I, 26. Auflage, S. 636), daher ist

$$J_d \sim 1{\cdot}3 \cdot J_d' = 470 \ cm^4$$

Mit $G = \dfrac{E}{2{\cdot}6}$ ist bei Stahl nach Gl. (88)

$$k_d = \frac{J_d}{4 \cdot 2{\cdot}6 \cdot c \, s} = \frac{J_d}{10{\cdot}4 \cdot c \, s}$$

und

$$\varphi = \frac{k_d}{k} = \frac{1}{10{\cdot}4} \cdot \frac{J_d}{J}$$

Beim I P 40 ist daher

$$S_1 = \frac{1}{10{\cdot}4} \cdot \frac{470}{60.640} = 0{\cdot}00075 \ \text{ und } \ \varphi_2 = \frac{1}{10{\cdot}4} \cdot \frac{470}{11.710} = 0{\cdot}0039$$

Bei einem quadratischen Stahlquerschnitt ist

$$\varphi = \frac{8}{10{\cdot}4} \cdot 1{\cdot}5 \cdot 0{\cdot}14 = 0{\cdot}164$$

Die Werte betragen also nur $\dfrac{1}{220}$, bzw. $\dfrac{1}{42}$ der φ-Werte eines quadratischen Querschnittes.

Bei geschlossenen Querschnitten liegen aber die Verhältnisse vollkommen anders. Z. B. ist bei einem Rohr (Kreisring) $J_d = 2 \, J$ und daher

$$\varphi = \frac{1}{10{\cdot}4} \cdot \frac{2 \, J}{J} = 0{\cdot}192$$

also größer als beim quadratischen Querschnitt. Daher ist auch im Stahlbau bei Stäben mit geschlossenen Querschnitten ein größerer Einfluß der Drillungssteifigkeit der Stäbe vorhanden.

3. Zahlenbeispiel 17

Alle Stäbe des in Abb. 157 dargestellten Rahmentragwerkes haben gleich große quadratische Querschnitte und gleiche Längen. Das Tragwerk ist nach Abb. 157b durch eine waagrechte Kraft in einer Rahmenecke, bzw. nach Abb. 157c durch zwei waagrechte Kräfte

belastet. Bei der Berechnung ist die Torsionssteifigkeit aller Stäbe
zu berücksichtigen.

Zur Sicherung aller Knoten gegen Verschiebungen bei jeder
möglichen Belastung sind nach Abb. 157a vier Festhaltungen erforderlich. Infolge der Symmetrien genügt die Berechnung eines

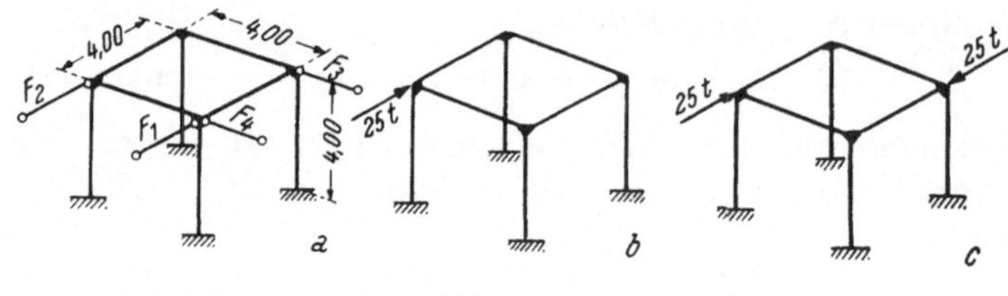

Abb. 157

Grundverschiebungszustandes, da sich die vier Grundverschiebungszustände voneinander nur durch die Lage der Kräfte in den zugehörigen Kräftegruppen unterscheiden.

Im Tragwerk mit verschieblichen oder unverdrehbaren Knotenpunkten kann, da alle Stäbe gleiche
Steifigkeit haben, der in der Abb. 158
dargestellte Momentenverlauf für
den Grundverschiebungszustand der
Festhaltung F_1 angenommen werden.
Wird der Relativwert der Stabsteifigkeit mit $k = 1$ angenommen,
so ist nach Formel (90) und Tabelle 2

$$k_d = k \cdot \varphi = 1 \cdot 0{\cdot}211 = 0{\cdot}211$$

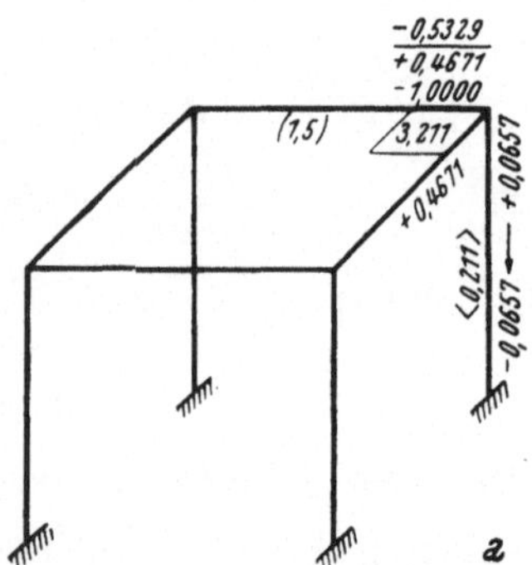

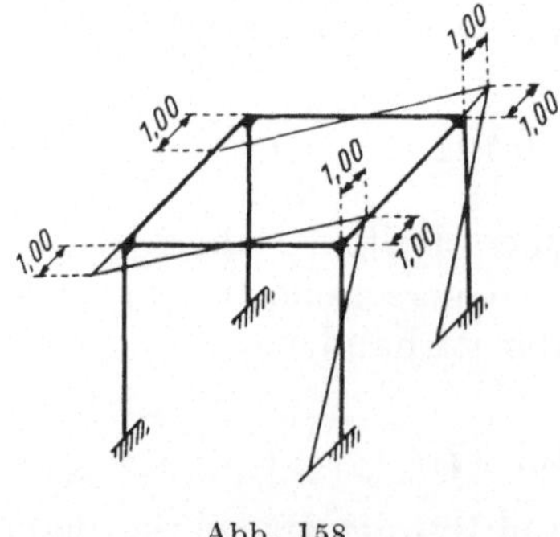

Abb. 158

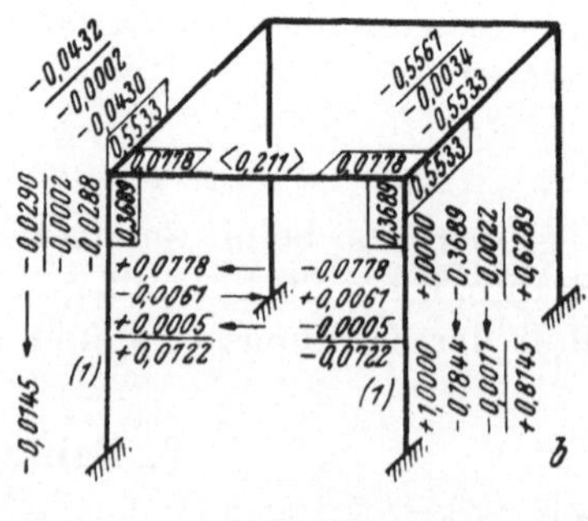

Abb. 159

Die Momentenausgleiche für den Horizontalrahmen und für die
Vertikalrahmen sind in den Abb. 159a und b durchgeführt. Die

Gegensymmetrie der Momente läßt eine Beschränkung der Ausgleiche auf einen, bzw. zwei Knoten zu. [Siehe S. 25, Formel (22)].

In den Abb. 160 und 161 sind die Ergebnisse der Momentenausgleiche dargestellt.

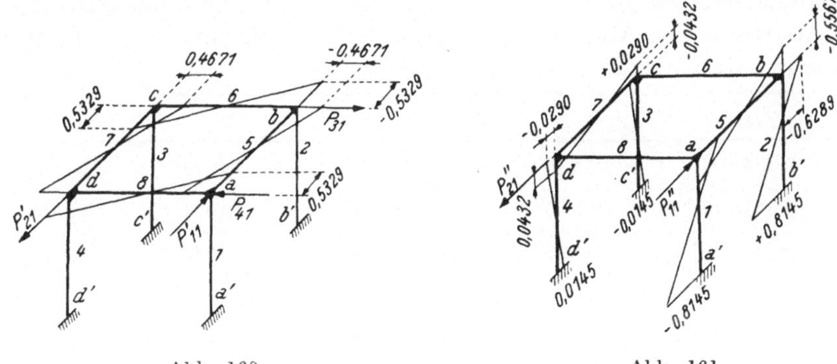

Abb. 160   Abb. 161

Aus Abb. 160 erhält man folgende Festhaltekräfte:

$$P_{11}' = 4 \cdot \frac{0\cdot5329}{4\cdot00} = 0\cdot5329\ t$$

$$P_{21}' = -\,P_{11}' = -\,0\cdot5329\ t$$

$$P_{31} = -\,4 \cdot \frac{0\cdot4671}{4\cdot00} = -\,0\cdot4671\ t$$

$$P_{41} = 4 \cdot \frac{0\cdot4671}{4\cdot00} = +\,0\cdot4671\ t$$

Abb. 161 ergibt:

$$P_{11}'' = 2 \cdot \frac{0\cdot8145 + 0\cdot6289}{4.00} = 0\cdot7217\ t$$

$$P_{21}'' = -\,2 \cdot \frac{0\cdot0145 + 0\cdot0290}{4\cdot00} = -\,0\cdot0217\ t$$

Die Kräftegruppe der Grundverschiebung von F_1 besteht daher aus folgenden Kräften:

$$P_{11} = P_{11}' + P_{11}'' =$$
$$= 0\cdot5329 + 0\cdot7217 =$$
$$= 1\cdot2546\ t$$

$$P_{21} = P_{21}' + P_{21}'' =$$
$$= -\,0\cdot5329 - 0\cdot0217 =$$
$$= -\,0\cdot5546\ t$$

$$P_{31} = -\,0\cdot4671\ t$$

$$P_{41} = +\,0\cdot4671\ t$$

In den Abb. 162a bis 162d sind die vier Kräfte-

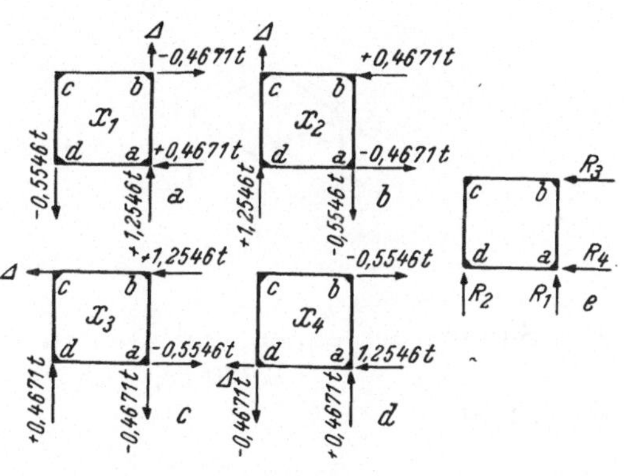

Abb. 162

gruppen der Grundverschiebungszustände dargestellt. Abb. 162c enthält die möglichen Angriffskräfte.

Die Kräftegruppen ergeben sich aus der Kräftegruppe des Grundverschiebungszustandes von F_1 durch Umgruppierung der Kräfte entsprechend den durch Pfeile angedeuteten Verschiebungsrichtungen.

An Hand der Abb. 162 können die Grundgleichungen aufgestellt werden. Man erhält:

x_1	x_2	x_3	x_4	
1·2546	− 0·5546	− 0·4671	+ 0·4671	$= R_1$
− 0·5546	+ 1·2546	+ 0·4671	− 0·4671	$= R_2$
− 0·4671	+ 0·4671	+ 1·2546	− 0·5546	$= R_3$
+ 0·4671	− 0·4671	− 0·5546	+ 1·2546	$= R_4$

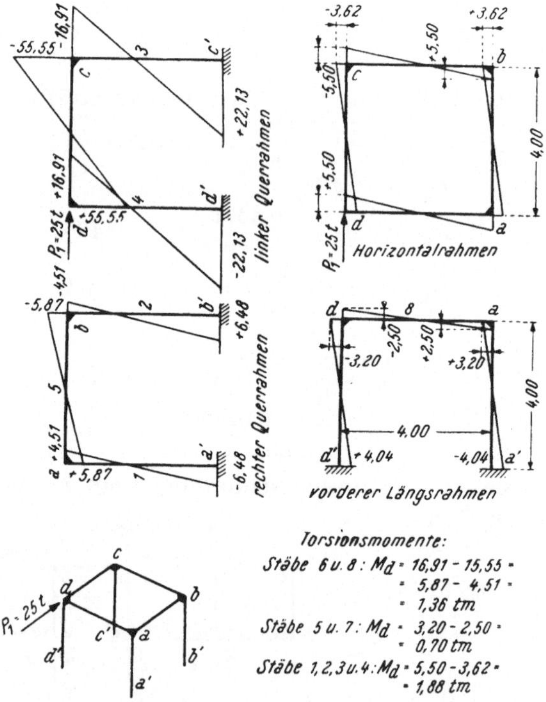

Abb. 163

Die Summe der ersten und zweiten Gleichung ergibt
$$0\text{·}700\,(x_1 + x_2) = R_1 + R_2$$
daraus ist
$$x_1 + x_2 = \frac{R_1 + R_2}{0\text{·}700}$$

Die Summe der dritten und vierten Gleichung ergibt

$$x_3 + x_4 = \frac{R_3 + R_4}{0\cdot700}$$

Die Differenz der ersten und zweiten und die Differenz der dritten und vierten Gleichungen liefern

$$- 1\cdot8092\,(x_1 - x_2) - 0\cdot9342\,(x_3 - x_4) = R_1 - R_2$$
$$- 0\cdot9342\,(x_1 - x_2) + 1\cdot8092\,(x_3 - x_4) = R_3 - R_4$$

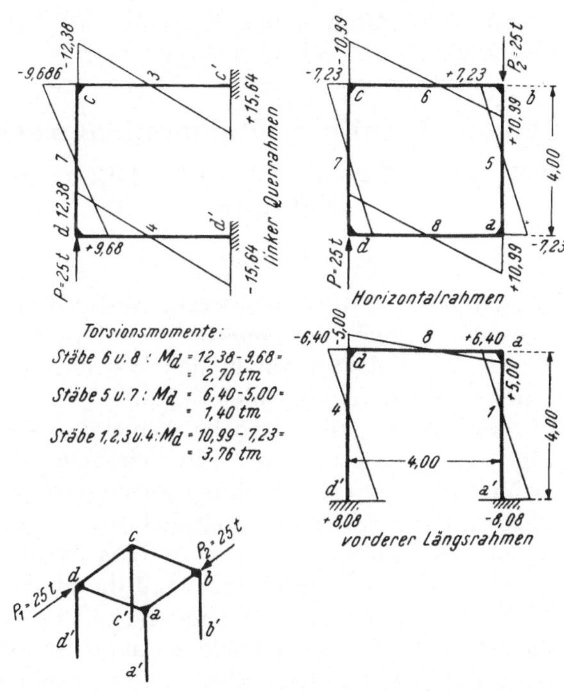

Abb. 164

Bei Belastung nach Abb. 156b ist

$$R_2 = 25^t, \quad R_1 = R_3 = R_4 = 0$$

mit diesen Werten erhält man aus obigen Gleichungen

$$x_1 = 8\cdot436 \qquad x_3 = -\,4\cdot865$$
$$x_2 = 27\cdot278 \qquad x_4 = +\,4\cdot865$$

Bei der Belastung nach Abb. 156c ist

$$R_1 = -\,25^t, \quad R_2 = +\,25^t, \quad R_3 = R_4 = 0$$

Mit diesen Werten ist

$$x_1{}' = -\,18\cdot842 \qquad x_3{}' = -\,9\cdot730$$
$$x_2{}' = +\,18\cdot842 \qquad x_4{}' = +\,9\cdot730$$

Der Momentenverlauf ergibt sich mittels Gl. (2).

Z. B. erhält man am Anschluß des Stabes *4* an den Knoten *d*
bei der Belastung nach Abb. 157b

$$M_{d4} = -\ 0{\cdot}0290 \cdot x_1 + 0{\cdot}6289\ x_2 = -\ 0{\cdot}0290 \cdot 8{\cdot}436 +$$
$$+\ 0{\cdot}6289 \cdot 27{\cdot}278 = 16{\cdot}91\ tm$$

An derselben Stelle beträgt das Moment bei der Belastung nach
Abb. 159c:

$$M'_{d4} = 0{\cdot}0290 \cdot 18{\cdot}842 + 0{\cdot}6289 \cdot 18{\cdot}842 = 12{\cdot}38\ tm$$

Die Abb. 163 und 164 enthalten das Ergebnis der Berechnung für
die Belastungen nach Abb. 157b und 157c.

IV. Umwandlung räumlicher Rahmentragwerke zweiter und dritter Ordnung im Rahmentragwerke erster Ordnung

1. Grundlagen

Das Wesentliche der Rahmentragwerke erster Ordnung ist die
gegenseitige Unabhängigkeit der senkrecht aufeinander stehenden
ebenen Teilrahmen bei Belastungen in den Rahmenebenen und bei
der Durchführung von Grundverschiebungen.

Auf S. 43 wurde unter „Die virtuelle Arbeit bei schiefer (räumlicher) Biegung" nachgewiesen, daß die virtuelle Arbeit zweier
Momente dann Null ist, wenn die Wirkungsebene des einen Momentes
zur Nullinie des anderen Momentes parallel liegt. Schließen nach
Abb. 167 zwei Ebenen miteinander den spitzen Winkel α ein und
ist der gemeinsame Stab *s* so ausgebildet, daß die beiden Momentenebenen die Trägheitsellipse des Stabquerschnittes in Richtung
zweier konjugierter Durchmesser schneiden, dann ist auch bei nicht
senkrecht aufeinander stehenden Ebenen die Bedingung gegen-
seitiger Unabhängigkeit der Verformungen erfüllt. Momente in
der einen Ebene verbiegen den gemeinsamen Stab *s* nur senkrecht
zur anderen Ebene.

Bei jedem beliebigen Winkel α kann man durch Drehen eines
Stabquerschnittes, dessen Hauptträgheitshalbmesser genügend verschieden sind, erreichen, daß zwei konjugierte Durchmesser miteinander den gegebenen Winkel α einschließen. Ferner läßt sich
diese Bedingung durch besonders geformte oder zusammengesetzte
Querschnitte erfüllen.

Beim Stahlbetonbau ist es zweckmäßig, mit möglichst einfachen
Querschnitten das Auslangen zu finden.

Abb. 165 zeigt einen rhombenförmigen Querschnitt.

Die Seitenlänge ist *b*. Schließen die Seiten miteinander den
Winkel α ein, dann betragen die Winkel zwischen der Längsdiagonale

und den anschließenden Seiten je $\frac{a}{2}$. Die beiden Diagonalen sind die Hauptträgheitsachsen des Querschnittes. Die Längen der halben Diagonalen betragen $b \cdot \cos \frac{a}{2}$ und $b \cdot \sin \frac{a}{2}$. Da das Trägheitsmoment einer Dreiecksfläche von der Höhe h bezogen auf die Basis a $J = \frac{1}{12} \cdot a\, h^3$ ist, betragen die Hauptträgheitsmomente eines Rhombus

$$\left.\begin{aligned} J_1 &= \frac{2}{12}\, 2 \cdot b \cdot \sin \frac{a}{2} \cdot b^3 \cos^3 \frac{a}{2} = \frac{1}{3}\, b^4 \sin \frac{a}{2} \cdot \cos^3 \frac{a}{2} \\ J_2 &= \frac{2}{12}\, 2\, b \cos \frac{a}{2} \cdot b^3 \sin^3 \frac{a}{2} = \frac{1}{3}\, b^4 \sin^3 \frac{a}{2} \cdot \cos \frac{a}{2} \end{aligned}\right\} \quad (91)$$

Die Querschnittsfläche ist $F = b^2 \cdot \sin a = 2\, b^2 \cdot \sin \frac{a}{2} \cdot \cos \frac{a}{2}$. Daher sind die Längen der Hauptträgheitsachsen

$$i_1 = \sqrt{\frac{J_1}{F}} = \frac{1}{\sqrt{6}}\, b \cdot \cos \frac{a}{2}; \quad i_2 = \sqrt{\frac{J_2}{F}} = \frac{1}{\sqrt{6}}\, b \cdot \sin \frac{a}{2}$$

und ihr Verhältnis beträgt

$$\frac{i_1}{i_2} = \cotg \frac{a}{2}$$

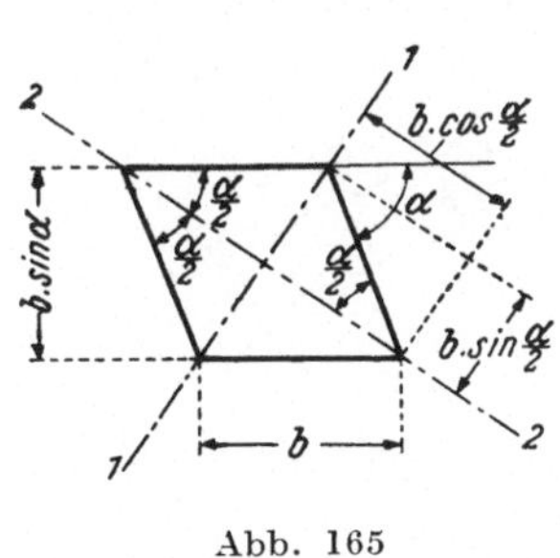

Abb. 165

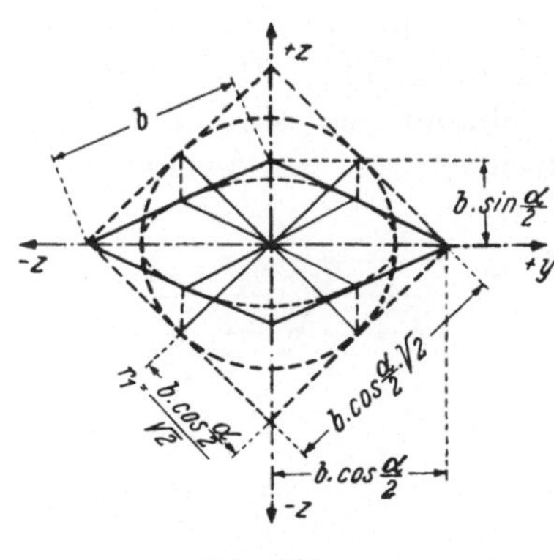

Abb. 166

Die dem Rhombus eingeschriebene Ellipse ist affin zu dem dem Quadrat mit der Seitenlänge $b \cdot \cos \frac{a}{2} \cdot \sqrt{2}$ eingeschriebenen Kreis (Abb. 166). Sein Halbmesser beträgt

$$r = \frac{b}{\sqrt{2}} \cdot \cos \frac{a}{2}$$

Die Koordinaten der Berührungspunkte der Ellipse mit den Rhombenseiten sind

$$y = \pm \frac{b}{2} \cos \frac{a}{2} \quad \text{und} \quad z = \pm \frac{b}{2} \sin \frac{a}{2}$$

Der größere Halbmesser der Ellipse ist gleich dem Kreishalbmesser r_1. Der zweite Ellipsenhalbmesser sei r_2. Die Gleichung der Ellipse lautet:

$$r_2^2 \cdot y^2 + r_1^2 \cdot z^2 = r_1^2 \cdot r_2^2$$

Für die Berührungspunkte mit den Seiten des Rhombus ist:

$$r_2^2 \cdot \frac{b^2}{4} \cdot \cos^2 \frac{a}{2} + \frac{b^2}{2} \cos^2 \frac{a}{2} \cdot \frac{b^2}{4} \sin^2 \frac{a}{2} = r_2^2 \frac{b^2}{2} \cos^2 \frac{a}{2}$$

daraus ergibt sich

$$r_2 = \frac{b}{\sqrt{2}} \sin \frac{a}{2}$$

Das Verhältnis der Ellipsenhalbmesser beträgt daher

$$\frac{r_1}{r_2} = \cot \frac{a}{2}$$

Die dem Rhombus eingeschriebene Ellipse ist somit ähnlich der Trägheitsellipse der Rhombusfläche, daher sind die Seiten des Rhombus immer parallel zu einem Paar konjugierter Durchmesser der Trägheitsellipse.

Wird der Querschnitt des gemeinsamen Stabes zweier Ebenen eines räumlichen Rahmentragwerkes mit rhombischem Querschnitt ausgebildet, so sind die Verformungen in der einen Ebene unabhängig von den Verformungen in der anderen Ebene (Abb. 167).

Abb. 167   Abb. 168

Eine zweite einfache Querschnittsform, die dieser Anforderung entspricht, ist das über Eck gestellte Rechteck (Abb. 168). Die Trägheitshalbmesser betragen beim Rechteck mit den Seiten b und d

$$i_1 = \frac{d}{\sqrt{12}}, \quad i_2 = \frac{b}{\sqrt{12}}$$

daher ist

$$\frac{i_1}{i_2} = \frac{d}{b}$$

Die dem Rechteck eingeschriebene Ellipse ist auch hier ähnlich der Trägheitsellipse. Die dem Rechteck eingeschriebene Ellipse ist affin zu dem dem Quadrat von der Seitenlänge d eingeschriebenen Kreis (Abb. 169). Die Diagonalen des Quadrates liegen, da sie senkrecht aufeinander stehen, in Richtung zweier konjugierter Durchmesser des Kreises. Als affine Abbildungen der Diagonalen des Quadrates liegen die Diagonalen des Rechteckes in den Richtungen zweier konjugierter Durchmesser der dem Rechteck eingeschriebenen Ellipse und daher auch der Trägheitsellipse.

Die Konstruktion des Rechteckquerschnittes für den gemeinsamen Stab zweier unter dem Winkel β geneigter Ebenen folgt aus der Abb. 168, das Verhältnis von Höhe zur Breite beträgt somit

$$\frac{d}{b} = \operatorname{cotg} \frac{\beta}{2} \tag{92}$$

Wird der gemeinsame Stab zweier ebener Rahmen als über Eck stehendes Rechteck mit dem Seitenverhältnis nach Gl. (92) ausgebildet, so sind die Verformungen der beiden ebenen Rahmen voneinander unabhängig.

Es ist selbstverständlich, daß die Bewehrung sowohl beim rhombischen als auch beim rechteckigen Stabquerschnitt so anzuordnen ist, daß durch sie das Verhältnis der Hauptträgheitsmomente nicht gestört wird.

Der rhombische Querschnitt eignet sich für horizontale Stäbe, während der Rechteckquerschnitt den Stützen vorbehalten ist.

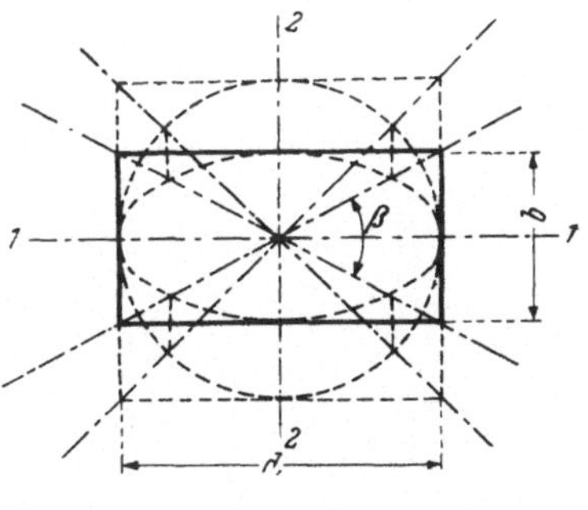

Abb. 169

Die rhombischen Querschnitte dürften wohl immer konstruktiv vertretbar sein, da bei praktischen Bauausführungen die Abweichung der Stützen von der vertikalen Richtung nie allzu groß ist, so daß die Stabquerschnittsform vom Quadrat nicht wesentlich abweicht. Bei den Stützen ergeben sich jedoch z. B. bei einem Kühlturmunterbau mit einer größeren Anzahl von im Kreis angeordneten Stützen sehr flache Schnittwinkel β, wodurch die Stützen sehr langgezogene Rechtecksquerschnitte erfordern. In solchen Fällen kann von der Vereinfachung, die sich durch die geeignete Wahl der Stabquerschnitte ergibt, nicht Gebrauch gemacht werden. Der Rahmen muß als räumliches Rahmentragwerk zweiter Ordnung bei Annahme quadratischer oder gedrungener rechteckiger Querschnitte berechnet werden. Das Zahlenbeispiel 19 behandelt einen solchen Rahmen zweiter Ordnung.

Zur Durchführung der Rahmenberechnung ist die Kenntnis der Verschiebungen erforderlich, welche entstehen, wenn ein Moment in einer der beiden Ebenen wirkt, deren gemeinsamer Stab rhombischen oder rechteckigen Querschnitt nach Abb. 167, bzw. 168 besitzt.

a) Stäbe mit rhombischem Querschnitt. Wirkt in der horizontalen Ebene der Abb. 170 ein Moment, so kann sich der Stab s nur senkrecht zu der zur horizontalen Ebene unter dem Winkel α geneigten Ebene verformen. In Abb. 170 ist die Richtung der Ausbiegung mit δ_A bezeichnet. Ist M das horizontal wirkende Stabmoment infolge der Belastung des Rahmens, $\overline{M}$ das Stabmoment infolge der Last Eins, welche am Punkt der gesuchten Durchbiegung in Richtung von δ_A wirkt, so kann die Durchbiegung mittels Gl. (59) berechnet werden. Die Spur der Wirkungsebene von $\overline{M}$ auf der Zeichenebene liegt in der Abb. 170 in Richtung von δ_A.

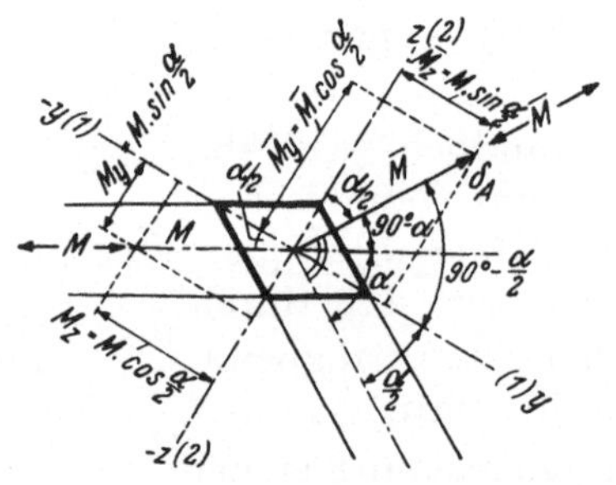

Abb. 170

Nach Gl. (59) ist, wenn die Länge des Stabelements mit $d\,s$ bezeichnet wird:

$$\delta_1 = \frac{1}{E}\left[\int_0^S \frac{\overline{M}_y \cdot M_y}{J_1}\,d\,s + \int_0^S \frac{\overline{M}_z \cdot M}{J_2}\,d\,s\right]$$

y und z sind die Richtungen der Hauptträgheitsachsen 1 und 2. Nach Abb. 170 ist

$$M_y = M \cdot \sin\frac{\alpha}{2}, \qquad M_z = M \cdot \cos\frac{\alpha}{2}$$

$$\overline{M}_y = \overline{M} \cdot \cos\frac{\alpha}{2}, \qquad \overline{M}_z = \overline{M} \cdot \sin\frac{\alpha}{2}$$

Ferner ist nach Gl. (91)

$$J_1 = \frac{1}{3}\,b^4 \cdot \sin\frac{\alpha}{2} \cdot \cos^3\frac{\alpha}{2}$$

und

$$J_2 = \frac{1}{3}\,b^4 \cdot \sin^3\frac{\alpha}{2} \cdot \cos\frac{\alpha}{2}$$

Mit diesen Werten erhält man

$$E \cdot \delta_A = \int\limits_0^S \bar{M} \cdot M \; \frac{\cos \frac{a}{2} \cdot \sin \frac{a}{2}}{\frac{1}{3} b^4 \cdot \sin \frac{a}{2} \cdot \cos^3 \frac{a}{2}} \, ds +$$

$$+ \int\limits_0^S M \cdot M \cdot \frac{\sin \frac{a}{2} \cdot \cos \frac{a}{2}}{\frac{1}{3} b^4 \cdot \sin^3 \frac{a}{2} \cdot \cos \frac{a}{2}} \, ds = \tag{93}$$

$$= \frac{3}{b^4} \left(\frac{1}{\cos^2 \frac{a}{2}} + \frac{1}{\sin^2 \frac{a}{2}} \right) \int\limits_0^S \bar{M} \, M \, ds =$$

$$= \frac{3}{b^4} \cdot \frac{\cos^2 \frac{a}{2} + \sin^2 \frac{a}{2}}{\sin^2 \frac{a}{2} \cdot \cos^2 \frac{a}{2}} \int\limits_0^S \bar{M} \, M \, ds = \frac{12}{b^4} \cdot \frac{1}{\sin^2 a} \int\limits_0^S \bar{M} \, M \, ds$$

Zerlegt man die Verschiebung nach Abb. 171 in eine horizontale und in eine vertikale Komponente, so erhält man

$$E \cdot \delta_{Ah} = \frac{12}{b^4} \cdot \frac{1}{\sin a} \int\limits_0^S \bar{M} \cdot M \, ds \tag{94}$$

und

$$E \cdot \delta_{Av} = \frac{12}{b^4} \cdot \frac{\cos a}{\sin^2 a} \int\limits_0^S \bar{M} \cdot M \, ds \tag{95}$$

M ist das Moment infolge der Last Eins in Richtung der Verschiebung. Es kann ein beliebiges, aber mögliches statisch bestimmtes Grundsystem bei der Berechnung von $\bar{M}$ oder M angenommen werden.

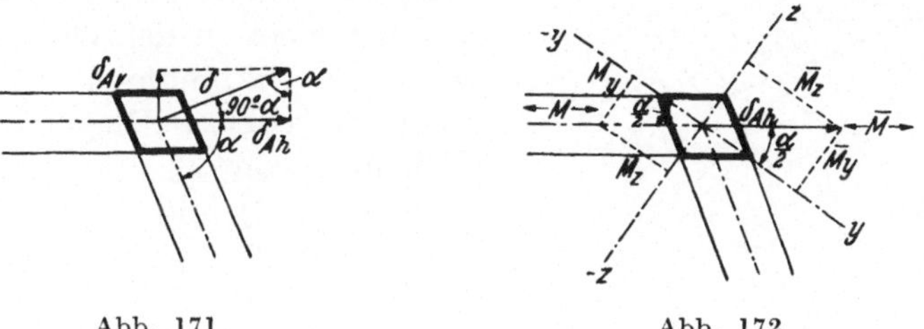

Abb. 171   Abb. 172

Um δ_{Ah} unmittelbar zu berechnen, muß man M in der horizontalen Ebene wirkend annehmen. Dann ist nach Abb. 172

$$M_y = M \cdot \sin \frac{a}{2}, \qquad M_z = M \cdot \cos \frac{a}{2}$$

$$\overline{M}_y = \overline{M} \cdot \sin \frac{a}{2}, \qquad \overline{M}_z = \overline{M} \cdot \cos \frac{a}{2}$$

und man erhält:

$$E \cdot \delta_{Ah} = \int_0^S M \cdot \overline{M} \cdot \frac{\sin^2 \frac{a}{2}}{\frac{1}{3} b^4 \cdot \sin^3 \frac{a}{2} \cdot \cos \frac{a}{2}} \, ds +$$

$$+ \int_0^S M \cdot \overline{M} \cdot \frac{\cos^2 \frac{a}{2} \cdot ds}{\frac{1}{3} b^4 \cdot \sin \frac{a}{2} \cdot \cos^2 \frac{a}{2}} =$$

$$= \frac{3}{b^4} \left(\frac{1}{\sin \frac{a}{2} \cdot \cos \frac{a}{2}} + \frac{1}{\sin \frac{a}{2} \cdot \cos \frac{a}{2}} \right) \int_0^S M \cdot \overline{M} \cdot ds =$$

$$= \frac{3}{b^4} \cdot \frac{2}{\sin \frac{a}{2} \cdot \cos \frac{a}{2}} \int_0^S M \cdot \overline{M} \cdot ds = \frac{12}{b^4} \cdot \frac{1}{\sin a} \int_0^S M \cdot \overline{M} \cdot ds$$

Dieser Wert stimmt mit Gl. (95) überein. In derselben Art kann man auch δ_{Av} berechnen. Die Berechnung der Verschiebungen erfolgt daher genau wie bei einem ebenen Rahmen, jedoch sind an Stelle von $\frac{1}{J}$ die entsprechenden Koeffizienten des Integrals zu setzen.

b) Über Eck gestellter Rechteckquerschnitt. Die größte Ausbiegung eines in der Diagonalebene wirkenden Stabmomentes tritt senkrecht zur zweiten Diagonalebene in Richtung von δ_B auf (Abb. 173). Nach Gl. (92) und Abb. 173 ist

$$\frac{b}{d} = \tan \frac{\beta}{2}$$

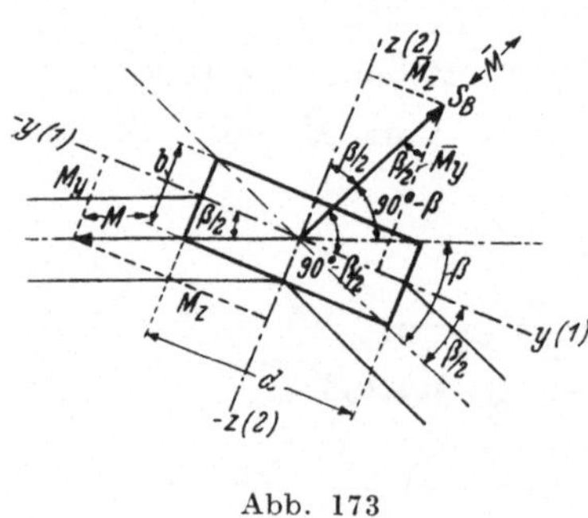

Abb. 173

Daher ist

$$J_1 = \frac{b^3 d}{12} = \frac{b^4}{12} \cdot \frac{1}{\tan \frac{\beta}{2}}$$

und

$$J_2 = \frac{b\,d^3}{12} = \frac{b^4}{12} \cdot \frac{1}{\tan^3 \frac{\beta}{2}}$$

Nach Abb. 173 ist

$$M_y = M \cdot \sin \frac{\beta}{2}, \qquad M_z = M \cdot \cos \frac{\beta}{2}$$

$$M_y = M \cdot \cos \frac{\beta}{2}, \qquad M_z = \bar{M} \cdot \sin \frac{\beta}{2}$$

Daher wird nach Gl. (59)

$$E\,\delta_B = \int_0^S M\,\bar{M}\,\frac{12}{b^4}\,\sin\frac{\beta}{2}\cdot\cos\frac{\beta}{2}\cdot\tan\frac{\beta}{2}\,ds\;+$$

$$+\;\int_0^S M\,\bar{M}\,\frac{12}{b^4}\,\cos\frac{\beta}{2}\cdot\sin\frac{\beta}{2}\cdot\tan^3\frac{\beta}{2}\,ds\;=$$

$$=\;\frac{12}{b^4}\left(\sin^2\frac{\beta}{2}+\sin^2\frac{\beta}{2}\cdot\tan^2\frac{\beta}{2}\right)\int_0^S M\,\bar{M}\,ds\;=$$

$$=\;\frac{12}{b^4}\,\sin^2\frac{\beta}{2}\left(\frac{\cos^2\frac{\beta}{2}+\sin^2\frac{\beta}{2}}{\cos^2\frac{\beta}{2}}\right)\int_0^S M\,\bar{M}\,ds\;=$$

$$=\;\frac{12}{b^4}\,\tan^2\frac{\beta}{2}\int_0^S M\,\bar{M}\,ds \tag{96}$$

Die Horizontal- und Vertikalprojektion von δ_B sind

$$E\,\delta_{Bh} = \delta_B\cdot\sin\beta = \frac{12}{b^4}\,\tan^2\frac{\beta}{2}\cdot 2\sin\frac{\beta}{2}\cdot\cos\frac{\beta}{2}\int_0^S M\,\bar{M}\,ds=$$

$$=\;\frac{24}{b^4}\,\sin^2\frac{\beta}{2}\,\tan\frac{\beta}{2}\int_0^S M\,\bar{M}\,ds \tag{97}$$

und

$$E\,\delta_{Bv} = \delta_B\cdot\cos\beta = \frac{12}{b^4}\,\tan^2\frac{\beta}{2}\left(2\cos^2\frac{\beta}{2}-1\right)\int_0^S \bar{M}\,M\,ds=$$

$$=\;\frac{12}{b^4}\left(2\sin^2\frac{\beta}{2}-\tan^2\frac{\beta}{2}\right)\int_0^S M\,\bar{M}\,ds \tag{98}$$

Die Formeln (93) bis (98) enthalten wie die Arbeitsgleichung des ebenen Rahmens den Ausdruck $\int \bar{M}\,M\,ds$, wobei $\bar{M}$ und M bei

Gl. (94), (95), (97) und (98) in einer Ebene wirken. Die Faktoren, mit welchen das Integral zu multiplizieren ist, haben die Dimension des reziproken Wertes eines Trägheitsmomentes. Der Wert des Integrals selbst ergibt sich in derselben Art wie beim ebenen Rahmen.

2. Zahlenbeispiel 18

Das in Abb. 174 dargestellte räumliche Rahmentragwerk ist für folgende Belastungen zu berechnen:

1. Eine waagrechte Einzelkraft W_1 in Richtung der Festhaltung F_1.
2. Eine vertikale Einzellast P am Knoten b.
3. Eine horizontale Einzellast W_4 in Richtung von F_4.

Werden die Querschnitte der Stäbe 4 und 5 als Rhomben mit den Neigungswinkeln α ausgebildet, so kann das Tragwerk als räumlicher Rahmen erster Ordnung berechnet werden.

Der Rhombenquerschnitt hat nach Abb. 175 eine Seitenlänge von 50 cm, alle übrigen Stabquerschnitte sind 40 cm breit und 50 cm hoch.

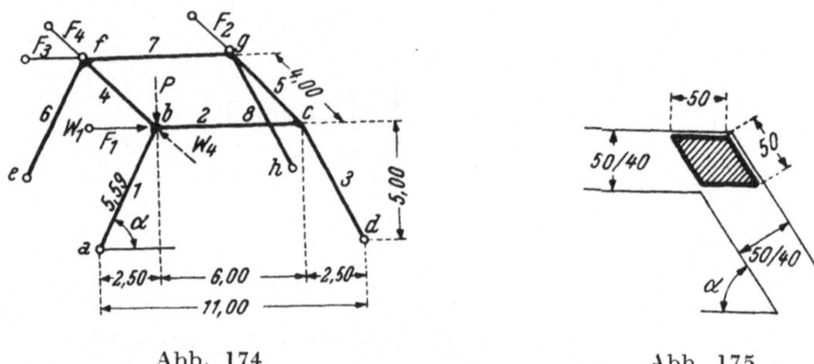

Abb. 174   Abb. 175

Die Trägheitsmomente der Querschnitte der Stiele und des Riegels im vertikalen Trapezbinder betragen in der Binderebene

$$J_x = \frac{0{\cdot}40 \cdot 0{\cdot}50^3}{12} = 41{\cdot}667 \cdot 10^{-4}\ m^4$$

quer zur Binderebene ist

$$J_y = \frac{0{\cdot}40^3 \cdot 0{\cdot}50}{12} = 26{\cdot}667 \cdot 10^{-4}\ m^4$$

Für die Stäbe 4 und 5 gilt bei Verschiebungen in der Horizontalebene nach Gl. (94)

$$J' = \frac{b^4}{12} \sin \alpha = \frac{0{\cdot}50^4}{12} \cdot \frac{5{\cdot}00}{5{\cdot}59} = 46{\cdot}586\ m^4$$

Abb. 176 stellt eine Grundverschiebung der Festhaltung F_1 dar. Die Knoten b und c verschieben sich im horizontalen Sinne um $\varDelta_h$.

Im Rahmen mit unverdrehbaren Knoten findet eine Parallelverschiebung des oberen Endes des Stabes *1* um Δ_1 statt, die Enden des Stabes *2* verschieben sich gegenseitig um

$$\Delta_2 = 2\,\Delta_2{}'$$

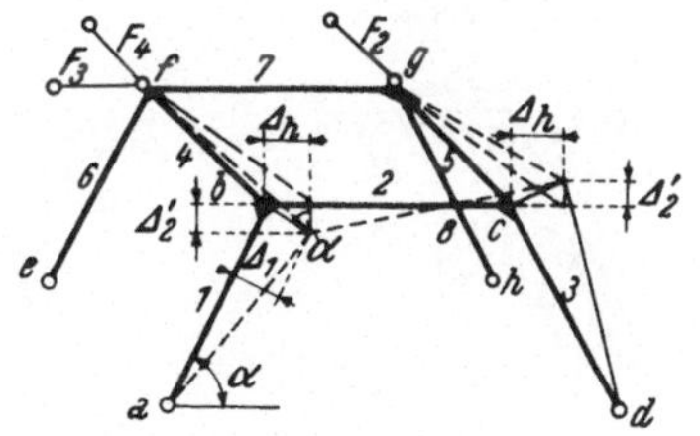

Aus Δ_h ergeben sich diese Verschiebungen wie beim ebenen Rahmen aus den Formeln (60) und Abb. 71.

Es ist hier

$$\Delta_1 = \Delta_3 = \frac{\Delta_h}{\sin\alpha} = \Delta_h \cdot \frac{5{\cdot}59}{5{\cdot}00}$$

Abb. 176

$$\Delta_2 = 2\,\Delta_2{}' = 2\,\Delta_h \cdot \operatorname{cotg}\alpha = 2\,\frac{2{\cdot}50}{5{\cdot}00}\,\Delta_h = \Delta_h$$

Für diesen Verschiebungszustand ergeben sich folgende relative Stabsteifigkeiten:

Im vertikalen Trapezbinder:

Stäbe *1* und *3*: $\qquad 10^4 \cdot k_1 = \dfrac{J_x}{s_1} = \dfrac{41{\cdot}667}{5{\cdot}59} = 7{\cdot}445$

Stab *2*: $\qquad 10^4 \cdot k_2 = \dfrac{J_x}{s_2} = \dfrac{41{\cdot}667}{6{\cdot}00} = 6{\cdot}944$

Im Horizontalrahmen:

Stäbe *2* und *7*: $\qquad 10^4 \cdot k_2{}' = \dfrac{J_y}{s_2} = \dfrac{26{\cdot}667}{6{\cdot}00} = 4{\cdot}444$

Stäbe *4* und *5*: $\qquad 10^4 \cdot k_4{}' = \dfrac{J'}{s_4} = \dfrac{46{\cdot}586}{4{\cdot}00} = 11{\cdot}646$

Mit diesen Steifigkeitszahlen erhält man nach Gl. (34a), bzw. (31a) folgende Einspannungsmomente:

Im Vertikalrahmen:

Stäbe *1* und *3*: $M_{E1} = M_{E3} = 3\,E\,c\,k_1\,\dfrac{\Delta}{s_1} =$

$$= 3\,E\,c \cdot 7{\cdot}445 \cdot \frac{5{\cdot}59}{5{\cdot}00} \cdot \frac{\Delta_h}{5{\cdot}59} = 4{\cdot}467\,E\,c\,\Delta_h$$

Stab *2*: $\qquad M_{E2} = 6\,E\,c\,k_3\,\dfrac{\Delta_3}{s_3} = 6\,E\,c \cdot 6{\cdot}944\,\dfrac{\Delta_h}{6{\cdot}00} =$

$$= 6{\cdot}944\,E\,c\,\Delta_h$$

Im Horizontalrahmen:

Stäbe *4* und *5*: $M'_{E4} = 6\,E\,c\,k_4{}'\,\dfrac{\Delta_h}{s_4} = 6\,E\,c \cdot 11{\cdot}646\,\dfrac{\Delta_h}{4{\cdot}00} =$

$$= 17{\cdot}469\,E\,c\,\Delta_h$$

Bei den Momentenausgleichen ergeben sich aus der Symmetrie des Tragwerks Vereinfachungen.

Die Abb. 177 a und b enthalten die Momentenausgleiche im vertikalen und im horizontalen Rahmen für $E c \, \varDelta_h = 1$.

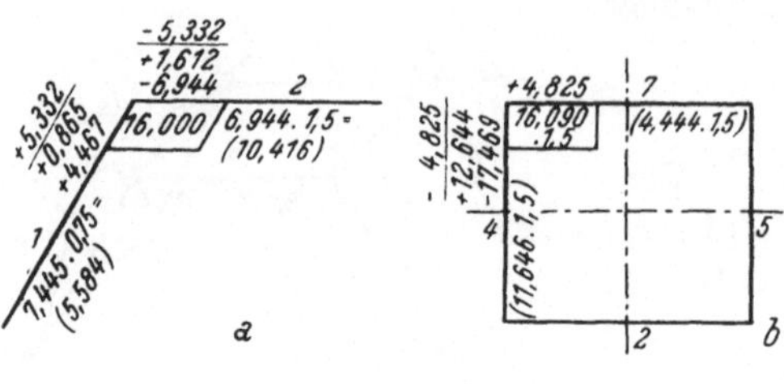

Abb. 177

In Abb. 178 ist der Momentenverlauf des Grundverschiebungszustandes von F_1 dargestellt. Die Festhaltekräfte (Kräftegruppe) lassen sich an Hand dieser Abbildung berechnen:

Für den Vertikalrahmen lauten die Gleichgewichtsbedingungen für die Momente in den Knoten b und c von rechts gerechnet:

$$- H_d \cdot 5{\cdot}00 + V_d \cdot 2{\cdot}50 = - 5{\cdot}332 \, tm$$
$$- H_d \cdot 5{\cdot}00 + V_d \cdot 8{\cdot}50 = + 5{\cdot}332 \, tm$$

daraus ist $V_d = + 1{\cdot}773 \, t$ und $H_d = + 1{\cdot}955 \, t$ nach links gerichtet. Aus Symmetriegründen ist $V_a = - V_d$ und $H_a = H_d$, auch nach links gerichtet, daher beträgt

$$P_{11}' = 2 \, H_d = 3{\cdot}910 \, t \text{ (nach rechts gerichtet).}$$

Für den Horizontalrahmen ergibt sich

$$P_{11}'' = - P_{31} = 4 \cdot \frac{4{\cdot}825}{4{\cdot}00} = 4{\cdot}825 \, t$$

$$P_{21} = - P_{41} = 4 \cdot \frac{4{\cdot}825}{6{\cdot}00} = 3{\cdot}247 \, t$$

Insgesamt ist $P_{11} = P_{11}' + P_{11}'' = 3{\cdot}910 + 4{\cdot}825 = 8{\cdot}735 \, t$.

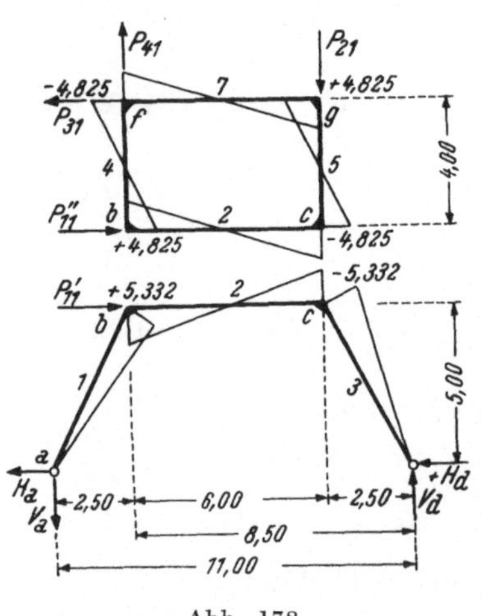

Abb. 178

Bei der zweiten Kräftegruppe, für die Berechnung des Rahmens bei vertikaler Belastung, kann P_{11} durch eine vertikale Kraft ersetzt werden, die dieselbe Arbeit leistet wie P_{11}. Der Knoten b bewegt sich um $\varDelta_2' = \frac{1}{2} \varDelta_h$ nach abwärts. Die vertikale Festhaltekraft V_1 ergibt sich daher aus

$$V_1 \cdot \varDelta_2' = P_{11} \cdot \varDelta_h$$

$$V_1 = \frac{\varDelta_h}{\varDelta_2'} \cdot P_{11} = 2 \cdot P_{11} = 2 \cdot 8{\cdot}735 \, t$$

V_1 ist doppelt so groß wie P_{11}.

Bei der Grundverschiebung der Festhaltung F_3 mit $E c \, \varDelta_h = 1$ treten infolge der Symmetrie des Tragwerkes dieselben Momente und dieselbe Kräftegruppe auf wie bei der Grundverschiebung von F_1.

In Abb. 179 ist eine Grundverschiebung von F_4 dargestellt, zu ihr symmetrisch ist die Grundverschiebung von F_2 bei gleichem Verschiebungsweg.

Der rhombische Querschnitt des Stabes *4* bewirkt, daß dieser Stab bei der Grundverschiebung von F_4 vertikal, also senkrecht zum Horizontalrahmen ausweicht. Die relative Steifigkeit des Stabes *4* in der Ebene der Stäbe *1*, *4* und *6* ist wegen der Symmetrie des rhombischen Querschnittes ebenso groß wie seine relative Steifigkeit in der Horizontalebene. Die relative Steifigkeit des Stabes *1* in der Ebene der Stäbe *1*, *4* und *6* beträgt:

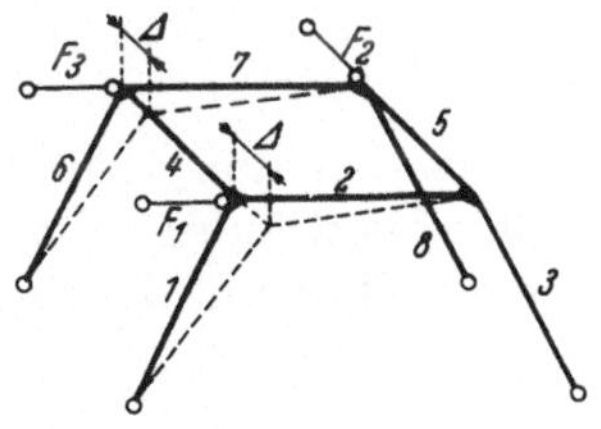

Abb. 179

$$10^4 \cdot k_1' = \frac{J_y}{s_1} = \frac{26\cdot667}{5\cdot59} = 4\cdot770$$

Daher sind die Einspannungsmomente der Stäbe *1* und *6* nach Gl. (34a)

$$M_1 = 3\ E\ c\ k_1'\ \frac{\Delta}{s_1} = 3\ E\ c \cdot 4\cdot770\ \frac{\Delta}{5\cdot59} = 2\cdot550\ tm$$

Die Einspannungsmomente der Stäbe *2* und *7* betragen nach Gl. (31a)

$$M_2' = 6\ E\ c\ k_2'\ \frac{\Delta}{s_3} = 6\ E\ c \cdot 4\cdot444 \cdot \frac{\Delta}{6\cdot00} = 4\cdot444\ E\ c\ \Delta$$

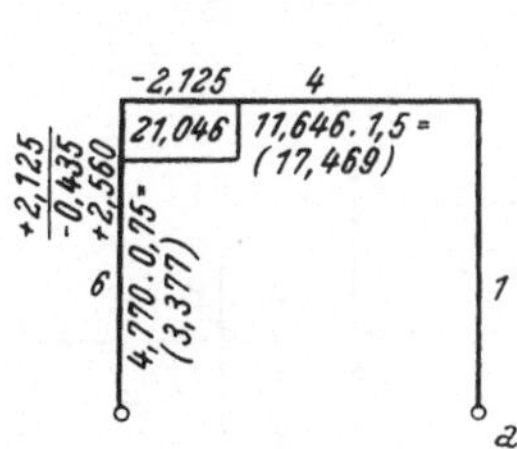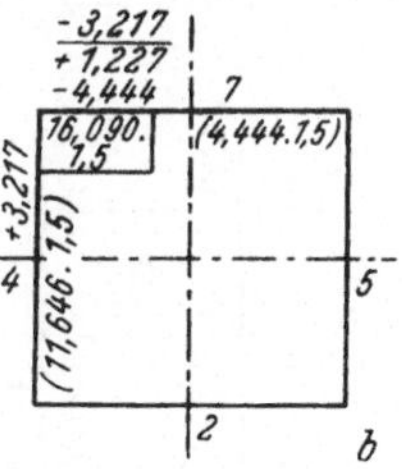

Abb. 180

In den Abb. 180a und b sind die Momentenausgleiche durchgeführt, ihre Ergebnisse zeigt Abb. 181. Man erhält folgende Festhaltekräfte:

$$P_{44}' = 2 \cdot \frac{2\cdot125}{5\cdot59} = 0\cdot7603\ t$$

$$P_{44}'' = 4 \cdot \frac{3\cdot217}{6\cdot00} = 2\cdot1447\ t$$

Daher beträgt

$$P_{44} = P_{44}' + P_{44}'' = 2\cdot905\ t$$

Ferner ist:

$$P_{24} = -P_{44}'' = -2{\cdot}145\,t$$

und

$$P_{34} = -P_{14} = 4 \cdot \frac{3{\cdot}217}{4{\cdot}00} = 3{\cdot}217\,t$$

Da bei den Grundverschiebungen der Festhaltungen F_2 und F_4 keine vertikalen Verschiebungen auftreten, können diese Grundverschiebungen durch eine Vertikalbelastung nicht ausgelöst werden.

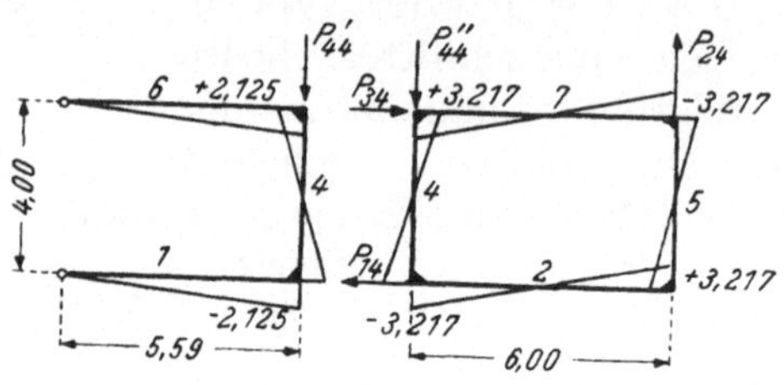

Abb. 181

In Abb. 182a bis d sind die Kräftegruppen der vier Grundverschiebungen, das Tragwerk von oben gesehen, dargestellt.

Die Richtungen der Verschiebungen sind in den Abbildungen angedeutet. Da der Einfachheit halber die Grundverschiebungszustände von F_3 und F_4 durch Drehen der Grundverschiebungszustände von F_1, bzw. F_2 um 180° entstanden sind, wechseln die

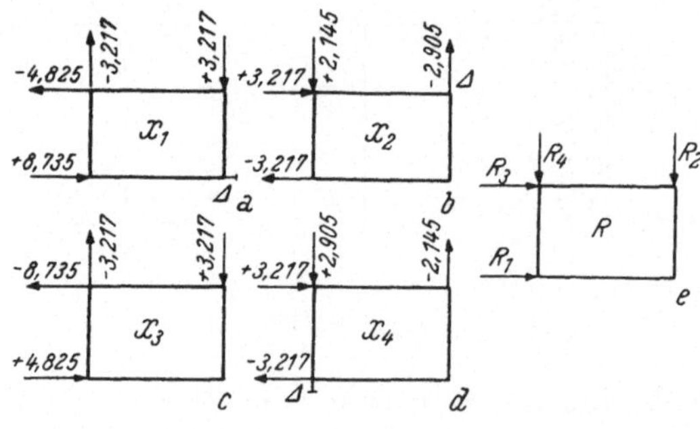

Abb. 182

Richtungen der Verschiebungen. Die Matrix der Grundgleichungen ist daher nur bezüglich der absoluten Werte der Koeffizienten, nicht ihren Vorzeichen nach symmetrisch.

In Abb. 182e sind die horizontalen Angriffskräfte eingetragen. An Hand der Abb. 182 erhält man folgende Grundgleichungen:

x_1	x_2	x_3	x_4	
8·735	− 3·217	+ 4·825	− 3·217	= R_1
3·217	− 2·905	+ 3·215	− 2·145	= R_2
− 4·825	+ 3·217	− 8·735	+ 3·217	= R_3
− 3·217	+ 2·145	− 3·217	+ 2·905	= R_4

Durch Addition und Subtraktion erhält man zwei voneinander unabhängige Gleichungssätze mit je zwei Unbekannten, die zu folgenden allgemeinen Lösungen führen:

$$x_1 = 0·2216\,R_1 + 0·0346\,R_3 - 0·1188\,(R_2 - R_4)$$
$$x_2 = - 0·1188\,(R_1 - R_2) - 0·9082\,R_2 - 0·4075\,R_4$$
$$x_3 = - 0·0346\,R_1 - 0·2216\,R_3 - 0·1188\,(R_2 - R_4)$$
$$x_4 = 0·1188\,(R_1 - R_3) + 0·4075\,R_2 + 0·9082\,R_4$$

Für die drei Belastungsfälle dieses Beispieles erhält man folgende Lösungen der Grundgleichungen:

1. Belastungsfall: Waagrechte Einzellast W_1 in Richtung von F_1. Mit $R_1 = W_1$, $R_2 = R_3 = R_4 = 0$ ist:

$$x_1 = 0·2216 \cdot W_1 \qquad x_3 = - 0·0346 \cdot W_1$$
$$x_2 = 0·1188 \cdot W_1 \qquad x_4 = 0·1188 \cdot W_1$$

Mit diesen Werten ergeben sich mit Hilfe der Gl. (2) und der Abb. 178 und 181 die in Abb. 183 dargestellten Momente.

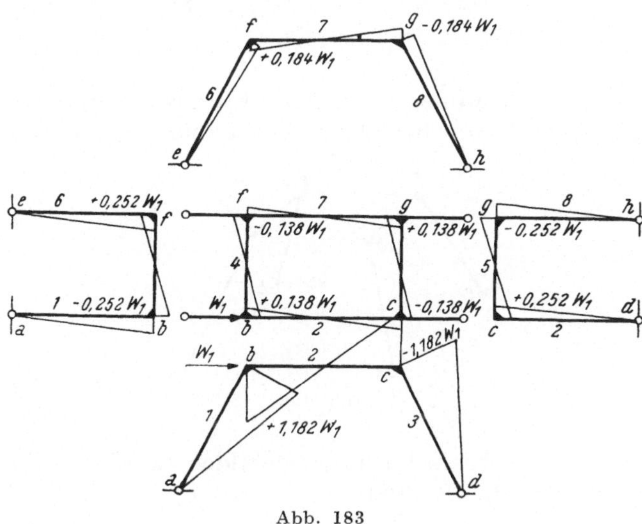

Abb. 183

2. Belastungsfall: Vertikale Einzellast P am Knoten b. Da, wie bereits nachgewiesen, eine Vertikallast nur die Hälfte der Formänderungsarbeit einer gleich großen Horizontallast leistet, sind die Momente halb so groß, wie in Abb. 183 dargestellt, wenn $P = W_1$ ist.

3. *Belastungsfall*: Horizontale Einzellast W_4 in Richtung von F_4. Mit $R_1 = R_2 = R_3 = 0$ und $R_4 = - W_4$ erhält man

$$x_1 = 0{\cdot}1188 \cdot W_4 \qquad x_3 = - 0{\cdot}1188\, W_4$$
$$x_2 = 0{\cdot}4075 \cdot W_4 \qquad x_4 = - 0{\cdot}9082\, W_4$$

Mit diesen Werten ergeben sich mittels der Gl. (2) an Hand der Abb. 178 und 181 die in Abb. 184 dargestellten Momente.

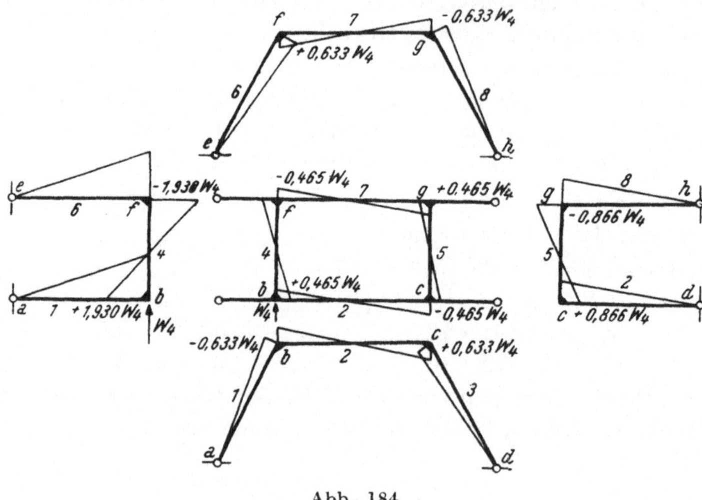

Abb. 184

Um auch einen Rahmen nach Abb. 185 als räumliches Rahmentragwerk erster Ordnung berechnen zu können, müssen die Stützen

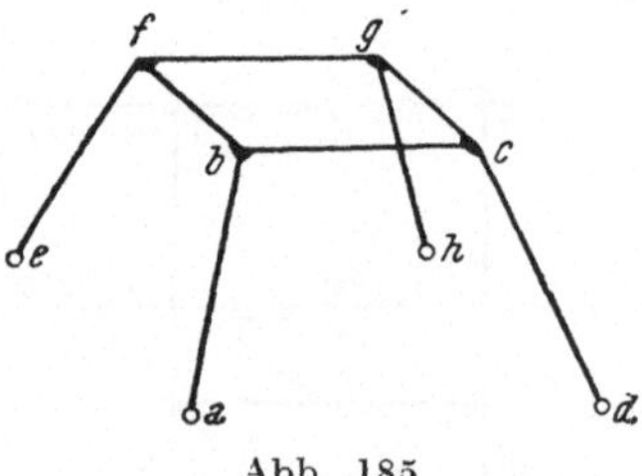

Abb. 185

mit rechteckigem Querschnitt ausgebildet werden. Das Seitenverhältnis muß nach Gl. (92)

$$\frac{d}{b} = \operatorname{cotg} \frac{\beta}{2}$$

betragen. Dabei ist β der Winkel, welchen die Ebenen $a\,b\,c\,d$ und $a\,b\,f\,e$ miteinander einschließen.

V. Räumliche Rahmentragwerke zweiter Ordnung

1. Räumlicher Momentenausgleich, Ausgleichsschema

Beim räumlichen Rahmentragwerk zweiter Ordnung sind eine Anzahl von Stäben in einer Ebene angeordnet, alle übrigen Stäbe stehen senkrecht zu dieser Ebene. Im ersten Abschnitt wurde nachgewiesen, daß die in der Riegelebene wirkenden Momente nur Verformungen in ihrer Ebene verursachen, während alle querwirkenden Momente die Stäbe des ebenen Rahmens nur senkrecht aus der Ebene herausbiegen. Daher sind die in der Ebene wirkenden Momente unabhängig von allen übrigen im Tragwerk auftretenden Momente. Die Berechnung des Tragwerkes kann in eine Berechnung des ebenen Rahmens und in eine Berechnung des räumlichen Rahmens bei bekannter Richtung der Momente und der Ausbiegungen der Riegel gespalten werden.

Der Momentenausgleich im ebenen Rahmen bietet keine Schwierigkeiten. Unter den hier vorliegenden Bedingungen ist aber auch der Momentenausgleich im räumlichen Tragwerk durchführbar.

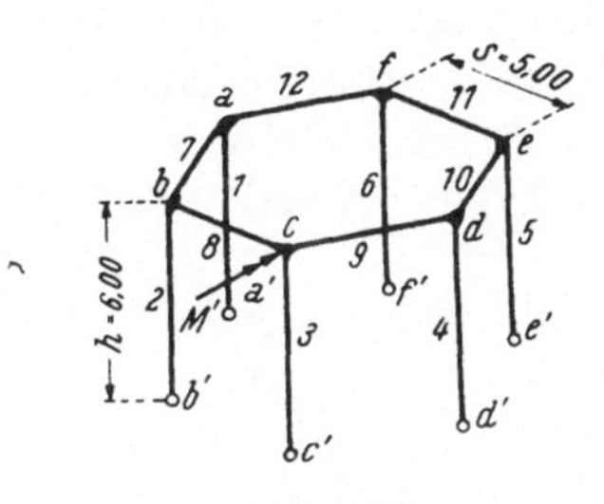

Abb. 186

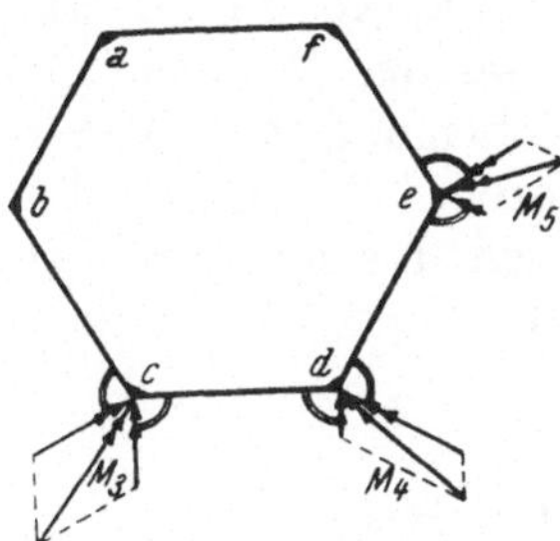

Abb. 187

In Abb. 186 ist ein räumliches Rahmentragwerk zweiter Ordnung dargestellt. Auszugleichen sind nur Momente, deren Wirkungsebenen senkrecht zu der Ebene der Ringstäbe stehen. Zur besseren Übersicht werden im folgenden die Momente durch einen Vektor dargestellt. Das Moment dreht um die Achse seines Vektors. Zur Unterscheidung von einer Einzelkraft wird er, wie üblich, durch zwei Pfeilspitzen gekennzeichnet. Blickt man in der Pfeilrichtung, so soll das Moment im Uhrzeigersinn drehen. Der Vektor der zum Ausgleich kommenden Momente liegt hier immer in der Ebene der Ringstäbe. Man kann nach Abb. 187 jedes an einem Knoten angreifende Moment in Komponenten, deren Wirkungsebenen die Vertikalebenen der den Knoten benachbarten Ringstäbe sind, zerlegen. Am einfachsten ist es zunächst, eine solche Komponente zum Ausgleich zu bringen. Diese Komponente sei M' (Abb. 186), sie greife am Knoten c an, ihre Wirkungsebene ist die Ebene $c'\,c\,b\,b'$.

Wird nur der Knoten c von den Festhaltungen gegen Verdrehen befreit, so erhält man in dem durch die Stäbe 3, 8 und 9 gebildeten räumlichen Stabeck etwa den in Abb. 188 dargestellten Momentenverlauf. Die Riegelmomente liegen in den Ebenen $b\,c\,c'$ und $c'\,c\,d$, während die Stützen auf räumliche Biegung beansprucht werden. Das Gleichgewicht erfordert, daß das Anschlußmoment des Stabes 8 und die in die Ebene der Stäbe 8 und 3 fallende Komponente des Anschlußmomentes der Stütze 3 zusammen gleich dem Moment M' sind. Mangels eines äußeren Momentes in der Ebene des Stabes 9 und der Stütze 3 müssen das Anschlußmoment des Stabes 9 und die in der Ebene der Stäbe 3 und 9 liegende Komponente des Kopfmomentes der Stütze 3 gleich groß sein. Die Momentennullpunkte in den Riegeln liegen bei Stäben mit unveränderlichen Trägheitsmomenten in der Entfernung $\frac{1}{3}\,s_8$, bzw. $\frac{1}{3}\,s_9$ von den Einspannstellen b und d. Am Stützenfuß ist in Abb. 188 gelenkig Lagerung angenommen. Bei fester Einspannung der Stütze 3 würde der Momentennullpunkt im unteren Drittelpunkt der Stütze liegen. Die Berechnung des Stabeckes nach Abb. 188 läßt sich mit oder ohne Berücksichtigung der Torsionssteifigkeit der Stäbe relativ einfach durchführen. Bei gleich langen Riegeln führt, wie später gezeigt wird, auch hierbei das Crosssche Verfahren schnell und einfach zum Ziele.

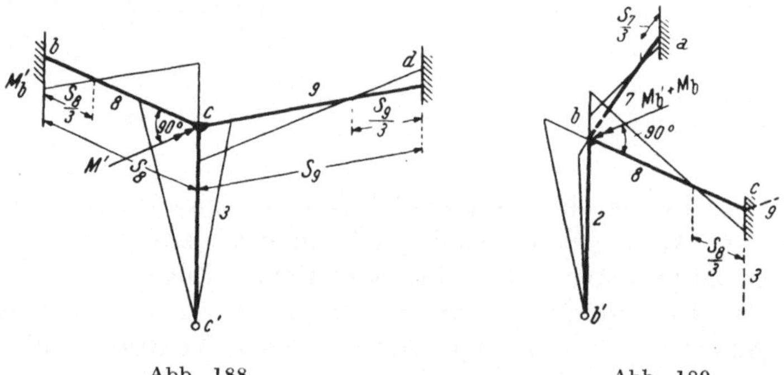

Abb. 188   Abb. 189

Nun wird die Verdrehbarkeit des Knotens c aufgehoben und der Knoten b frei drehbar gemacht. Im Knoten b ist nach Abb. 188 das Einspannungsmoment M_b' durch den Ausgleich im Knoten c entstanden. Jetzt kann dieses Moment zusammen mit einer eventuell im Knoten b angreifenden Momentenkomponente M_b zum Ausgleich gebracht werden. Die im Stabeck 7, 2, 8 dabei entstehenden Momente haben etwa den in Abb. 189 dargestellten Verlauf. Sind alle Riegel gleich und haben auch alle Stützen dieselbe Höhe und denselben Querschnitt, dann sind die gegenseitigen Verhältnisse der entsprechenden Momente der Abb. 188 und 189 gleich. Greift ein Moment in der Ebene der Stäbe *7* und *2* am Knoten *b* an, so verteilt sich dieses Moment bei gleichen Riegeln und gleichen Stützen genau so auf die Stabanschlüsse wie ein in der Ebene der Stäbe *8* und *3* am Knoten *c* angreifendes Moment. Das Ausgleichsschema ist daher für alle Knoten gleich.

Nach dem Ausgleich im Knoten *b* kann der Momentenausgleich im Knoten *d*, dann wieder in *c* usw. erfolgen, bis der gewünschte Grad der Genauigkeit erreicht ist. Auf diese Art hat bei Belastung der Stäbe der Ausgleich im Tragwerk mit unverschieblichen Knoten zu erfolgen. (Erster Berechnungsabschnitt.) Ebenso sind die Verschiebungszustände auszugleichen. Die Festhaltekräfte der Verschiebungszustände aus diesem räumlichen Momentenausgleich zusammen mit den zugehörigen Festhaltekräften, die sich beim Ausgleich der Momente des ebenen Horizontalrahmens ergeben, bilden die Kräftegruppe des betreffenden Verschiebungszustandes. Nach Ermittlung aller Kräftegruppen können die Grundgleichungen aufgestellt und die Berechnung des Tragwerkes durchgeführt werden.

Im Tragwerk nach Abb. 186 sollen die Riegel ein regelmäßiges *n*-Eck bilden, auch alle Stützen seien gleich hoch. Für den Momentenausgleich ist daher nur die Berechnung eines Ausgleichsschemas erforderlich. Die Stablängen seien *s*, die Stützhöhen *h*. In Abb. 190 ist das Stabeck, bestehend aus den Stäben *3*, *8* und *9* im Grundriß dargestellt.

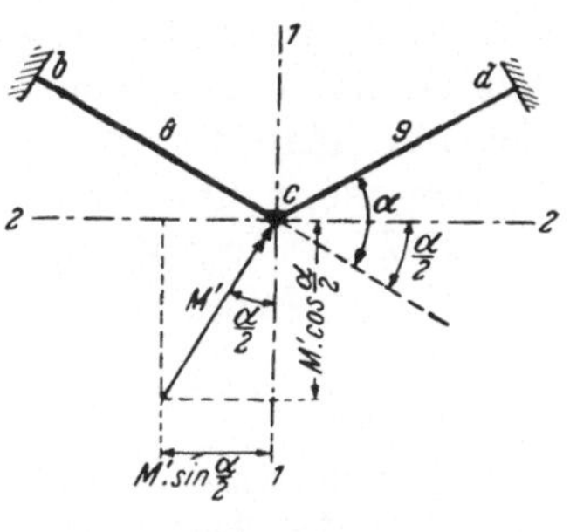

Abb. 190

Das in der Ebene der Stäbe *3* und *8* wirkende auszugleichende Moment M' kann in eine Komponente in der Ebene $1 - 1$ und in eine Komponente in der Ebene $2 - 2$ zerlegt werden. Ist α der kleinere Winkel, welchen die Richtungen der Riegel *8* und *9* miteinander einschließen, so halbiert nach Abb. 190 die Ebene $1 - 1$ den Winkel $(180° - \alpha)$, die Ebene $2 - 2$ den Winkel α. Die Komponenten sind

$$\left. \begin{aligned} M_{2-2} &= M' \cdot \sin \frac{\alpha}{2} \\[2mm] M_{1-1} &= M' \cdot \cos \frac{\alpha}{2} \end{aligned} \right\} \tag{99}$$

Das Stabeck wird durch die erste Komponente symmetrisch zur Ebene $1-1$ verbogen, durch die zweite Komponente werden die Stäbe 8 und 9 gegensymmetrisch verbogen. Im ersten Falle wird die lotrechte Stütze 3 in der Ebene $1-1$ nach hinten gebogen. Im zweiten Falle wird die Stütze durch das Anschlußmoment des Stabes 8 schräg nach links hinten gebogen, während das gleich große Anschlußmoment des Stabes 9 die Stütze nach links vorne zu verbiegen trachtet. Die Bewegungen quer zur Ebene $2-2$ heben sich daher auf und die Stütze kann sich nur in der Ebene $2-2$ bewegen. Voraussetzung ist natürlich, daß die Hauptträgheitsachsen aller Stützenquerschnitte in den Ebenen $1-1$ und $2-2$ liegen.

Die Berechnung des Stabeckes kann mittels des Crossschen Verfahrens erfolgen. Im folgenden wird sie unter Annahme konstanter Trägheitsmomente in allen Stäben durchgeführt. Die Berücksichtigung eventueller Auflagerschrägen (Vouten) bietet aber keine Schwierigkeiten.

a) Momentenkomponente in der Ebene $1-1$ wirkend ($M_{2\text{-}2}$). Faßt man die beiden Stäbe 8 und 9 als eine Einheit zusammen, so verteilt sich die Komponente $M' \cdot \sin \frac{a}{2}$ auf diese beiden Ringstäbe und die Stütze 3 entsprechend den Steifigkeiten. Wird das Trägheitsmoment des Stützenquerschnittes um die in der Ebene $1-1$ liegende Hauptträgheitsachse mit J_1 bezeichnet und ist das Trägheitsmoment um die in der Ebene $2-2$ liegende Hauptträgheitsachse J_2, so ergibt sich die Steifigkeit für die mit einem Fußgelenk versehene Stütze nach Gl. (12) und (14) mit

$$\frac{1}{\tau_s} = \frac{3\,E\,J_2}{h} = 3\,E\,c\,k_2 \tag{100}$$

Die gemeinsame Steifigkeit der beiden Riegel 8 und 9 ist der Kehrwert der Verdrehungswinkel infolge $M = 1$ bei gelenkiger Lagerung dieser Stäbe am Knoten c.

Zerlegt man nach Abb. 191 das Moment $M = 1$ in zwei Komponenten, welche in den lotrechten Ebenen der Stäbe 8 und 9 wirken, so sind ihre absoluten Beträge

$$M_8 = M_9 = \frac{M}{2} \cdot \frac{1}{\sin \dfrac{a}{2}} = \frac{1}{2} \cdot \frac{1}{\sin \dfrac{a}{2}} \tag{101}$$

Ist das Trägheitsmoment der Riegelquerschnitte um ihre horizontale Achse J, so bewirken diese Momente nach Gl. (13) eine Verdrehung der Stabenden am Knoten b um

$$\tau = \frac{s}{4\,E\,J}\,M_8 = \frac{s}{8\,E\,J} \cdot \frac{1}{\sin \dfrac{a}{2}} \tag{102}$$

In der Entfernung Eins von Knoten b, gemessen in den Achsen der Stäbe 8 und 9 betragen daher die Hebungen der Stabendtangenten $\tau \cdot 1{\cdot}00$. Verbindet man diese beiden Punkte miteinander, so durchstößt ihre Verbindungslinie die Ebene $1 - 1$ im Abstand $1{\cdot}00 \cdot \sin \frac{a}{2}$ von c. Die Neigung der Tangentialebene im Knoten c in Richtung $1 - 1$ an die elastischen Linien der beiden Stäbe 8 und 9 ist daher der Quotient aus $\tau \cdot 1{\cdot}00$ und dem Abstand $1{\cdot}00 \cdot \sin \frac{a}{2}$, d. i.

$$\tau_T = \frac{\tau}{\sin \dfrac{a}{2}}$$

Daher beträgt die gemeinsame Steifigkeit der beiden Stäbe 8 und 9 bei Berücksichtigung von Gl. (102)

$$\frac{1}{\tau_T} = \frac{8\,E\,J}{s} \cdot \sin^2 \frac{a}{2} = 8\,E\,c\,k \sin^2 \frac{a}{2} \tag{103}$$

Da die Steifigkeiten bekannt sind, kann der Momentenausgleich erfolgen. Die Momente der Stäbe 8 und 9 erhält man aus dem sich nach dem Ausgleich ergebenden Moment mittels der Formel (101).

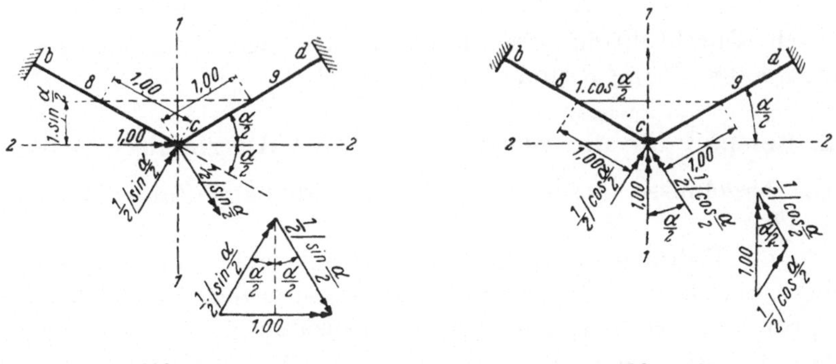

Abb. 191
Abb. 192

b) Momentenkomponente in der Ebene $2 - 2$ wirkend. Die Steifigkeit der Stütze beträgt in diesem Falle

$$\frac{1}{\tau_s} = \frac{3\,E\,J_1}{h} = 3\,E\,c\,k_1 \tag{100a}$$

Zerlegt man auch hier das Moment $M = 1$ in seine in die lotrechten Ebenen der Stäbe 8 und 9 fallenden Komponenten, so ist nach Abb. 192 ihr absoluter Betrag:

$$M_8' = M_9' = \frac{M}{2} \cdot \frac{1}{\cos \dfrac{a}{2}} = \frac{1}{2} \cdot \frac{1}{\cos \dfrac{a}{2}} \tag{104}$$

Die Endverdrehungen der beiden Stäbe *8* und *9* betragen daher nach Gl. (13)

$$\tau = \frac{s}{4\,E\,J} \cdot \frac{1}{2} \cdot \frac{M}{\cos\dfrac{a}{2}} = \frac{s}{8\,E\,J} \cdot \frac{1}{\cos\dfrac{a}{2}} \tag{105}$$

Die Hebung der Endtangente des Stabes *8* im Abstand Eins, gemessen in der Stabachse, vom Knoten *c* beträgt daher $\tau \cdot 1\cdot00$, um denselben Betrag senkt sich der symmetrische Punkt der Endtangente des Stabes *9*. Die Verdrehung erfolgt um die Spur der Vertikalebene *1 — 1* auf der Horizontalebene. Der Abstand senkrecht zu *1 — 1* ist $1\cdot00 \cdot \cos\dfrac{a}{2}$, daher beträgt der Verdrehungswinkel der Stäbe *8* und *9* um *1 — 1*

$$\tau_{T}' = \frac{\tau}{\cos\dfrac{a}{2}}$$

Die gemeinsame Steifigkeit der Stäbe *8* und *9* ist daher bei Berücksichtigung von Gl. (105)

$$\frac{1}{\tau_{T}'} = \frac{8\,E\,J}{s} \cos^2\frac{a}{2} = 8\,E\,c\,k \cdot \cos^2\frac{a}{2} \tag{106}$$

Nach Durchführung des Momentenausgleiches ergeben sich die Momente der Stäbe *8* und *9* nach Gl. (104).

2. Beispiel für die Berechnung eines Ausgleichsschemas

Die Ergebnisse dieses Beispieles werden beim Zahlenbeispiel 19 verwendet.

Für ein Rahmentragwerk, dessen Riegel nach Abb. 186 ein regelmäßiges Sechseck bilden, ist für einen Knoten das Ausgleichsschema als Grundlage zum räumlichen Momentenausgleich zu berechnen.

Der Riegelquerschnitt beträgt 30/50, die Stützen haben quadratischen Querschnitt mit 50 *cm* Seitenlänge, sie sind am Fuß gelenkig gelagert. Die Länge der Horizontalstäbe (Riegel) beträgt $s = 5\cdot00\ m$, die Stützenhöhe $6\cdot00\ m$.
Für die Stützen ist

$$J_1 = J_2 = \frac{0\cdot50^4}{12} = 52\cdot08 \cdot 10^{-4}\ m^4$$

mit

$$c = 10^{-4}\ \text{ist}\ k_1' = k_2' = \frac{52\cdot08}{6\cdot00} = 8\cdot68$$

Das Trägheitsmoment der Riegelquerschnitte ist

$$J = \frac{0\cdot30 \cdot 0\cdot50^3}{12} = 31\cdot25 \cdot 10^{-4}$$

Die relative Steifigkeit beträgt

$$k' = \frac{31 \cdot 25}{5 \cdot 00} = 6 \cdot 25$$

Beim regelmäßigen Sechseck ist

$$\alpha = 60°, \quad \frac{\alpha}{2} = 30°$$

$$\sin \frac{\alpha}{2} = 0 \cdot 5000, \quad \cos \frac{\alpha}{2} = 0 \cdot 8660$$

1. Momentenkomponente in der Ebene $1 - 1$ wirkend (Abb. 191). Die Steifigkeit der Stütze beträgt nach Gl. (100)

$$\frac{1}{\tau_s} = 3 \cdot 8 \cdot 68 \cdot E\,c = 26 \cdot 04\,E\,c$$

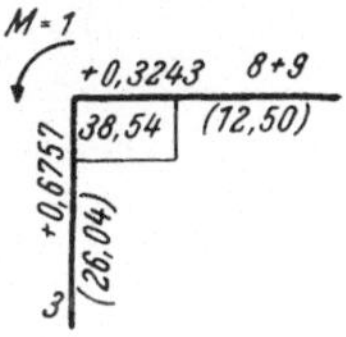

Die gemeinsame Steifigkeit der Horizontalstäbe ist nach Gl. (103)

$$\frac{1}{\tau_T} = 8 \cdot 6 \cdot 25 \cdot 0 \cdot 500^2\,E\,c = 12 \cdot 5\,E\,c$$

Abb. 193

Der Momentenausgleich ist in Abb. 193 durchgeführt. Das Eckmoment der Stäbe beträgt nach Gl. (101)

$$- \frac{0 \cdot 3243}{2} \cdot \frac{1}{0 \cdot 5000} = - 0 \cdot 3243\,tm$$

Den Momentenverlauf zeigt die Abb. 195a.

2. Momentenkomponente in der Ebene $2 - 2$ wirkend.

Da die Stütze quadratischen Querschnitt hat, ist auch hier

$$\frac{1}{\tau_s} = 26 \cdot 04\,E\,c$$

Nach Gl. (106) beträgt die gemeinsame Steifigkeit der beiden Stäbe 8 und 9

$$\frac{1}{\tau_T'} = 8 \cdot 6 \cdot 25 \cdot 0 \cdot 866^2\,E\,c = 37 \cdot 5$$

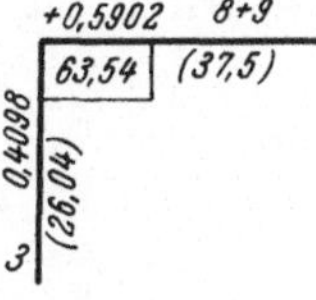

Abb. 194

Abb. 194 enthält den Momentenausgleich. Nach Gl. (104) sind die Anschlußmomente der Stäbe 8, bzw. 9 nach der in der Statik üblichen Vorzeichenregel.

$$M_8 = - \frac{0 \cdot 5902}{2} \cdot \frac{1}{0 \cdot 866} = - 0 \cdot 3407$$

für den Stab 8 und $+ 0 \cdot 3407$ für den Stab 9 (Momentenverlauf Abb. 195b).

Im Ausgleichsschema beträgt das angreifende Moment nach Abb. 188 und 190 $M' = 1$. Die Stabmomente setzen sich daher nach Abb. 190 und Gl. (99) aus den $\sin \frac{\alpha}{2} -$, bzw. $\cos \frac{\alpha}{2}$-fachen Momenten der Abb. 195a, bzw. 195b zusammen.

Für den Stab *8* ist

$$M_8 = -\,0{\cdot}3243 \cdot \sin \frac{a}{2} - 0{\cdot}3407 \cdot \cos \frac{a}{2} = -\,0{\cdot}4573 \; tm$$

Für den Stab *9* erhält man

$$M_9 = -\,0{\cdot}3243 \cdot \sin \frac{a}{2} + 0{\cdot}3407 \cdot \cos \frac{a}{2} = -\,0{\cdot}1329 \; tm$$

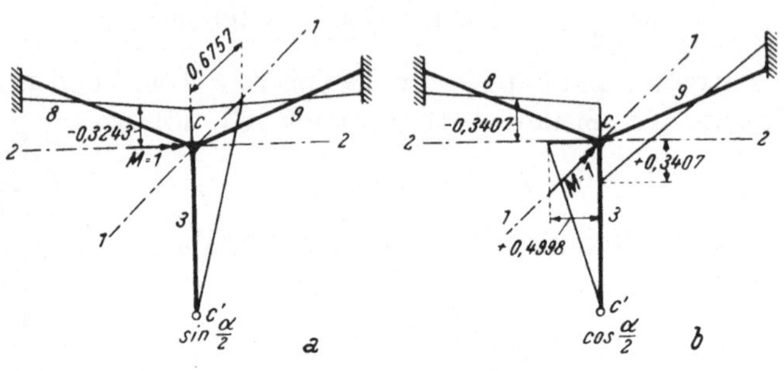

Abb. 195

Für die Stütze beträgt das Kopfmoment in der Vertikalebene des Stabes *8* bei Berücksichtigung von Gl. (101) und (104)

$$M_3 = \frac{0{\cdot}6757}{2} \cdot \frac{1}{\sin \dfrac{a}{2}} \cdot \sin \frac{a}{2} + \frac{0{\cdot}4098}{2} \cdot \frac{1}{\cos \dfrac{a}{2}} \cdot \cos \frac{a}{2} = 0{\cdot}5427 \; tm$$

In der Vertikalebene des Stabes *9* ist das Kopfmoment der Stützen:

$$M_3{}' = \frac{0{\cdot}6757}{2} \cdot \frac{1}{\sin \dfrac{a}{2}} \cdot \sin \frac{a}{2} - \frac{0{\cdot}4098}{2} \cdot \frac{1}{\cos \dfrac{a}{2}} \cdot \cos \frac{a}{2} = 0{\cdot}1329 \; tm$$

Natürlich ist

$$-\,M_8 + M_3 = +\,0{\cdot}4573 + 0{\cdot}5427 = 1{\cdot}000 \; tm$$

und

$$M_9 + M_3{}' = +\,0{\cdot}1329 - 0{\cdot}1329 = 0{\cdot}000 \; tm$$

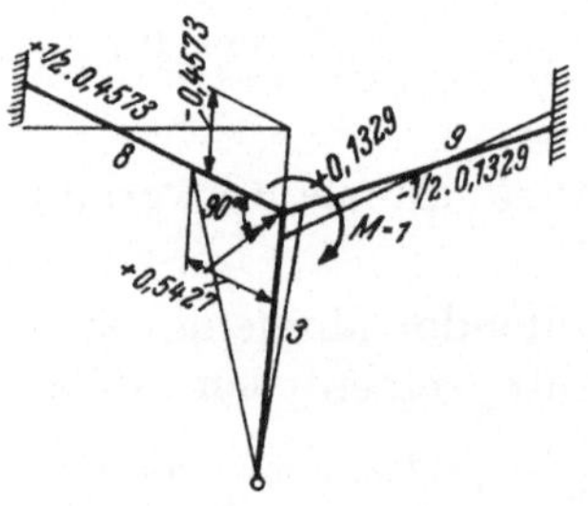

Abb. 196

Das Ausgleichsschema ist in Abb. 196 dargestellt.

3. Zahlenbeispiel 19

Das in Abb. 186 dargestellte Rahmentragwerk ist für eine horizontale Belastung (Windlast) zu berechnen. Die Abmessungen sind dieselben wie beim Beispiel zur Berechnung eines Ausgleichsschemas.

Sind die Windkräfte quer zu einem Stab des Horizontalrahmens gerichtet und symmetrisch zur Achse $A - A$ angeordnet, so können die sechs Festhaltungen nach Abb. 197 angenommen werden. Infolge der Symmetrie des Tragwerkes sind alle Grundverschiebungszustände der Form nach gleich. Aus dem Grundverschiebungszustand von F_1 gehen die Grundverschiebungszustände von F_2, F_3, F_4, F_5 und F_6 durch Drehen um 60°, 120°, 180° usw. hervor.

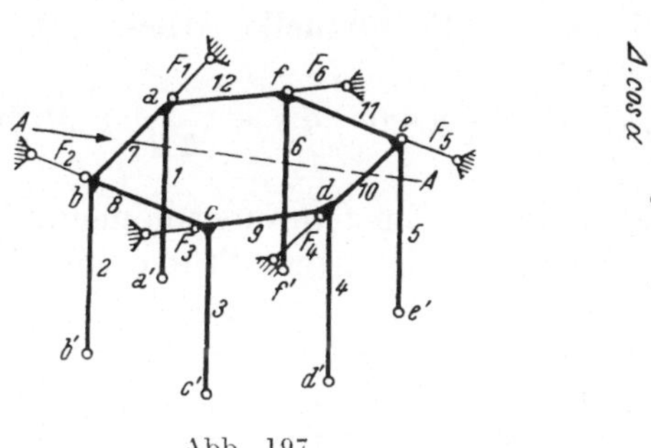

Abb. 197

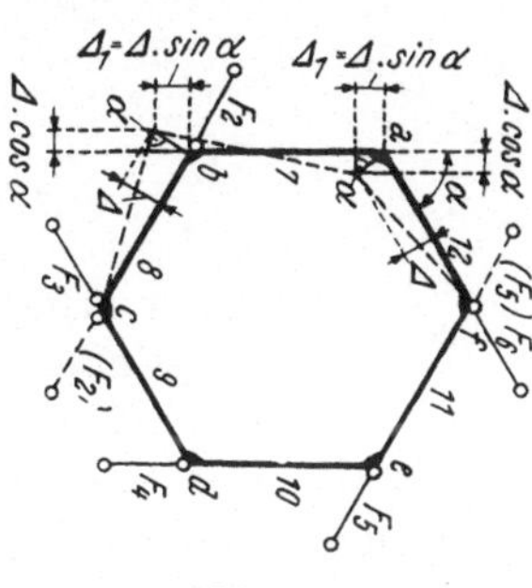

Abb. 198

Abb. 198 zeigt die Knotenverschiebungen bei der Grundverschiebung Δ_1 der Festhaltung F_1. Da die Knoten f und c unverrückbar festgehalten werden, können sich die Knoten a und b nur auf Kreisbogen mit den Mittelpunkten c und f bewegen, wobei auch der Auflagerbedingung der Festhaltung F_2 entsprochen wird. Infolge der Gegensymmetrie sind die Verschiebungen von a und b gleich groß. Ist Δ der Verschiebungsweg der Knoten a und b, so beträgt die gegenseitige Verschiebung der Stabenden des Stabes 7 quer zur Stabachse

$$\Delta_7 = 2\,\Delta \cdot \cos\alpha = 2\,\Delta \cdot \cos 60° = \Delta$$

Da die gegenseitigen Verschiebungen der Enden der Stäbe 8 und 12 ebenfalls Δ ist, sind die absoluten Werte der horizontalen Einspannungsmomente aller Ringstäbe im System mit unverdrehbaren Knoten gleich groß.

Das Trägheitsmoment um die vertikale Achse beträgt bei einem Riegelquerschnitt von 30/50

$$J_2 = \frac{0{\cdot}30^3 \cdot 0{\cdot}50}{12} = 11{\cdot}25 \cdot 10^{-4}\, m^4$$

mit $c = 10^{-4}$ ist die relative Steifigkeit aller Riegel

$$k = \frac{11{\cdot}35}{5{\cdot}00} = 2{\cdot}25$$

Die Einspannungsmomente betragen daher nach Gl. (31a)

$$M = 6\,E\,c\,k\,\frac{\Delta}{8} = 6 \cdot \frac{2{\cdot}25}{5{\cdot}00}\,E\,c\,\Delta = 2{\cdot}70\,E\,c\,\Delta$$

Die Stützen haben quadratischen Querschnitt. Die Komponenten der Stützenkopfverschiebungen der Stützen *1* und *2* in Richtung der Stäbe *7* und *12*, bzw. *7* und *8* betragen nach Abb. 199:

$$\Delta_{s(7)} = \frac{\Delta}{\sin \alpha} = \frac{\Delta}{\sin 60°} = \frac{\Delta}{0\cdot8660}$$

$$\Delta_{s(12)} = \Delta_{s(8)} = \Delta \operatorname{cotg} \alpha = \Delta \operatorname{cotg} 60° = 0\cdot57735\,\Delta$$

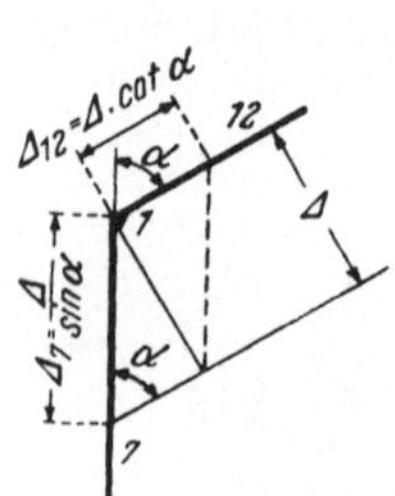

Abb. 199

Bei quadratischem Querschnitt ergibt sich aus Gl. (56) mit $\alpha = \overline{\alpha}$ die virtuelle Arbeit mit

$$A = \frac{1}{E\,J} \int\limits_0^S \overline{M}\,M \cdot \cos 0° \cdot d\,s = \frac{1}{E\,J} \int\limits_0^S \overline{M}\,M\,d\,s$$

Daher erhält man die Einspannungsmomente bei der am Fuße gelenkig gelagerten Stütze unmittelbar nach Gl. (34 a).

Man erhält mit den Werten $k_1 = k_2 = 8\cdot68$ des vorherigen Beispiels (Ausgleichsschema) und $E\,c\,\Delta = 1$

$$M_7 = 3\,E\,c \cdot \frac{k_1}{h}\,\Delta_7 = 3 \cdot \frac{8\cdot68}{6\cdot00} \cdot \frac{E\,c\,\Delta}{0\cdot866} = 5\cdot012\,tm$$

$$M_{12} = M_8 = 3\,E\,c\,\frac{8\cdot68}{6\cdot00} \cdot 0\cdot57735\,\Delta = 2\cdot506\,tm$$

Bei Stützen mit verschiedenen Hauptträgheitsmomenten ist die Beziehung Gl. (55) zu berücksichtigen. Es kann in diesem Falle auch die Verschiebung Δ in die beiden Komponenten

$$\Delta \cdot \sin \frac{\alpha}{2} \quad \text{und} \quad \Delta \cdot \cos \frac{\alpha}{2}$$

in Richtung der Hauptträgheitsachsen *1 — 1* und *2 — 2* (Abb. 190) zerlegt werden. Aus diesen Verschiebungskomponenten erhält man mittels der Gl. (34 a) die Momente und die Achsen *1 — 1* und *2 — 2*. Diese Momente können nach Gl. (101) und (104) in ihre in den Vertikalebenen der Stäbe *7* und *12* liegenden Komponenten zerlegt werden.

Auf diesem Wege wird

$$M_7 = \frac{3\,E\,c\,\Delta}{2\,h}\left(k_2 \cdot \operatorname{cotg} \frac{\alpha}{2} + k_1 \operatorname{tang} \frac{\alpha}{2}\right)$$

$$M_{12} = \frac{3\,E\,c\,\Delta}{2\,h}\left(k_2 \cdot \operatorname{cotg} \frac{\alpha}{2} - k_1 \operatorname{tang} \frac{\alpha}{2}\right)$$

Mit $k_1 = k_2$, d. i. für quadratische, kreisrunde usw. Stützenquerschnitte folgt

$$M_7 = \frac{3\,E\,c}{h}\,k_1 \cdot \frac{\Delta}{\sin \alpha}$$

und

$$M_{12} = \frac{3\,E\,c}{h}\,k_1 \cdot \Delta \operatorname{cotg} \alpha$$

Diese Formeln stimmen mit den oben angewandten Beziehungen überein.

Für den Grundverschiebungszustand F_1 sind somit alle Einspannungsmomente im Rahmen mit verschieblichen, aber unverdrehbaren Knoten bekannt. In Abb. 200 sind diese Momente dargestellt. Der Ausgleich der Momente im Horizontalrahmen erfolgt in Abb. 201.

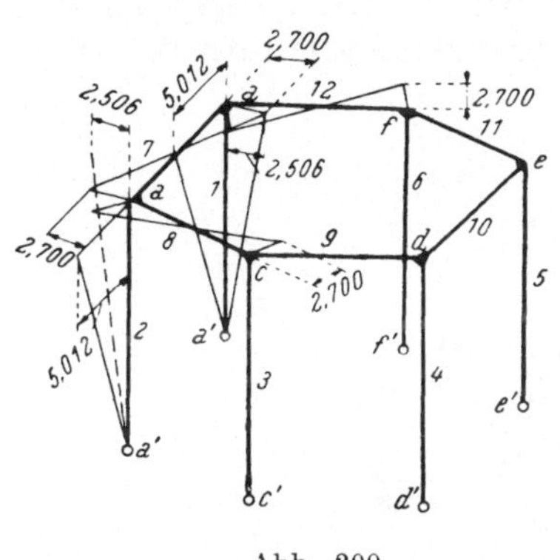

Abb. 200

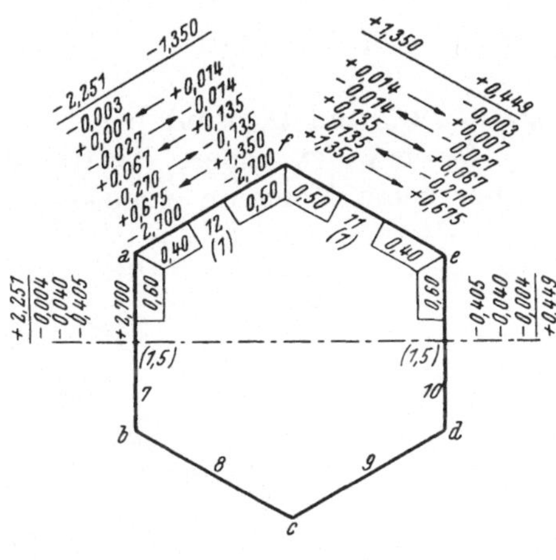

Abb. 201

Da alle Ringstäbe gleichen Trägheitsmoment haben, kann für den Momentenausgleich $k = 1$ angenommen werden, die Belastung ist gegensymmetrisch. In Abb. 202 ist das Ausgleichsergebnis dargestellt.

Die Festhaltekräfte können mittels der Gleichgewichtsbedingungen gegen Verdrehen um die Schnittpunkte der Stäbe *12* und *8*, *7* und *9*, *8* und *10*, *9* und *11*, O_1, O_2, O_3, O_4 berechnet werden.

Die Lage der Momentennullpunkte läßt sich einfach ermitteln und ist in der Abb. 202 eingetragen. Die Querkräfte der Ringstäbe erhält man aus den Eckmomenten und der Nullpunktentfernung; die absoluten Beträge der Querkräfte sind:

$$Q_{12} = Q_8 = \frac{2\cdot251}{3\cdot125} = 0\cdot7202\ t$$

$$Q_7 = \frac{2\cdot251}{2\cdot50} = 0\cdot9040\ t$$

$$Q_{11} = Q_9 = \frac{1\cdot350}{3\cdot752} = 0\cdot3598\ t$$

$$Q_{10} = \frac{1\cdot248}{2\cdot500} = 0\cdot1796\ t$$

Die Gleichgewichtsbedingungen um die Punkte O_1, O_2, O_2 und O_4 lauten und ergeben:

um $O_1 \ldots F_1'' \cdot 4\cdot3301 - 2 \cdot 0\cdot7208 \cdot 8\cdot1255 = 0$,

daraus ist $F_1'' = 2\cdot703\ t$

um $O_2 \ldots F_2'' \cdot 4\cdot3301 + 0\cdot904 \cdot 7\cdot50 + 0\cdot398 \cdot 8\cdot752 = 0$,

daraus ist $F_2'' = -\ 2\cdot287\ t$

um $O_3 \ldots F_3'' \cdot 4\cdot3301 - 0\cdot7207 \cdot 6\cdot875 - 0\cdot1796 \cdot 7\cdot50 = 0$,

daraus ist $F_3'' = 1\cdot454\ t$

um $O_4 \ldots F_4'' \cdot 4\cdot3301 + 2 \cdot 0\cdot3589 \cdot 6\cdot248 = 0$,

daraus ist $F_4'' = -\ 1\cdot037\ t$

Q_7, Q_8, Q_9 und Q_{10} sind bei den Gleichgewichtsbedingungen um O_1, O_2, O_3, bzw. O_4 innere Kräfte, die sich gegenseitig aufheben und daher keine Momente erzeugen.

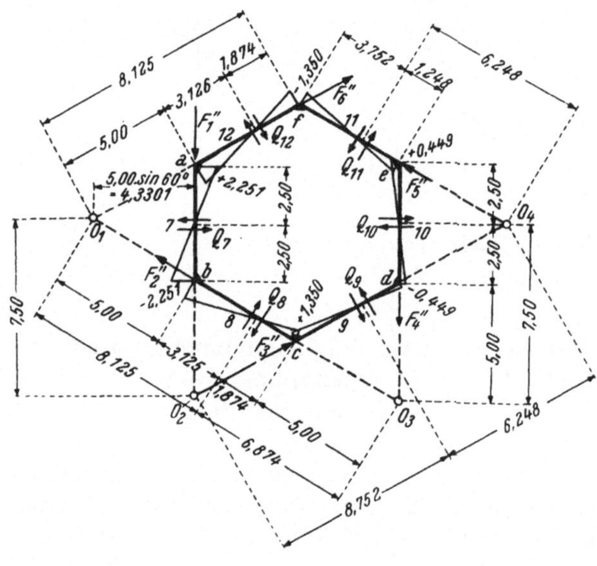

Abb. 202

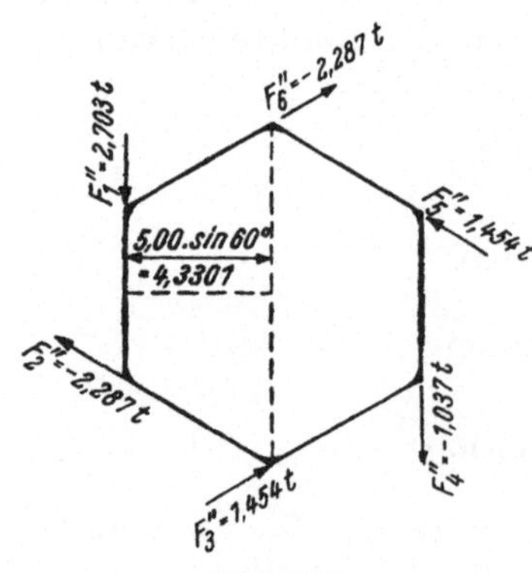

Abb. 203

In Abb. 203 sind die Festhaltekräfte des Horizontalrahmens dargestellt.

Da sonst keine äußeren Kräfte am Ring angreifen, müssen die Festhaltekräfte ein Gleichgewichtssystem bilden.

Zur Kontrolle wird ihr Moment um den Mittelpunkt berechnet:

$$(2 \cdot 2\cdot287 + 1\cdot037 - 2 \cdot 1\cdot454 - 2\cdot70) \cdot$$
$$\cdot\ 4\cdot3301 = 0\cdot000$$

Der räumliche Ausgleich der Stützenkopfmomente erfolgt in Abb. 204. Das Ausgleichsschema wurde bereits in vorher-

Abb. 204

Oberer Block (über der Mittelachse), von links nach rechts:

Linker Rand:
— 0·041
— 0·002
— 0·039

Spalte f:
+ 0·166 / — 0·007 / + 0·173
— 0·001 / + 0·174
+ 0·015 / + 0·159
— 0·134 / + 0·293
— 0·022 / + 0·315
+ 0·572 / — 0·257

12

Spalte:
+ 0·546
+ 0·001 / — 0·003 / + 0·548
— 0·003 / + 0·551
+ 0·031 / + 0·520
— 0·067 / + 0·587
— 0·044 / + 0·631
+ 1·145 / — 0·514

Spalte a:
— 2·380
— 0·010 / — 2·370
+ 0·009 / — 2·379
+ 0·004 / — 2·383
+ 0·017 / — 2·400
— 0·151 / — 2·249
+ 0·164 / — 2·413
+ 0·333 / — 2·746
+ 0·166 / — 2·912
— 1·767 / — 1·145

7

Spalte:
— 2·379
— 0·005 / — 2·374
+ 0·004 / — 2·378
+ 0·009 / — 2·387
+ 0·034 / — 2·421
— 0·075 / — 2·346
+ 0·328 / — 2·674
+ 0·166 / — 2·840
+ 0·333 / — 3·173
— 0·883 / — 2·290

Spalte b:
+ 0·546
+ 0·001 / — 0·003 / + 0·548
+ 0·031 / + 0·517
+ 0·010 / + 0·574
+ 0·095 / + 0·479
+ 1·145 / — 0·666

8

Spalte:
+ 0·167 / — 0·007 / + 0·174
+ 0·015 / + 0·159
— 0·133 / + 0·292
+ 0·005 / + 0·287
+ 0·048 / + 0·239
+ 0·572 / — 0·333

Spalte c:
— 0·041
— 0·002
— 0·039

Spalte d:
— 0·011
+ 0·009
— 0·020
— 0·001
— 0·019

Rechter Rand:
+ 0·003

Achsenbeschriftung (von links nach rechts):
6　f　12　1　a　7　b　2　8　c　3　9　d　4

Unterer Block (unter der Mittelachse):

Spalte f:
— 0·546
+ 0·002 / — 0·548
+ 0·003 / — 0·551
+ 0·036 / — 0·587
+ 0·044 / — 0·631
+ 1·361 / — 1·992
+ 0·514 / — 2·506
6
— 0·159 / — 0·008 / — 0·167

Spalte a:
+ 2·378
— 0·009 / + 2·387
+ 0·041 / + 2·346
+ 0·389 / + 1·957
— 0·333 / + 2·290
— 2·722 / + 5·012
+ 5·012 / — 2·100
+ 2·912 / — 0·333
+ 2·579 / — 0·179
+ 2·400 / — 0·009
+ 2·391 / — 0·011
— 2·380
1

Spalte b:
— 2·506 / — 0·666
— 1·840 / + 1·361
— 0·479 / — 0·095
— 0·574 / — 0·010
— 0·584 / + 0·036
— 0·548 / + 0·002
— 0·546
2

Spalte c:
— 0·167 / — 0·008 / — 0·159
3
+ 0·039 / + 0·002 / + 0·041
9

Spalte d:
+ 0·011
4
— 0·003

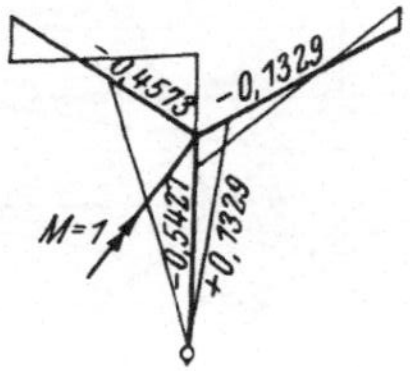

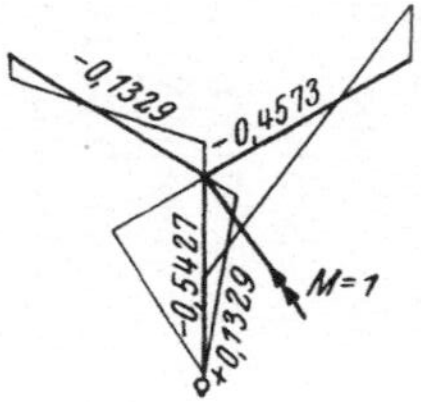

gehenden Beispiel berechnet. Es ist in Abb. 204 bei Berücksichtigung der Vorzeichenregel des Crossschen Ausgleichsverfahrens, die auch hier zur Vermeidung von Irrtümern anzuwenden ist, in Skizzenform angegeben.

Der Ausgleich beginnt am Knoten b mit dem Moment $+ 5\cdot012\ tm$, entsprechend dem Ausgleichsschema ergeben sich die Momente in den Stäben 2, 7 und 8 sowie 2 in der Ebene des Stabes 8 wie folgt:

$$\text{Stab } 2 \ldots\ldots\ldots\ldots\ldots\ldots - 5\cdot012 \cdot 0\cdot5427 = - 2\cdot722\ tm$$
$$\text{Stab } 7 \ldots\ldots\ldots\ldots\ldots\ldots - 5\cdot012 \cdot 0\cdot4573 = - 2\cdot290\ tm$$
$$\text{Stab } 8 \ldots\ldots\ldots\ldots\ldots\ldots - 5\cdot012 \cdot 0\cdot1329 = - 0\cdot660\ tm$$
$$\text{Stab } 2 \ (\text{Ebene } 2{-}8) \ldots\ldots + 5\cdot012 \cdot 0\cdot1329 = + 0\cdot660\ tm$$

Da die Abklingungszahlen 1/2 sind, werden die Momente der Stäbe 7 und 8 mit $- 1\cdot145\ tm$ und $- 0\cdot333\ tm$ an die anderen Stabenden weitergeleitet. Im Knoten a treten im Stab 7 das Moment von $- 1\cdot145\ tm$, in der Stütze 1 das Einspannungsmoment von $+ 5\cdot012\ tm$ in derselben Ebene, der Vertikalebene des Stabes 7, auf. Ferner ist noch das Einspannungsmoment der Stütze 1 in der Vertikalebene des Stabes 12 vorhanden. Man kann jetzt das Moment in der Ebene des Stabes 7: $5\cdot012 - 1\cdot145 = + 3\cdot867\ tm$ am Knoten a zum Ausgleich bringen und erhält

$$\text{Im Stab } 1 \ldots\ldots\ldots\ldots\ldots - 3\cdot867 \cdot 0\cdot5427 = - 2\cdot100\ tm$$
$$\text{Im Stab } 7 \ldots\ldots\ldots\ldots\ldots - 3\cdot867 \cdot 0\cdot4573 = - 1\cdot767\ tm$$
$$\text{Im Stab } 12 \ldots\ldots\ldots\ldots\ldots - 3\cdot867 \cdot 0\cdot1329 = - 0\cdot514\ tm$$
$$\text{Im Stab } 1 \ (\text{Vertikalebene } 7) \ + 3\cdot867 \cdot 0\cdot1329 = + 0\cdot514\ tm$$

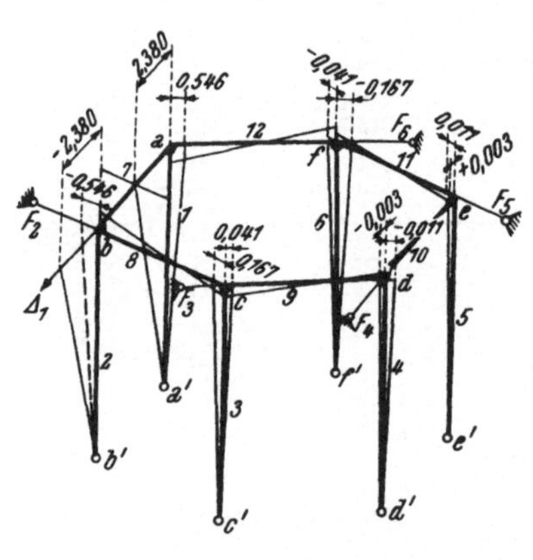

Abb. 205

Anschließend wird im Knoten b das Stützenkopfmoment von $- 2\cdot506\ tm$, das in der Vertikalebene des Stabes 8 wirkt, ausgeglichen.

In dieser Art wird in Abb. 204 der Momentenausgleich auf drei Dezimalen genau durchführt. Sein Ergebnis ist in Abb. 205 dargestellt.

Es erscheint zweckmäßig, dieses Ergebnis einer Kontrolle zu unterziehen. Zu diesem Zweck werden die Verschiebungen der Knoten a und b in Richtung des Stabes 7 und die Verschiebungen der Knoten b und c in Richtung des Stabes 8 berechnet.

Während die Verschiebung in Richtung des Stabes 7 nach Abb. 198 $\sin 60° = 0\cdot866$ betragen soll, soll in Richtung des Stabes 8 keine Verschiebung eintreten.

Für die Momente M infolge der Last 1 kann bei der Anwendung der Arbeitsgleichung (virtuelle Arbeit) der entsprechende Zweigelenkrahmen zugrunde gelegt werden. Seine Eckmomente sind nach Abb. 206 c $M = \pm \frac{1}{2} 6 \cdot 00 = \pm 3 \cdot 00\ tm$. Abb. 206 a enthält die Momente, welche bei der Berechnung der Verschiebung in Richtung des Stabes 7 zu berücksichtigen sind. Bei den Stützen ist darauf zu achten, daß sie auf räumliche Biegung beansprucht werden.

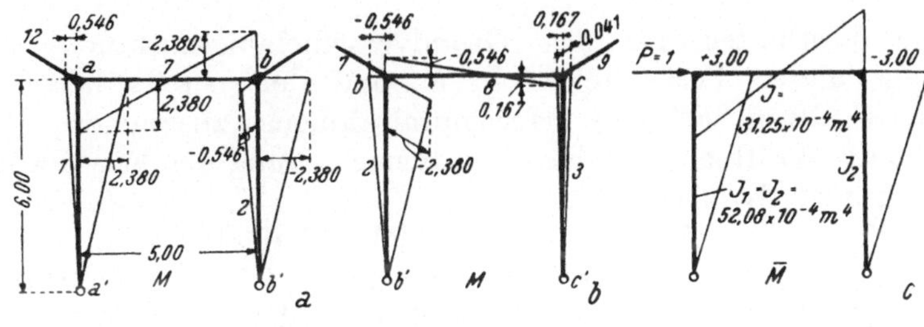

Abb. 206

Bei den hier vorliegenden quadratischen Stützenquerschnitten ist daher die Beziehung Gl. (56) zu verwenden. An Hand der Abb. 206 a und 206 c wird nach Gln. (39), (43) und (56)

$$E c \varDelta = \frac{1}{3} \cdot \frac{3 \cdot 00 \cdot 2 \cdot 380 \cdot 5 \cdot 00}{31 \cdot 25} + 2 \cdot \frac{1}{3} \cdot \frac{3 \cdot 00 \cdot 2 \cdot 38 \cdot 6 \cdot 00}{52 \cdot 08}$$

$$- 2 \cdot \frac{1}{3} \cdot \frac{3 \cdot 00 \cdot 0 \cdot 546 \cdot 6 \cdot 00}{52 \cdot 08} \cdot \cos 60° =$$

$$= 0 \cdot 866$$

Da $E c \varDelta = 1$ ist, stimmt diese Probe.

Für die Verschiebung in Richtung des Stabes 8 erhält man nach Abb. 206 b und 206 c bei Verwendung der Gln. (39), (43), (46) und (56)

$$E c \varDelta = + \frac{5 \cdot 00}{6} [3 \cdot 00 (2 \cdot - 0 \cdot 546 + 0 \cdot 167) -$$

$$- 3 \cdot 00 (2 \cdot 0 \cdot 167 - 0 \cdot 546)] \cdot \frac{1}{31 \cdot 25}$$

$$- \frac{1}{3} \cdot \frac{3 \cdot 00 \cdot 0 \cdot 546 \cdot 6 \cdot 00}{52 \cdot 08} - \frac{1}{3} \cdot \frac{3 \cdot 00 \cdot 0 \cdot 167 \cdot 6 \cdot 00}{52 \cdot 08}$$

$$+ \frac{1}{3} \cdot \frac{3 \cdot 00 \cdot 2 \cdot 380 \cdot 6 \cdot 00}{52 \cdot 08} \cdot \cos 60° +$$

$$+ \frac{1}{3} \cdot \frac{3 \cdot 00 \cdot 0 \cdot 041 \cdot 6 \cdot 00}{52 \cdot 08} \cdot \cos 60° = 0 \cdot 000$$

Auch diese Probe bestätigt die Richtigkeit des räumlichen Momentenausgleiches.

Die Festhaltekräfte ergeben sich aus der Abb. 205 mit:

$$F_1{}' = 2 \cdot \frac{2 \cdot 380}{6 \cdot 00} = 0 \cdot 793\ t$$

$$F_2{}' = F_6{}' = - \frac{0 \cdot 546 + 0 \cdot 167}{6 \cdot 00} = - 0 \cdot 119\ t$$

$$F_3{}' = F_5{}' = \frac{0 \cdot 041 + 0 \cdot 001}{6 \cdot 00} = 0 \cdot 009\ t$$

$$F_4{}' = \frac{2 \cdot 0 \cdot 003}{6 \cdot 00} = - 0 \cdot 001\ t$$

Die Festhaltekräfte des Grundverschiebungszustandes setzen sich aus diesen Festhaltekräften F' und den bereits berechneten Festhaltekräften F'' des Horizontalrahmens zusammen. Daher besteht die Kräftegruppe der Grundverschiebung der Festhaltung F_1 aus folgenden Kräften:

$$P_{11} = F_1{}' + F_1{}'' = 0 \cdot 793 + 2 \cdot 703 = 3 \cdot 496\ t$$
$$P_{21} = P_{61} = F_2{}' + F_2{}'' = - 0 \cdot 119 - 2 \cdot 287 = - 2 \cdot 406\ t$$
$$P_{31} = P_{51} = F_3{}'' + F_3{}'' = + 0 \cdot 009 + 1 \cdot 454 = 1 \cdot 463\ t$$
$$P_{41} = F_4{}' + F_4{}'' = - 0 \cdot 001 - 1 \cdot 037 = - 1 \cdot 308\ t$$

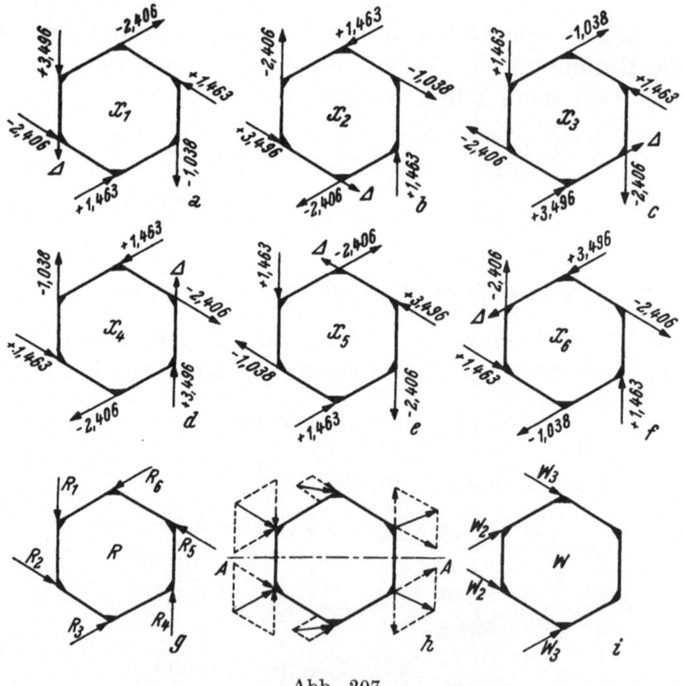

Abb. 207

Wie bereits erwähnt, erhält man die Kräftegruppen der anderen fünf Grundverschiebungszustände durch Drehung um 60°, 120°,

180° usw. In Abb. 207a bis 207f sind die Kräftegruppen der sechs Grundverschiebungszustände dargestellt. Abb. 207g enthält die Angriffskräfte.

In Abb. 207h ist die Zerlegung eines Systems von an den Knoten angreifenden symmetrisch zur Achse $A - A$ liegenden Horizontalkräften in Komponenten in Richtung der Angriffskräfte dargestellt. Das Resultat dieser Zerlegung enthält Abb. 207i.

Eine zur Achse $A - A$ symmetrische Belastung kann weder eine Verschiebung in Richtung der Festhaltung F_1 noch in Richtung der Festhaltung F_4 zur Folge haben, da die Verformung zur Achse $A - A$ (Abb. 207i) symmetrisch ist. Daher ist $x_1 = 0$ und $x_4 = 0$. Wird dieser Umstand berücksichtigt, so erhält man an Hand der Abb. 207 folgende Grundgleichungen:

x_2	x_3	x_5	x_6	
$3{\cdot}496$	$-2{\cdot}406$	$-1{\cdot}038$	$+1{\cdot}463$	$= R_2 = W_2$
$-2{\cdot}406$	$+3{\cdot}496$	$+1{\cdot}463$	$-1{\cdot}038$	$= R_3 = W_3$
$-1{\cdot}038$	$+1{\cdot}463$	$+3{\cdot}496$	$-2{\cdot}406$	$= R_5 = -W_3$
$+1{\cdot}463$	$-1{\cdot}038$	$-2{\cdot}406$	$+3{\cdot}496$	$= R_6 = -W_2$

Die Summen der 1. und 4. Gleichung, sowie der 2. und 3. Gleichung ergeben

$$4{\cdot}959\,(x_2 + x_6) - 3{\cdot}444\,(x_3 + x_5) = 0$$
$$-3{\cdot}444\,(x_2 + x_6) + 4{\cdot}959\,(x_3 + x_5) = 0$$

daraus ist

$$x_2 = -x_6, \quad x_3 = -x_5$$

Damit erhält man aus der 1. und 2. Gleichung

$$2{\cdot}033\,x_2 - 1{\cdot}368\,x_3 = W_2$$
$$-1{\cdot}368\,x_2 + 2{\cdot}033\,x_3 = W_3$$

Die Lösungen dieser Gleichungen sind:

$$x_2 = -x_6 = 0{\cdot}8989\,W_2 + 0{\cdot}6000\,W_3$$
$$x_3 = -x_5 = 0{\cdot}6000\,W_2 + 0{\cdot}8989\,W_3$$

Das Tragwerk hat einen 10 m hohen Aufbau nach Abb. 208. Dieser Aufbau ist nur an den Ringecken gelagert, so daß die vertikalen Kräfte aus der Windbelastung unmittelbar von den Stützen aufgenommen werden.

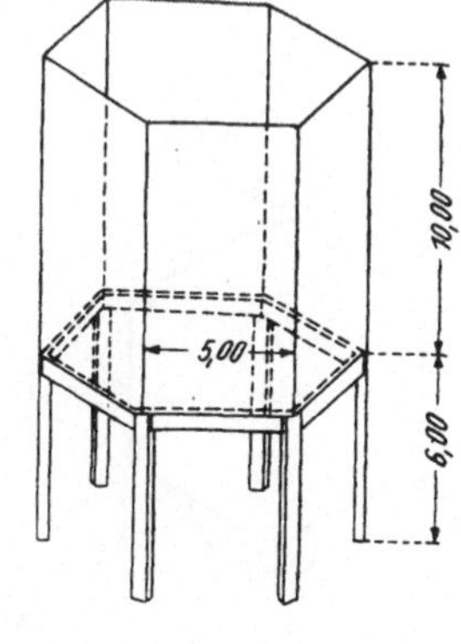

Abb. 208

Der Staudruck sei $q = 80\ kg/m^2$. Mit dem Beiwert $c = 1{\cdot}2$ erhält die lotrechte Fläche oberhalb des Stabes 7 (Abb. 209) eine Flächenbelastung von

$$W = c \cdot q = 1{\cdot}2 \cdot 0{\cdot}080 = 0{\cdot}096\ t/m^2$$

Die Flächen oberhalb der Stäbe *8* und *12* erhalten je

$$0{\cdot}096 \cdot \sin(90° - \alpha) = 0{\cdot}048 \; t/m^2 \; (\alpha = 60°)$$

Die Fläche oberhalb des Stabes *7* stützt sich gegen die Flächen oberhalb der Stäbe *8* und *12*.

Bei einem 10 *m* hohen Aufbau beträgt der Auflagerdruck der Fläche oberhalb vom Stab *7*:

$$A = \frac{0{\cdot}096 \cdot 5{\cdot}00 \cdot 10{\cdot}0}{2} = 2{\cdot}40 \; t$$

Die Stützdrücke A zerlegen sich nach Abb. 210 in je eine Komponente in Richtung der Festhaltungen F_1 und F_6 und in je eine Komponente in Richtung des Stabes *7*. Letztere Komponenten

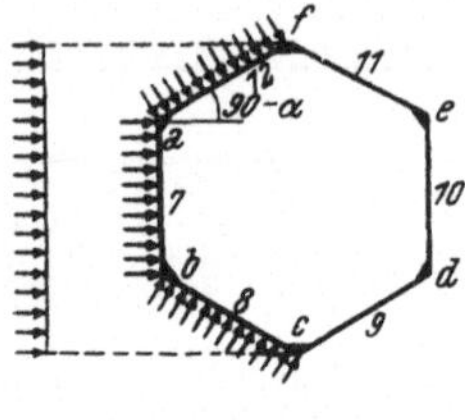

Abb. 209

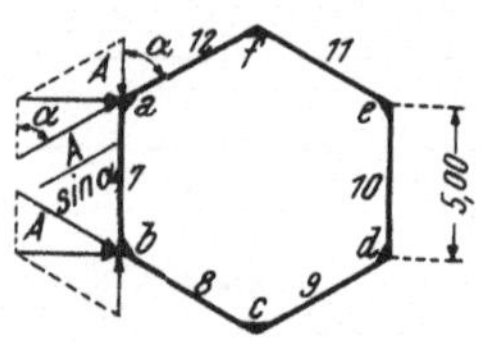

Abb. 210

werden als Druckkraft vom Stab *7* aufgenommen und erzeugen daher keine Momente. Der Anteil der Belastung der Fläche oberhalb des Stabes *7* beträgt daher nach Abb. 210

$$W_2 = \frac{A}{\sin \alpha} = \frac{2{\cdot}40}{0{\cdot}866} = 2{\cdot}78 \; t$$

Die Stützdrücke der Flächen oberhalb der Stäbe *8* und *12* sind

$$B = \frac{0{\cdot}048 \cdot 5{\cdot}00 \cdot 10{\cdot}00}{2} = 1{\cdot}20 \; t$$

Die Zerlegung in Komponenten in Richtung der Festhaltungen ergibt nach Abb. 211

$$W_3 = \frac{B}{\sin \alpha} = \frac{1{\cdot}20}{0{\cdot}866} = 1{\cdot}39 \; t$$

Alle anderen Komponenten erzeugen nur Druckkräfte in den Stäben *7*, *8* und *12*.

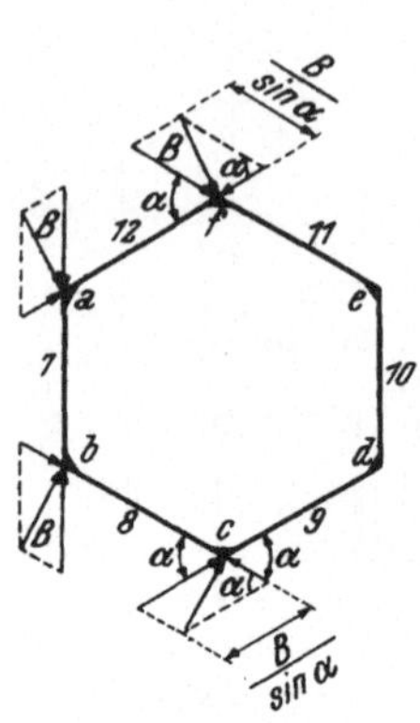

Abb. 211

Eine Zerlegung der Windbelastung in Druck- und Sogkräfte liefert hier dieselben Angriffskräfte.

Mit diesen Angriffskräften wird

$$x_2 = -\,x_6 = 0{\cdot}8989 \cdot 2{\cdot}78 + 0{\cdot}6000 \cdot 1{\cdot}39 = 3{\cdot}333$$
$$x_3 = -\,x_5 = 0{\cdot}600 \quad \cdot 2{\cdot}78 + 0{\cdot}8989 \cdot 1{\cdot}39 = 2{\cdot}917$$

Tabelle 3 enthält die Berechnung der Momente an den Stützenköpfen. Die Momente in den Riegeln sind ebenso groß wie an den anschließenden Stützenköpfen. Tab. 4 enthält die Berechnung der Momente der Riegel in der Horizontalebene.

Im unteren Teil der Abb. 212 sind die in Tab. 3 und 4 berechneten Momente des Rahmentragwerks dargestellt.

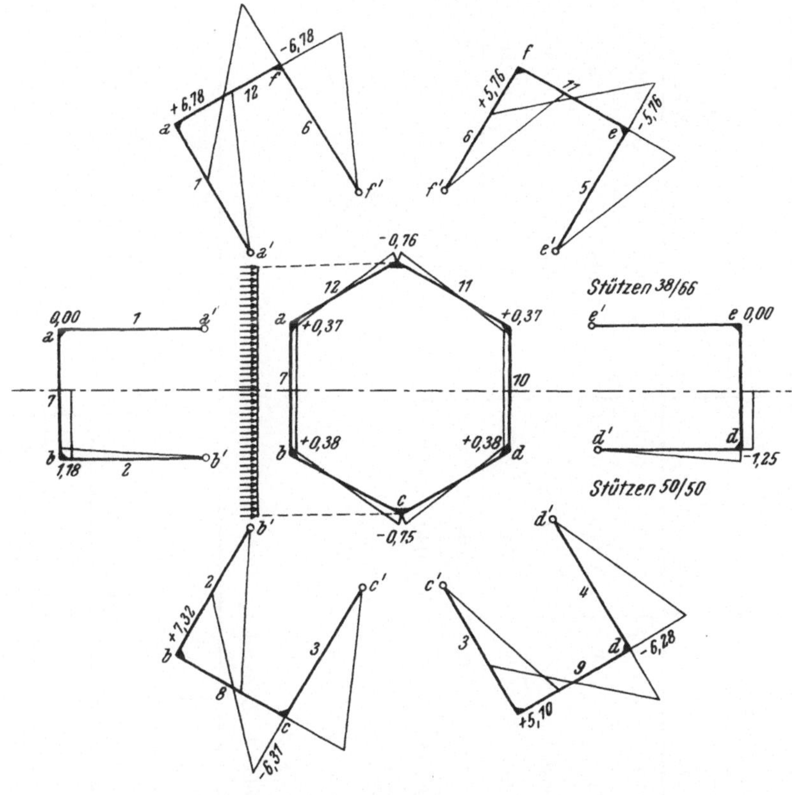

Abb. 212

4. Zahlenbeispiel 20

Das Tragwerk des Zahlenbeispiels 19 ist durch entsprechende Stützenausbildung bei gleicher Stützenquerschnittsfläche in ein Rahmentragwerk erster Ordnung umzuwandeln und für dieselbe Windbelastung wie im Zahlenbeispiel 19 zu berechnen.

Um ein Rahmentragwerk erster Ordnung zu erhalten, müssen die Stützenquerschnitte als Rechtecke mit einem Seitenverhältnis nach Gl. (92) ausgebildet werden. Die Bedingung Gl. (92) lautet:

$$\frac{d}{b} = \cotg \frac{\beta}{2}$$

Tabelle 3. *Berechnung der Momente in den Vertikalrahmen*

Stab	Knoten	Stab	Knoten	Momente in den Grundverschiebungszust. der Festhalt.				$M_2 - M_6$	$M_3 - M_5$	$x_2 = -x_6 = 3{\cdot}333$, $x_3 = -x_5 = 2{\cdot}917$		Gesamtmoment M
				F_2 M_2	F_3 M_3	F_5 M_5	F_6 M_6			$x_2 M_2 + x_6 M_6$ $= 3{\cdot}333\,(M_2 - M_6)$	$x_3 M_3 + x_5 M_5$ $= 2{\cdot}917\,(M_3 - M_5)$	
7	b_7	7	a_7	$+0{\cdot}546$	$-0{\cdot}011$	$+0{\cdot}167$	$+0{\cdot}167$	$+0{\cdot}379$	$-0{\cdot}030$	$+1{\cdot}263$	$-0{\cdot}088$	$+1{\cdot}175$
8	b_8	12	a_{12}	$+2{\cdot}380$	$-0{\cdot}003$	$+0{\cdot}041$	$+0{\cdot}041$	$+2{\cdot}339$	$-0{\cdot}164$	$+7{\cdot}796$	$-0{\cdot}478$	$+7{\cdot}318$
	c_8		f_{12}	$-2{\cdot}380$	$+0{\cdot}003$	$-0{\cdot}011$	$-0{\cdot}011$	$-2{\cdot}369$	$+0{\cdot}543$	$-7{\cdot}896$	$+1{\cdot}584$	$-6{\cdot}312$
9	c_9	11	f_{11}	$-0{\cdot}546$	$+0{\cdot}011$	$-0{\cdot}003$	$-0{\cdot}003$	$-0{\cdot}543$	$+2{\cdot}369$	$-1{\cdot}810$	$+6{\cdot}910$	$+5{\cdot}100$
	d_9		e_{11}	$+0{\cdot}167$	$-0{\cdot}041$	$+0{\cdot}003$	$+0{\cdot}003$	$+0{\cdot}164$	$-2{\cdot}369$	$+0{\cdot}547$	$-6{\cdot}823$	$-6{\cdot}276$
10	d_{10}	10	e_{10}	$+0{\cdot}041$	$-0{\cdot}0167$	$+0{\cdot}011$	$+0{\cdot}011$	$+0{\cdot}030$	$-0{\cdot}379$	$+0{\cdot}100$	$-1{\cdot}106$	$-1{\cdot}006$

Tabelle 4. *Berechnung der Momente im Horizontalrahmen*

Knoten		Momente in den Grundverschiebungszust. der Festhalt.				$M_2 - M_6$	$M_3 - M_5$	$x_2 = -x_6 = 3{\cdot}333$, $x_3 = -x_5 = 2{\cdot}917$		Gesamtmoment A
		F_2 M_2	F_3 M_3	F_5 M_5	F_6 M_6			$x_2 M_2 + x_6 M_6$ $= 3{\cdot}333\,(M_2 - M_6)$	$x_3 M_3 + x_5 M_5$ $= 2{\cdot}917\,(M_3 - M_5)$	
b	a	$+2{\cdot}251$	$-1{\cdot}350$	$-0{\cdot}449$	$+1{\cdot}350$	$+0{\cdot}901$	$-0{\cdot}901$	$+3{\cdot}003$	$-2{\cdot}628$	$+0{\cdot}375$
c	f	$-2{\cdot}251$	$+2{\cdot}251$	$+0{\cdot}449$	$-0{\cdot}449$	$-1{\cdot}802$	$+1{\cdot}802$	$-6{\cdot}006$	$+5{\cdot}256$	$-0{\cdot}750$
d	e	$+1{\cdot}350$	$-2{\cdot}251$	$-1{\cdot}350$	$+0{\cdot}449$	$+0{\cdot}901$	$-0{\cdot}901$	$+3{\cdot}003$	$-2{\cdot}628$	$+0{\cdot}375$

β ist der kleinere Winkel zwischen zwei aneinander stoßende Ringstäbe. Er beträgt hier 60°, daher ist

$$d = b \cdot \operatorname{cotg} 30° = 1{\cdot}732\, b$$

Die quadratischen Stützen des Zahlenbeispiels 19 haben eine Seitenlänge von 50 cm, bei Flächengleichheit ist daher

$$F = b \cdot d = b^2 \cdot 1{\cdot}732 = 50 \cdot 50$$

daraus folgt

$$b = 38\ cm$$

und

$$d = 1{\cdot}732 \cdot 38 \sim 66\ cm$$

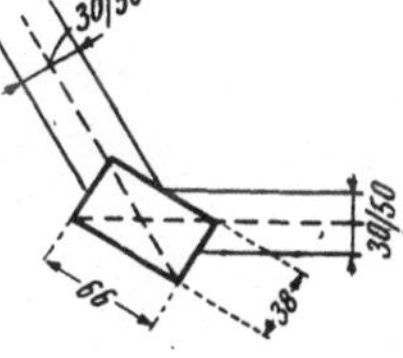

Abb. 213

Die Stützen sind nach Abb. 213 anzuordnen. Nach Gl. (97a) ist

$$J' = \frac{b^4}{24} \cdot \frac{\operatorname{cotg}\dfrac{\alpha}{2}}{\sin^2\dfrac{\alpha}{2}} = \frac{0{\cdot}38^4}{24} \cdot \frac{1{\cdot}732}{0{\cdot}5000^2} = 60{\cdot}193 \cdot 10^{-4}\ m^4$$

J' ist der reziproke Wert des Koeffizienten von $\int_0^s \overline{M}\, M\, ds$ der Beziehung (97).

Nach Abb. 198 erfolgt die Verschiebung senkrecht zu den Stäben 8 und 12, daher entstehen im Rahmentragwerk erster Ordnung bei der Grundverschiebung F_1 keine Momente in den Vertikalebenen dieser beiden Stäbe.

Die Momente in der Horizontalebene sind die gleichen wie beim Rahmentragwerk zweiter Ordnung, daher treten auch die aus der Abb. 203 bereits berechneten Festhaltekräfte des Horizontalrahmens auf (Kräfte F_1'' bis F_6'').

Mit $c = 10^{-4}$ gilt für die Stützen

$$k = \frac{J'}{c\,h} = \frac{60{\cdot}193 \cdot 10^{-4}}{10^{-4} \cdot 6{\cdot}00} = 10{\cdot}03$$

Nach Gl. (34a) ist mit

$$\varDelta_1 = \varDelta \cdot \sin\alpha = 0{\cdot}8660\,\varDelta \quad \text{(Abb. 198)}$$

$$M = 3\,E\,c\,k\,\frac{\varDelta_1}{h} = 3 \cdot 10{\cdot}03 \cdot \frac{0{\cdot}8660}{6{\cdot}00}\,E\,c\,\varDelta = 4{\cdot}342\,E\,c\,\varDelta$$

Die relative Steifigkeit des Stabes 7 wurde im Beispiel für die Berechnung eines Ausgleichsschemas mit $6{\cdot}25$ ermittelt. Da nur Momente in der Vertikalebene des Stabes 7 auftreten und diese nur Verformungen senkrecht zu den Vertikalebenen der Stäbe 8 und 12 verursachen, beschränkt sich der Momentenausgleich auf den durch die Stäbe 1, 7 und 2 gebildeten Zweigelenkrahmen. In Abb. 214a ist der Momentenausgleich durchgeführt, sein Ergebnis zeigt die Abb. 214b.

Aus Abb. 214b erhält man als Festhaltekraft:

$$F_1' = \frac{2 \cdot 2{\cdot}411}{6{\cdot}00} = 0{\cdot}803\, t$$

Die Kräftegruppe des Grundverschiebungszustandes von F_1 besteht daher bei Berücksichtigung der Abb. 203 aus folgenden Kräften:

$$
\begin{aligned}
P_{11} &= F_1' + F_1'' = 0{\cdot}803 + 2{\cdot}703 = && 3{\cdot}506\, t \\
P_{21} = P_{61} &= F_2'' && = -\ 2{\cdot}287\, t \\
P_{31} = P_{51} &= F_3'' && = \quad 1{\cdot}454\, t \\
P_{41} &= F_4'' && = -\ 1{\cdot}037\, t
\end{aligned}
$$

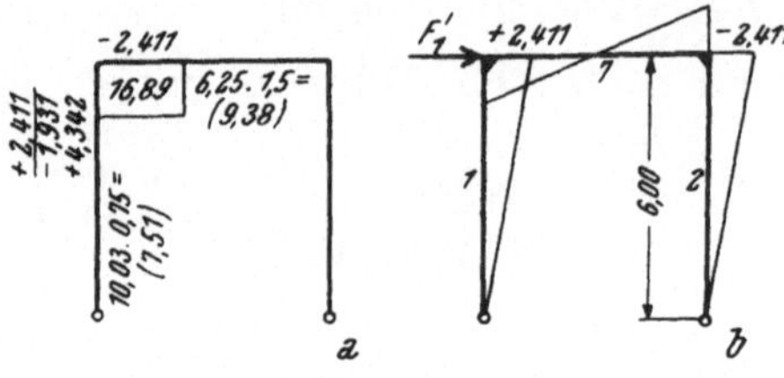

Abb. 214

Die Kräftegruppen der anderen Grundverschiebungszustände ergeben sich wieder durch Drehen um 60°, 120°, 180° usw.

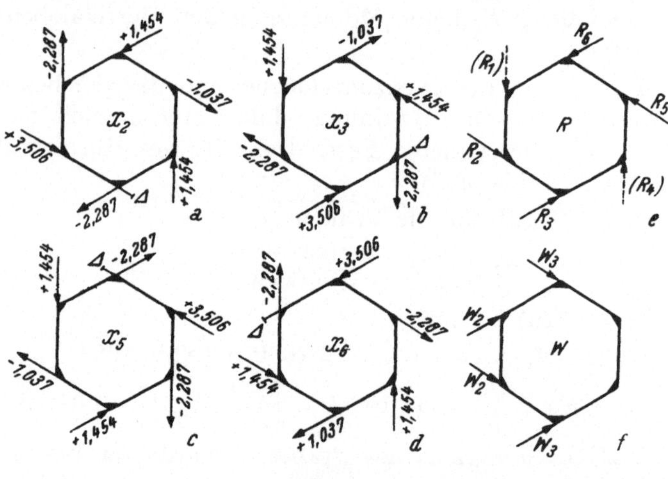

Abb. 215

Da infolge Symmetrie der senkrecht zum Stab 7 gerichteten Windbelastung keine Verschiebungen quer zur Windrichtung möglich sind, treten an den Festhaltungen F_1 und F_4 keine Kräfte auf. Die Lastengruppen der Grundverschiebungszustände sind daher in Abb. 215a bis d nur für die Festhaltungen F_2, F_3, F_5 und F_6 dargestellt.

Aus Abb. 215 ergeben sich folgende Grundgleichungen:

x_2	x_3	x_5	x_6	
$3 \cdot 506$	$- 2 \cdot 287$	$- 1 \cdot 037$	$+ 1 \cdot 454$	$= R_2 = W_2$
$- 2 \cdot 287$	$+ 3 \cdot 506$	$+ 1 \cdot 454$	$- 1 \cdot 037$	$= R_3 = W_3$
$- 1 \cdot 037$	$+ 1 \cdot 454$	$+ 3 \cdot 506$	$- 2 \cdot 287$	$= R_5 = - W_3$
$+ 1 \cdot 454$	$- 1 \cdot 037$	$- 2 \cdot 287$	$+ 3 \cdot 506$	$= R_6 = - W_2$

Die Summe der ersten und vierten Gleichungen und die Summe der zweiten und dritten Gleichungen ergeben wieder

$$x_2 = - x_6, \quad x_3 = - x_5$$

Mit diesen Beziehungen erhält man aus der ersten und zweiten Gleichung:

$$2 \cdot 052 \, x_2 - 1 \cdot 250 \, x_3 = W_2$$
$$1 \cdot 250 \, x_2 - 2 \cdot 053 \, x_3 = W_3$$

Die Lösungen sind:

$$x_2 = 0 \cdot 775 \, W_2 + 0 \cdot 472 \, W_3$$
$$x_3 = 0 \cdot 472 \, W_2 + 0 \cdot 775 \, W_3$$

Mit $W_2 = 2 \cdot 78 \, t$ und $W_3 = 1 \cdot 39 \, t$ wird

$$x_2 = - x_6 = 2 \cdot 812, \quad x_3 = - x_5 = 2 \cdot 389$$

Die Tab. 5 und 6 enthalten die Berechnung der Momente des Tragwerks. Im oberen Teil der Abb. 212 ist der Verlauf der Momente dargestellt.

Vergleicht man die Ergebnisse der Zahlenbeispiele 20 und 19, so ergibt sich, daß die Momente des Horizontalrahmens gleich sind. Die Größtmomente in den Vertikalrahmen sind fast gleich den Mittelwerten der Momente des Beispiels 19.

Abb. 216

Selbstverständlich läßt sich auch ein Tragwerk mit schrägen Stützen (Abb. 216) durch entsprechende Wahl der Querschnittsformen der Riegel als Rahmentragwerk zweiter Ordnung ausbilden. Die Grundbedingung ist auch hier, daß je zwei Stützen mit dem sie verbindenden Riegel in einer Ebene liegen und die Riegel einen ebenen Rahmen bilden.

Werden auch die Stützen nach der Beziehung (92) geformt, so erhält man ein Rahmentragwerk erster Ordnung.

Tabelle 5. *Berechnung der Momente in den Vertikalrahmen*

Stab	Knoten	Stab	Knoten	F_2 M_2	F_3 M_3	F_5 M_5	F_6 M_6	$x_2 M_2 + x_6 M_6$ $= 2 \cdot 812\,(M_2 - M_6)$	$x_3 M_3 + x_5 M_5$ $= 2 \cdot 389\,(M_3 - M_5)$	Gesamt-moment
7	b_7	7	a_7	—	—	—	—	—	—	$0 \cdot 000$
8	b_8	12	a_{12}	$+ 2 \cdot 411$	—	—	—	$+ 6 \cdot 780$	—	$+ 6 \cdot 780$
	c_8		f_{12}	$- 2 \cdot 411$	—	—	—	$- 6 \cdot 780$	—	$- 6 \cdot 780$
9	c_9	11	f_{11}	—	$+ 2 \cdot 411$	—	—	—	$+ 5 \cdot 760$	$+ 5 \cdot 760$
	d_9		e_{12}	—	$- 2 \cdot 411$	—	—	—	$- 5 \cdot 760$	$- 5 \cdot 760$
10	d_{10}	10	e_{10}	—	—	—	—	—	—	$0 \cdot 000$

Tabelle 6. *Berechnung der Momente im Horizontalrahmen*

Knoten		Momente in den Grund-verschiebungen $x_2 = - x_6 = 2 \cdot 812$ $x_3 = - x_5 = 2 \cdot 389$				Gesamt-moment
		$M_2 - M_6$	$M_3 - M_5$	$x_2 M_2 + x_6 M_6$ $2 \cdot 812\,(M_2 - M_6)$	$x_3 M_3 + x_5 M_5$ $2 \cdot 389\,(M_3 - M_5)$	
b	a	$+ 0 \cdot 901$	$- 0 \cdot 901$	$+ 2 \cdot 524$	$- 2 \cdot 152$	$+ 0 \cdot 372$
c	f	$- 1 \cdot 802$	$+ 1 \cdot 802$	$- 5 \cdot 067$	$+ 4 \cdot 305$	$- 0 \cdot 762$
d	e	$+ 0 \cdot 901$	$- 0 \cdot 901$	$+ 2 \cdot 524$	$- 4 \cdot 305$	$+ 0 \cdot 372$

VI. Durch Scheiben ausgesteifte räumliche Rahmentragwerke

1. Grundlagen

Sind einzelne Rahmenteile durch Scheiben, z. B. durch Decken, ausgesteift, so kann die Verformung der Rahmenstäbe in den Scheibenebenen gegenüber den Verformungen derselben Stäbe quer zu diesen Ebenen und der übrigen frei verformbaren Rahmenstäbe vernachlässigt werden. Die Scheiben können daher in ihrer Ebene als starr angesehen werden.

Das unverschiebliche System erhält man durch Festhalten der Scheibenebenen im Raume. Enthält der Rahmen auch Knoten, die nicht in den Scheiben liegen, so müssen diese Knoten für sich gegen Verschiebungen durch entsprechende Festhaltungen gesichert werden.

Zur Sicherung der Scheiben gegen Verschiebungen und Verdrehungen in ihren Ebenen genügen unabhängig von der Anzahl der in ihnen liegenden Knoten je drei sich nicht in einem Punkt schneidenden Festhaltungen.

Die Festhaltung kann auch, wie in Abb. 217 angedeutet, durch Festhaltung eines beliebigen Scheibenpunktes gegen Verschiebung in zwei, am einfachsten zu einander senkrechten Richtungen und Sicherung dieses Punktes durch eine Momentenfesthaltung gegen Verdrehen erfolgen. Darüber hinaus muß jeder Knoten der Scheiben für sich gegen Verschiebungen quer zur Scheibenebene gesichert werden, da die Scheiben ja nur in ihren Ebenen als starr angenommen werden können.

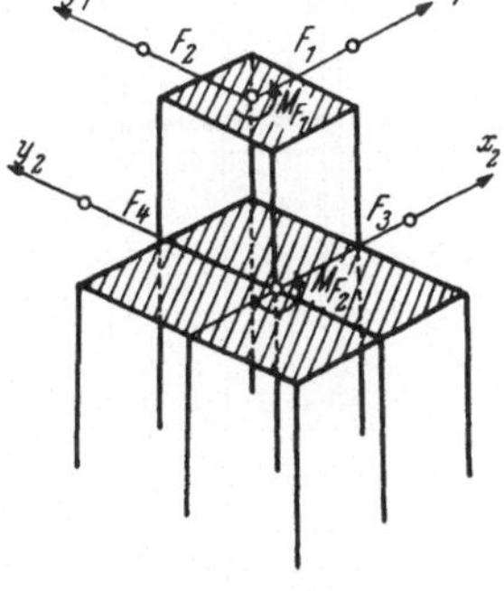

Abb. 217

Meist sind die Knoten der Scheiben durch Rahmenstäbe gegen Bewegungen quer zu den Scheibenebenen von vornherein gesichert, so daß z. B. beim Rahmen nach Abb. 217 für jede Scheibe nur drei Festhaltungen erforderlich sind. Bei zwei Scheiben sind vier Grundverschiebungen und zwei Grundverdrehungen möglich.

Entsprechend kann das unsymmetrische Rahmentragwerk nach Abb. 217 mittels sechs voneinander abhängigen Grundgleichungen berechnet werden. Im allgemeinsten Fall erzeugt jede Grundverschiebung neben den Festhaltekräften auch Festhaltemomente und jede Grundverdrehung neben den Festhaltemomenten auch Festhaltekräfte. Bei symmetrischen Rahmen wird, wie im nachfolgenden Beispiel gezeigt ist, durch Wahl der Scheibenfesthaltepunkte im Mittelpunkt der Scheiben erreicht, daß die Grundgleichungen gegen Verschieben in jeder Richtung und gegen Verdrehen voneinander unabhängig werden. In diesen Fällen sind daher jeweils nur Gleichungssätze mit ebenso vielen Unbekannten zu lösen, als übereinanderliegende Scheiben vorhanden sind.

2. Zahlenbeispiel 21

Das in Abb. 218 dargestellte Stahlbetonrahmentragwerk ist durch eine Einzellast in Richtung des Stabes 6 belastet.

Die Festhaltung der beiden Scheiben erfolgt in den übereinanderliegenden Scheibenmittelpunkten.

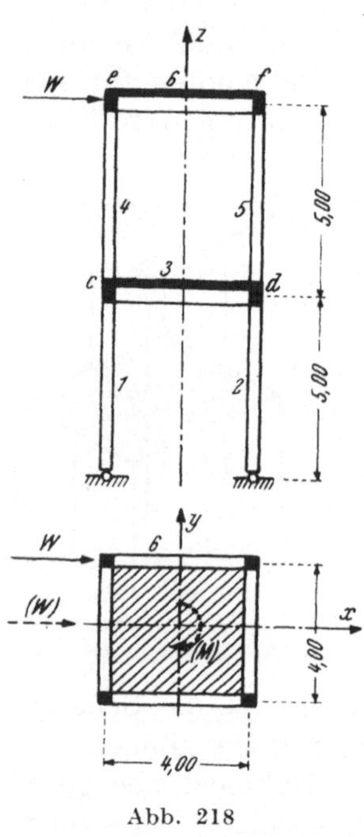

Abb. 218

Die Kraft W kann durch eine durch den Scheibenmittelpunkt gehende Kraft W und das Moment $M = W \cdot \dfrac{4 \cdot 00}{2} = 2\,W$ ersetzt werden. Da W infolge der Symmetrie keine Festhaltemomente hervorruft, können die beiden Belastungsfälle voneinander getrennt berechnet werden. W wird je zur Hälfte von den beiden parallel zu W liegenden Stockwerkrahmen aufgenommen.

In Abb. 219 sind die relativen Stabsteifigkeiten, die Festhaltungen und die Lage der Zugzonen bei positiven Momenten angegeben.

Legt man der Berechnung die Grundverschiebung von F_1 und die allgemeine Verschiebung der Festhaltepunkte von F_1 und F_2, also f und d, um den gleichen Betrag Δ zugrunde, so ergeben sich bei der Grund-

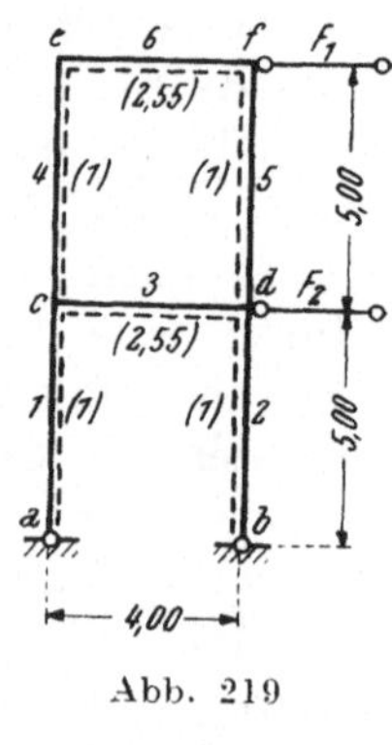

Abb. 219

verschiebung von F_1 für die Stützen 4 und 5 folgende Einspannungsmomente (Formel 31a):

$$M_E = 6\,E\,c\,k\,\frac{\Delta}{s} \quad \text{und mit } 6\,E\,c\,\Delta = 10$$

$$M_E = 10\,\frac{k}{s} = 10 \cdot \frac{1 \cdot 0}{5 \cdot 00} = 2 \cdot 00\ tm$$

Der Momentenausgleich ergibt den in Abb. 220a dargestellten Momentenverlauf, aus ihm folgt die dort eingetragene Kräftegruppe.

Da bei den unteren Stützen Fußgelenke angenommen sind, erhält man nach Gl. (34a) als Einspannungsmomente der unteren

Stützen beim zweiten Verschiebungszustand mit $6\,E\,c\,\varDelta = 10$, $3\,E\,c\,\varDelta = 5$:

$$M_E = 3\,E\,c\,k\,\frac{\varDelta}{s} = 5\,\frac{1}{5{\cdot}00} = 1{\cdot}00\ tm$$

Bei der angenommenen Verschiebung ist im Rahmen mit unverdrehbaren Knoten der obere Rahmenteil spannungslos und man erhält durch den Momentenausgleich das in Abb. 220b dargestellte Momentenbild und die dort angegebene Kräftegruppe.

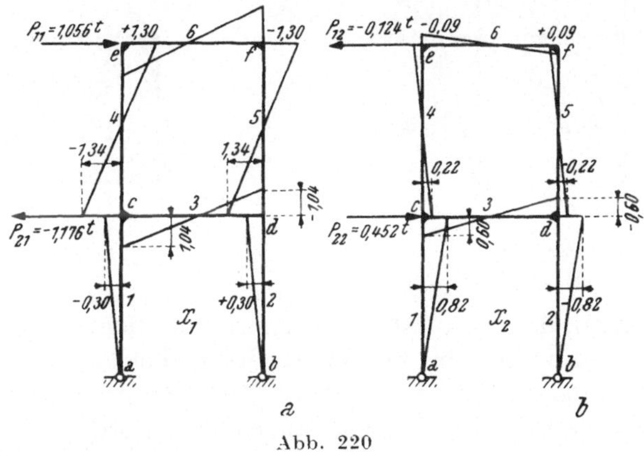

Abb. 220

Im vorliegenden Fall ergeben sich aus den beiden Kräftegruppen nach Abb. 220a und b folgende Grundgleichungen:

$$1{\cdot}056\,x_1 - 0{\cdot}124\,x_2 = \frac{W}{2}$$

$$-\,1{\cdot}176\,x_1 + 0{\cdot}452\,x_2 = 0$$

Die Lösungen dieser Gleichungen sind

$$x_1 = 0{\cdot}683\,W, \quad x_2 = 1{\cdot}772\,W$$

Tabelle 7

Knoten	M_1	M_2	$M_1 \cdot x$ $x_1 = 0{\cdot}683$	$M_2 \cdot x_2$ $x_2 = 1{\cdot}772$	M
C_1	$-\,0{\cdot}30\,W$	$+\,0{\cdot}82\,W$	$-\,0{\cdot}20\,W$	$+\,1{\cdot}45\,W$	$+\,1{\cdot}25\,W$
C_3	$+\,1{\cdot}04\,W$	$+\,0{\cdot}60\,W$	$+\,0{\cdot}71\,W$	$+\,1{\cdot}06\,W$	$+\,1{\cdot}77\,W$
C_4	$-\,1{\cdot}34\,W$	$+\,0{\cdot}22\,W$	$-\,0{\cdot}91\,W$	$+\,0{\cdot}39\,W$	$-\,0{\cdot}52\,W$
e	$+\,1{\cdot}30\,W$	$-\,0{\cdot}09\,W$	$+\,0{\cdot}89\,W$	$-\,0{\cdot}16\,W$	$+\,0{\cdot}73\,W$

In Tab. 7 sind alle Eckmomente berechnet, sie sind in Abb. 221 dargestellt.

Zur Berechnung des Rahmens für die Teilbelastung durch das Moment $M' = 2\,W$ ist die Kenntnis der beiden Grundverdrehungszustände erforderlich. Werden nach Abb. 222 die Grundverdrehungen

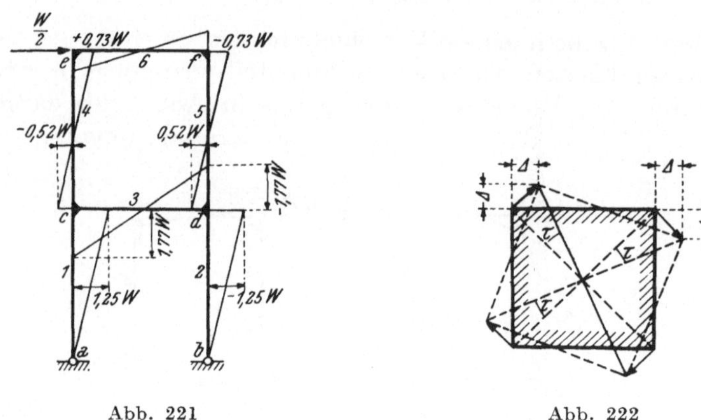

Abb. 221   Abb. 222

so angenommen, daß sich dabei die Knoten in Richtung der Scheibenbegrenzungen um dieselbe Größe $\varDelta$ verschieben wie bei den beiden Verschiebungszuständen nach Abb. 220, so können die Grundverdrehungszustände unmittelbar angegeben werden.

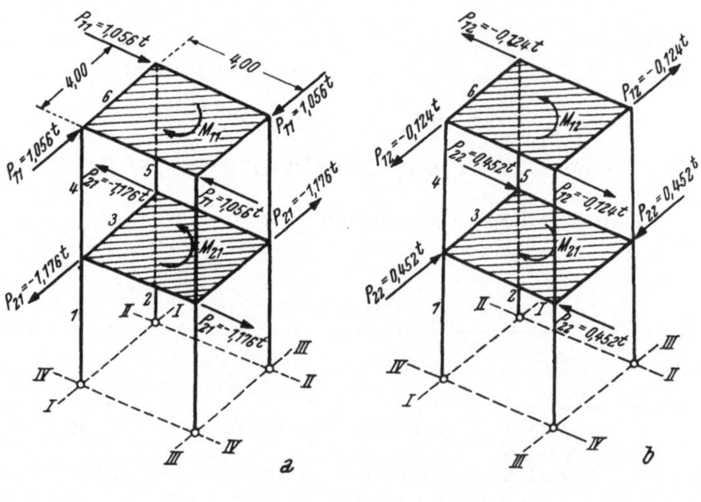

Abb. 223

In Abb. 223 sind die Kräftegruppen der entsprechenden Verschiebungszustände in den Raum übertragen und man erhält folgende Momentengruppe:

$$M_{11} = 2 \cdot P_{11} \cdot 4 \cdot 00 = 8 \cdot 1 \cdot 056 \ tm$$
$$M_{21} = 2 \cdot P_{21} \cdot 4 \cdot 00 = -\ 8 \cdot 1 \cdot 176 \ tm$$
und
$$M_{22} = 2 \cdot P_{22} \cdot 4 \cdot 00 = 8 \cdot 0 \cdot 452 \ tm$$
$$M_{12} = 2 \cdot P_{12} \cdot 4 \cdot 00 = -\ 8 \cdot 0 \cdot 124 \ tm$$

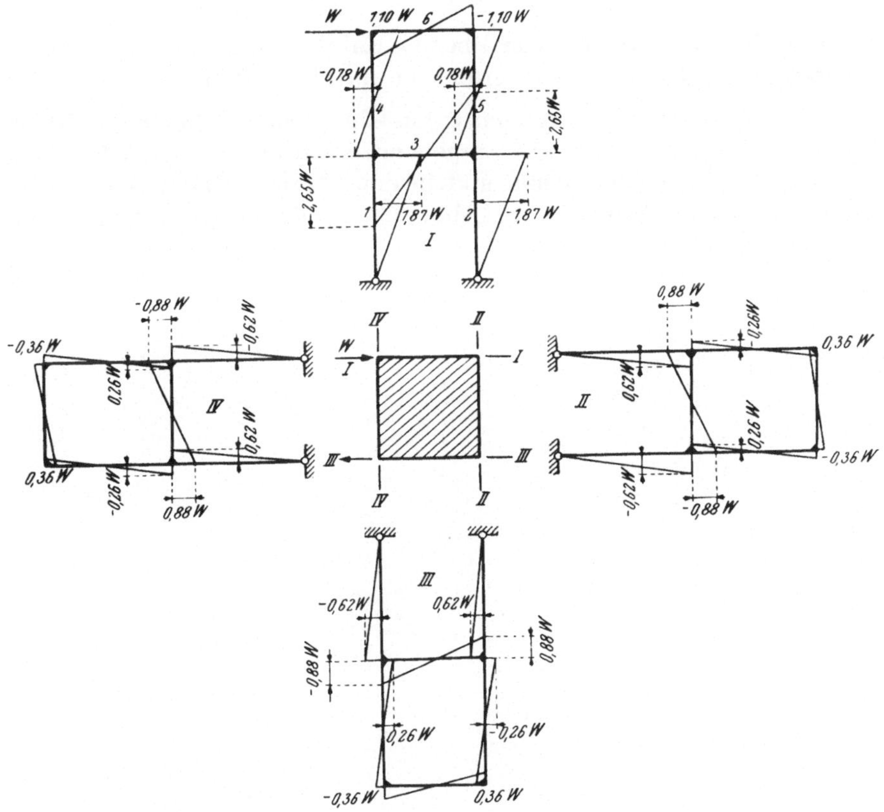

Abb. 224

Die Grundgleichungen lauten:

$$M_{11} \cdot y_1 + M_{21} \cdot y_2 = M$$
$$M_{12} \cdot y_1 + M_{22} \cdot y_2 = 0$$

Mit $M = 2\ W$ sind nach Kürzung durch 8:

$$1 \cdot 056 \cdot y_1 - 0 \cdot 1171 \cdot y_2 = \frac{W}{4}$$
$$-\ 0 \cdot 124 \cdot y_1 + 0 \cdot 452 \cdot y_2 = 0$$

Die rechte Seite ist halb so groß wie bei den Grundgleichungen des ersten Belastungsfalls, daher ist

$$y_1 = \frac{x_1}{2} = \frac{0\cdot683}{2}\,W = 0\cdot341\,W$$

$$y_2 = \frac{x_2}{2} = \frac{1\cdot772}{2}\,W = 0\cdot886\,W$$

Die Momente in den vier ebenen Rahmen sind bei der zweiten Teilbelastung daher halb so groß, wie in Abb. 221 dargestellt.

Summiert man die Momente aus den beiden Belastungsfällen, so erhält man, von Abb. 221 ausgehend, im Rahmen I die 1·5fachen, im Rahmen II die 0·5fachen und in den Rahmen III und IV ebenfalls die halben Momente. In Abb. 224 ist dieser Momentenverlauf dargestellt.

Unmittelbarer Momentenausgleich eines verschieblichen Systems [1]

Beim symmetrischen zweistieligen Stockwerksrahmen und beim parallelgurtigen Virendeelträger kann der Momentenausgleich bei Berücksichtigung der Verschieblichkeit unmittelbar erfolgen.

I. Der symmetrische zweistielige Stockwerksrahmen

1. Grundlagen

Belastet man den Rahmen mit verschieblichen, aber unverdrehbaren Knoten gleichzeitig mit allen Angriffskräften, so erhält man einen Momentenverlauf nach Abb. 225 a. Bei Stützen mit konstanten

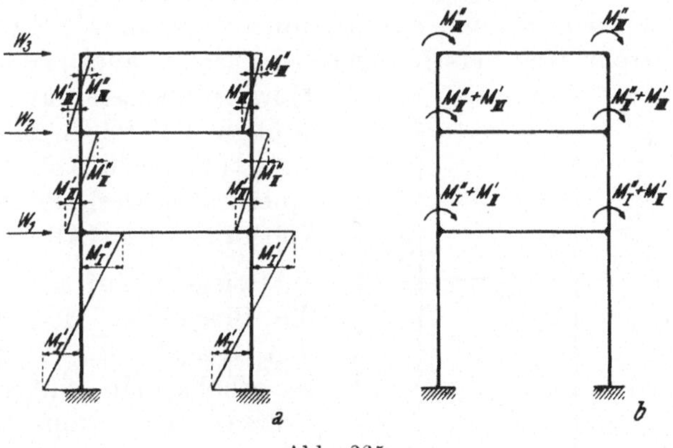

Abb. 225

Trägheitsmomenten liegen hierbei die Momentennullpunkte in halber Stockwerkshöhe. Die Stützenfuß- und Stützenkopfmomente sind dann einander gleich. Bei Stützen mit veränderlichen Trägheits-

---

[1] Siehe auch den Aufsatz des Verfassers in der Zeitschrift „Der Bau“, 3. 578—583 (1950), Werner-Verlag, Düsseldorf.

momenten erhält man verschiedene Absolutwerte für die unteren und oberen Einspannungsmomente der Stützen.

Zu den Einspannungsmomenten nach Abb. 225 a treten noch die Momente, die aus der Belastung des Rahmens mit den Ein-

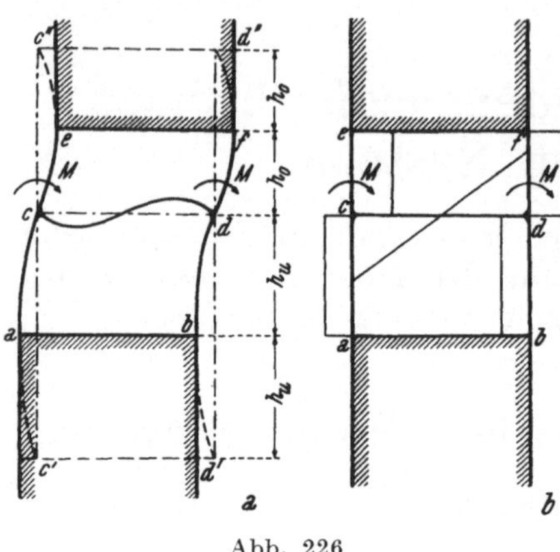

Abb. 226

spannungsmomenten der Stützen entstehen. (Abb. 225 b.) Diese Momente können auf Grund einfacher Überlegungen ausgeglichen werden:

Infolge der Rahmensymmetrie sind je zwei in gleicher Höhe angreifende Momente gleich groß und gleich gerichtet.

Behält man für die Knoten des Rahmens mit Ausnahme der beiden Knoten in Höhe eines Riegels die Unverdrehbarkeit bei, so verformt sich der Rahmen etwa nach Abb. 226 a.

Infolge der Rahmensymmetrie verformen sich die Stützen in gleicher Weise. Daher wirken weder zwischen den Knoten a und b, noch zwischen den Knoten e und f innere horizontale Zwangskräfte. Da das System frei verschieblich ist, treten auch keine äußeren

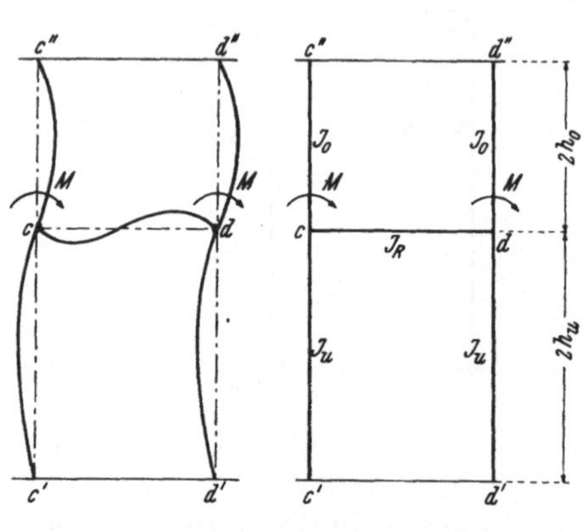

Abb. 227

Horizontalkräfte auf. In den Stützen entstehen daher bei der Belastung nach Abb. 226 a keine Querkräfte, weshalb die Momente konstant sind. (Abb. 226 b.)

Spiegelt man nach Abb. 226 a die Biegelinien der Stützen an den Riegeln $a - b$ und $e - f$, so erhält man ein System mit Stützen von doppelter Höhe. Die neuen Knoten c' und c'', sowie d' und d'' liegen mit den Knoten c, bzw. d in lotrechten Geraden. Man erhält daher den Momentenverlauf für die Be-

lastung des Systems nach Abb. 226 a mit den beiden Momenten M durch Ausgleich der Momentedes unverschieblichen Systems der Abb. 227 b mit der Nebenbedingung konstanter Momente in den Stützen.

Sind die Trägheitsmomente aller Stäbe konstant und wird entsprechend Gl. (14) $J = c \cdot k \cdot s$ gesetzt, so ergeben sich aus Abb. 227b folgende Stabsteifigkeiten:

Für den Riegel:
$$k_R = \frac{J_R}{c \cdot l}$$

für die oberen Stützen:
$$k_o' = \frac{J_o}{c \cdot 2 \cdot h_o}$$

und für die unteren Stützen:
$$k_u' = \frac{J_u}{c \cdot 2 \cdot h_u}$$

Der Momentenausgleich kann auf eine Rahmenhälfte beschränkt werden, wenn für den durch die Symmetrieachse geschnittenen Riegel bei der vorliegenden gegensymmetrischen Belastung mit den Momenten M nach Gl. (22) die fiktive Stabsteifigkeit $1{\cdot}5\,k_R$ gesetzt wird. Der Konstanz der Momente der Stützen entspricht ein symmetrischer Momentenangriff auf ein symmetrisches System und der Momentenausgleich kann wieder auf eine Hälfte des Systems beschränkt werden, wenn die fiktive Steifigkeit der durch die Symmetrieachsen geschnittenen Stützen gleich $0{\cdot}5\,k$ gesetzt wird.

Geht man von den Stabsteifigkeiten des ursprünglichen Systems aus, wobei also $k = \dfrac{J}{c \cdot s}$ sich auf die Stablängen s des Stockwerksrahmens beziehen, so sind für den Momentenausgleich des Systems nach Abb. 227b folgende Steifigkeiten zugrunde zu legen:

Für die Riegel:
$$k_R'' = 1{\cdot}5 \cdot \frac{J_R}{c \cdot b} = 1{\cdot}5\,k_R$$

für die obere Stütze:
$$k_o'' = 0{\cdot}5 \cdot \frac{J_o}{c \cdot 2\,h_o} = 0{\cdot}25 \cdot \frac{J_u}{c \cdot h_o} = 0{\cdot}25\,k_o$$

und für die untere Stütze:
$$k_u'' = 0{\cdot}5 \cdot \frac{J_u}{c \cdot 2\,h_u} = 0{\cdot}25 \cdot \frac{J_o}{c \cdot h_u} = 0{\cdot}25\,k_u$$

$$\left. \right\} \quad (107)$$

Die Unveränderlichkeit der Momente in den Stützen erfordert in Verbindung mit der Vorzeichenregel des Crossschen Verfahrens die Abklingungszahl $\mu = -1$.

Wird der Rahmen mit Fußgelenken ausgebildet, so ist die Steifigkeit der untersten an die Gelenke anschließenden Stützen Null zu setzen, da das Moment in diesen Stützen auf ihren ganzen Längen konstant, also wie in den Fußgelenken Null ist.

Ist das Trägheitsmoment der Rahmenstäbe veränderlich, so führen die bei den Stäben mit unveränderlichen Trägheitsmomenten angestellten Überlegungen zu folgenden Stabsteifigkeiten:

Für die Riegel nach Gl. (18):

$$\frac{1}{\tau_R} = \frac{1}{a_R - \beta_R}$$

Für die Stützen nach Gl. (17):

$$\frac{1}{\tau_o} = \frac{1}{a_o + \beta_o} \quad \text{und} \quad \frac{1}{\tau_u} = \frac{1}{a_u + \beta_u}$$

Als Stablängen ist bei den Riegeln die Riegellänge, bei den Stützen die doppelte Stützenhöhe anzunehmen.

Bei den Stützen mit veränderlichen Trägheitsmomenten ist darauf zu achten, daß die Spiegelungen nach Abb. 226 a zwei verschiedene Stützenformen von doppelter Stützenhöhe ergeben. Weist z. B. eine Stütze eine obere Verstärkung auf, so liegt diese Verstärkung, falls die Stütze an der unteren Riegelachse gespiegelt wird, an den beiden Enden des freiaufliegenden Balkens mit doppelter Stützenhöhe. Bei der Spiegelung an der oberen Riegelachse liegt hingegen die Verstärkung in der Mitte des freiaufliegenden Balkens. Hierdurch ergeben sich verschiedene Werte für die Auflagerverdrehung a_u, β_u und a_o, β_o bei ein und derselben Stütze. Die Übergangszahl beträgt wie bei Stäben mit unveränderlichen Trägheitsmomenten entsprechend den konstanten Momenten entlang des Stützen $\mu = -1$.

Bei gelenkiger Lagerung des Rahmens sind auch hier die Steifigkeiten der untersten Stützen Null zu setzen.

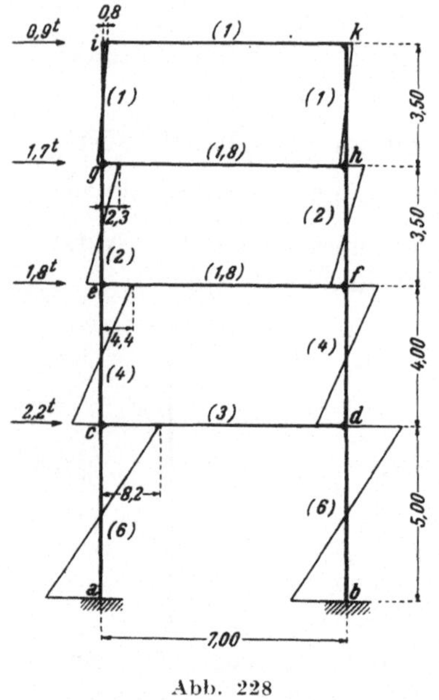

Abb. 228

2. Zahlenbeispiel 22

Der in Abb. 228 dargestellte Stockwerksrahmen mit den dort angegebenen Stabsteifigkeiten ist durch horizontale Knotenlasten (Winddruck) belastet.

Bei unverdrehbaren Knoten ergeben sich folgende Einspannungsmomente der Stützen:

$$\frac{0{\cdot}9}{2} \cdot \frac{3{\cdot}50}{2} = 0{\cdot}8 \; tm; \quad \frac{0{\cdot}9 + 1{\cdot}70 + 1{\cdot}8}{2} \cdot \frac{4{\cdot}00}{2} = 4{\cdot}4 \; tm$$

$$\frac{0{\cdot}9 + 1{\cdot}70}{2} \cdot \frac{3{\cdot}50}{2} = 2{\cdot}3 \; tm; \quad \frac{0{\cdot}9 + 1{\cdot}70 + 1{\cdot}8 + 2{\cdot}2}{2} \cdot \frac{5{\cdot}00}{2} = 8{\cdot}2 \; tm$$

Der Momentenverlauf ist in Abb. 228 dargestellt. Da sich die in dieser Abbildung angegebenen Stabsteifigkeiten auf die Stablängen des Stockwerksrahmens beziehen, sind für die Riegel die 1·5fachen, für die Stützen die 0·25fachen Werte maßgebend. Ihre Ermittlung, sowie die Durchführung des Momentenausgleiches, beginnend in Knoten c, enthält Abb. 229. Sein Ergebnis ist bereits die Lösung für den Stockwerksrahmen bei Belastung nach Abb. 228, sie ist in Abb. 230 dargestellt.

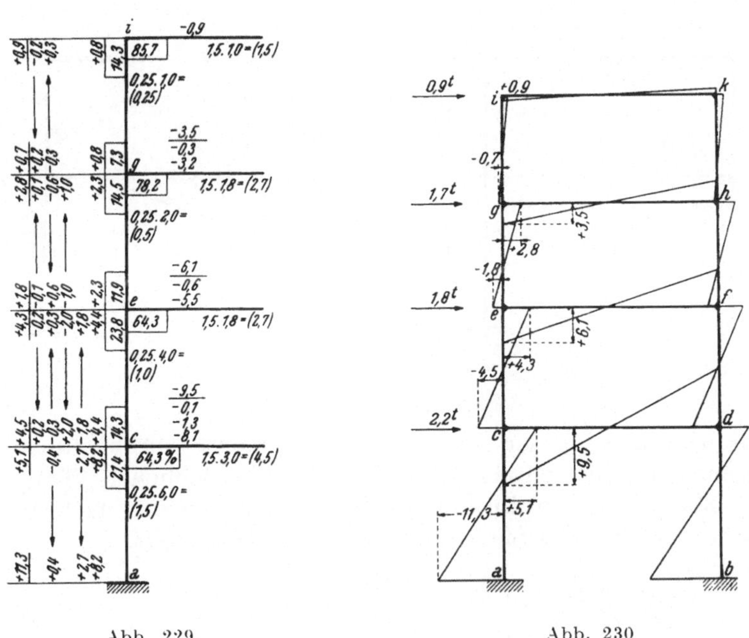

Abb. 229　　　　　　　　　Abb. 230

Bei unmittelbarer Belastung der Stützen durch Horizontalkräfte entstehen auch im unverschieblichen System Momente, aus ihnen sind die Angriffskräfte zu ermitteln, und mit diesen ist das verschiebliche System zu belasten.

3. Zahlenbeispiel 23

Der zweistöckige Rahmen nach Abb. 231 ist am unteren Riegel mit einer Einzellast von 10 t unsymmetrisch belastet. Der Momentenausgleich des unverschieblichen Systems ergibt das in Abb. 132 dargestellte Momentenbild.

An Hand dieser Abbildung erhält man folgende Festhaltekräfte:

$$F_1 = - \frac{0·56 - 2·06 + 0·16 + 0·96}{4·00} = - 0·375\ t$$

$$F_2 = + 0·375 - \frac{5·66 - 2·81}{5·00} = - 0·195\ t$$

Die entgegenwirkenden, also nach rechts gerichteten Angriffskräfte ergeben bei unverdrehbaren Knoten nachstehende Einspannungsmomente der Stützen:

An den oberen Stützen: $\dfrac{0{\cdot}375}{2} \cdot \dfrac{4{\cdot}00}{2} = 0{\cdot}38\ tm$ und

an den unteren Stützen: $\dfrac{0{\cdot}375 + 0{\cdot}195}{2} \cdot 5{\cdot}00 = 1{\cdot}42\ tm$

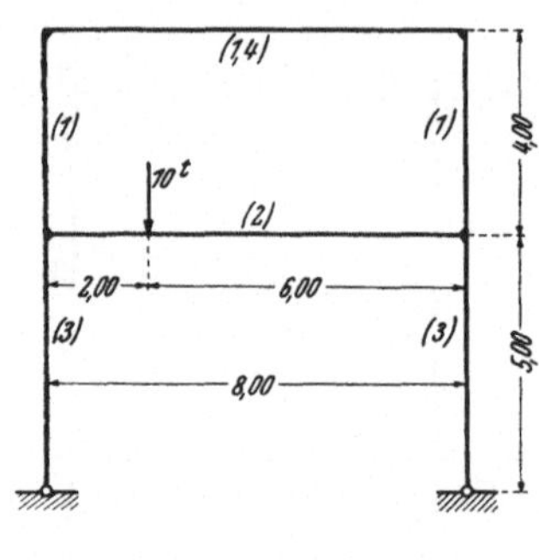

Abb. 231

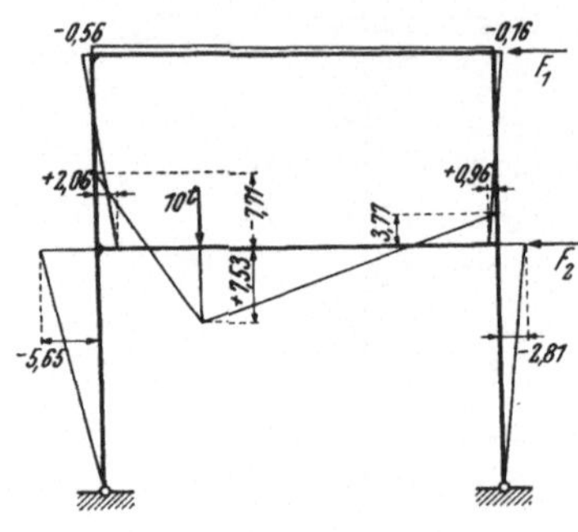

Abb. 232

In Abb. 233 ist der Ausgleich der Momente durchgeführt. Sein Ergebnis zu den Momenten des unverschieblichen Tragwerkes (Abb. 232) addiert, ergibt die gesuchte Lösung für den nach Abb. 231 belasteten Rahmen. Sie ist in Abb. 234 dargestellt.

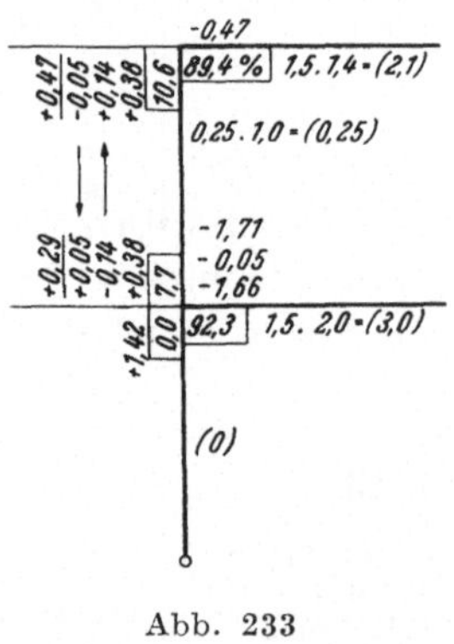

Abb. 233

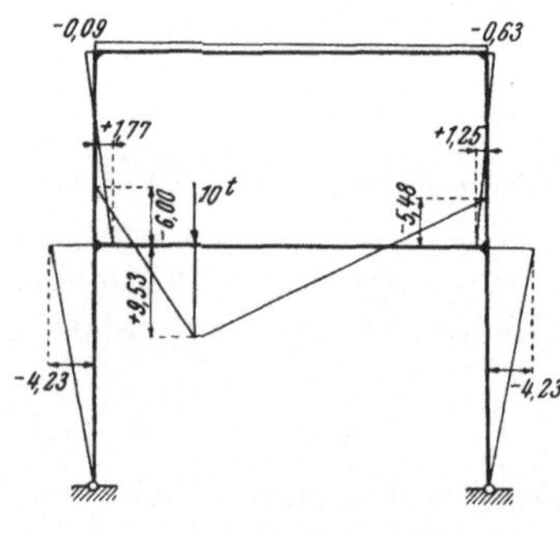

Abb. 234

Es sei noch darauf hingewiesen, daß hier die fiktive Steifigkeit der unteren Stützen, entsprechend der Anordnung von Fußgelenken, Null ist.

Durch Anordnung einer Pendelstütze in der Symmetrieachse in allen oder einzelnen Stockwerken wird der Momentenverlauf des verschieblichen Systems nicht beeinflußt.

Werden zwei oder vier Pendelstützen, wie in Abb. 235 a symmetrisch angeordnet, so kann das verschiebliche System auch in der beschriebenen Art ausgeglichen werden. Für die Riegel ist in diesem Falle die Stabsteifigkeit $\dfrac{1}{\tau_R}$ einzuführen, wobei τ_R die Endverdrehung des durchlaufenden Balkens bei Belastung mit zwei gleichgerichteten Momenten $M = 1$ an den Enden ist. (Abb. 235 b.)

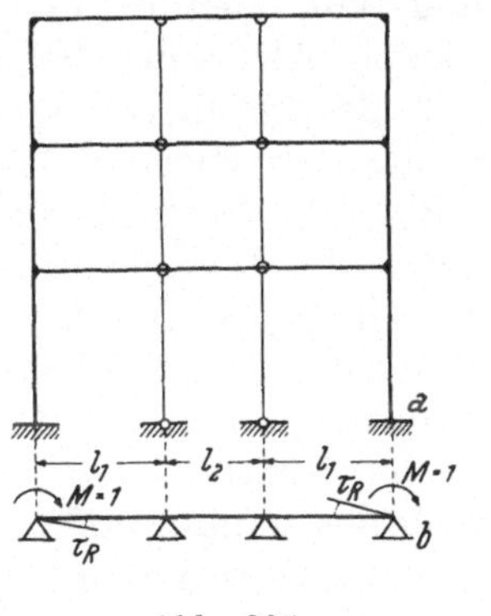

Abb. 235

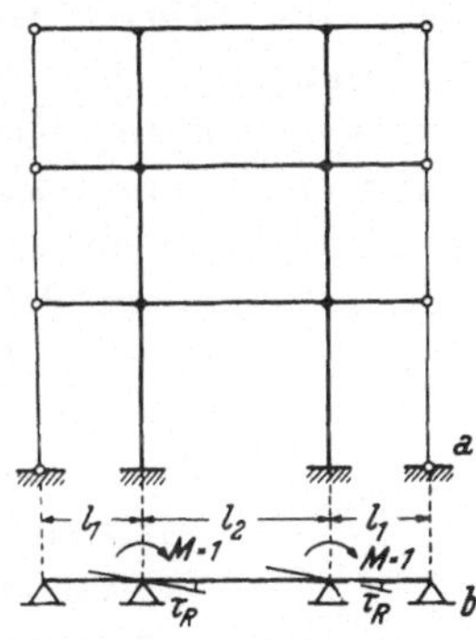

Abb. 236

Ordnet man nach Abb. 236 a die Pendelstützen außen an, so ist für die Ermittlung von $\dfrac{1}{\tau_R}$ die Belastung der Riegel nach Abb. 236 b mit zwei Momenten $M = 1$ maßgebend.

Natürlich muß bei Anordnung von Pendelstützen die Steifigkeit der Stützen nach Gl. (17), also auch aus den Endverdrehungen berechnet werden, wobei als Stablänge die doppelten Stockwerkshöhen anzunehmen sind.

Schließlich erkennt man aus den Abb. 237 a und b, daß ein Rahmen mit nur einer durchgehenden Stütze auf dieselbe Art wie der symmetrische zweistielige Rahmen ausgeglichen wer-

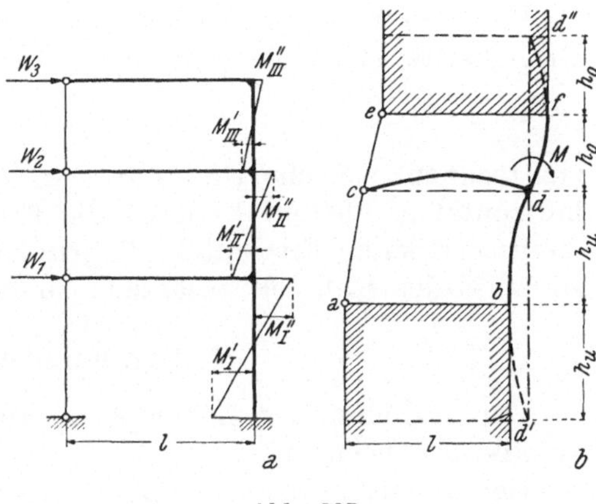

Abb. 237

den kann. Hier gelten für die durchgehende Stütze dieselben Steifigkeiten wie beim symmetrischen Rahmen. Die Riegel sind entsprechend ihrer einseitig gelenkigen Lagerung mit 3/4 k einzusetzen. Diese Rahmenform entspricht näherungsweise einem Rahmen mit einer sehr steifen und einer sehr weichen Stütze.

Der Momentenausgleich konvergiert um so schneller, je steifer die Riegel im Verhältnis zu den Stützen sind, da in diesem Falle der Rahmen mit verschieblichen, aber unverdrehbaren Stützen nach Abb. 225 a schon eine Näherungslösung ist. Besonders steif sind naturgemäß die Riegel bei Anordnung von Pendelstützen nach Abb. 235 und 236. Bei den im nächsten Abschnitt behandelten Virendeelträgern ist die Konvergenz gut, da die großen Querkräfte an den Auflagern steife Vertikalstäbe, die den Riegeln des Stockwerksrahmens entsprechen, erfordern. Bei sehr steifen Stützen und weichen Riegeln nähert sich das Verhalten des Rahmens mehr zwei in den Fundamenten eingespannten Stützen, an die die Querriegel gelenkig angeschlossen sind. In diesem Falle konvergiert der Momentenausgleich langsam. Bei relativ steifen Stützen treten meist keine Momentennullpunkte in den einzelnen Stützen der Stockwerke auf, da sich die Momentenlinie dem Momentenverlauf der in den Fundamenten eingespannten Stützen nähert.

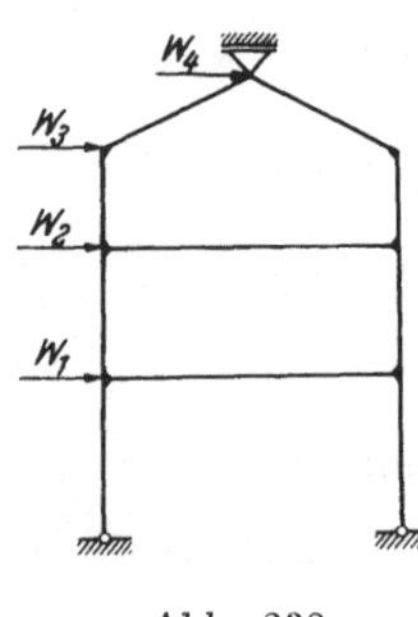
Abb. 238

Häufig erhält ein Stockwerksrahmen einen dachförmigen Abschluß. (Abb. 238.) Hier ist zunächst im First ein Rollenlager anzunehmen, so daß nur horizontale Verschiebungen des Firstes möglich sind.

Für den obersten Riegel ist, wenn k die Stabsteifigkeit einer Riegelhälfte ist, wegen der doppelten Gesamtlängen des Riegels mit

$$k'' = 1 {\cdot} 5 \cdot \frac{k}{2} = 0 {\cdot} 75\, k$$

zu rechnen. Nach Durchführung des Momentenausgleiches bei horizontal geführtem First ist die Festhaltekraft zu ermitteln. Mit dieser vertikalen Festhaltekraft, jedoch mit umgekehrtem Richtungssinn, ist der Rahmen zusätzlich zu belasten.

4. Zahlenbeispiel 24

Der Rahmen des Zahlenbeispieles 9 ist nach Abb. 239 durch Windkräfte belastet.

Bei unverdrehbaren Knoten entstehen auch hier nur Momente in den Stützen.

Die Einspannungsmomente der oberen Stützen betragen:

$$\frac{1}{2}\,(1 {\cdot} 5 + 3 {\cdot} 5) \cdot \frac{4 {\cdot} 00}{2} = 5 {\cdot} 0\, tm$$

und die Einspannungsmomente der unteren Stützen sind:

$$\frac{1}{2}\,(1\cdot5 + 3\cdot5 + 6\cdot0)\,\frac{6\cdot00}{2} = 16\cdot5\,tm$$

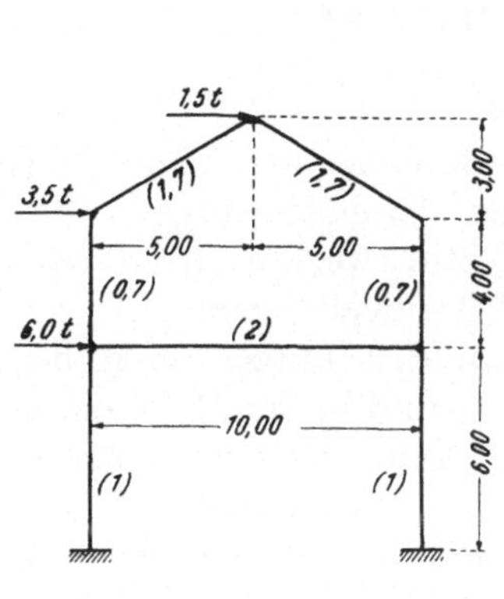

Abb. 239

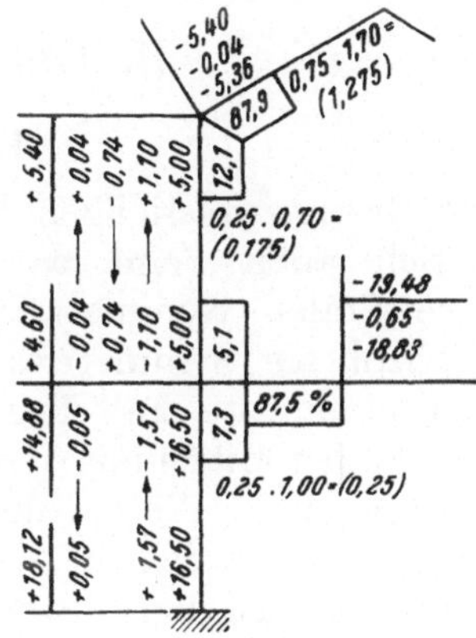

Abb. 240

In Abb. 240 ist der Momentenausgleich durchgeführt. Aus dem Momentenverlauf (Abb. 241) erhält man für das Firstmoment:

$$\frac{F}{2}\cdot 5\cdot00 - 3\cdot5\cdot 3\cdot00 + 5\cdot40 = 0$$

und daraus $F = 2\cdot04\,t$.

F wirkt nach abwärts. Daher ist der Rahmen mit $F = -\,2\cdot04\,t$ (nach aufwärts gerichtet) zusätzlich zu belasten.

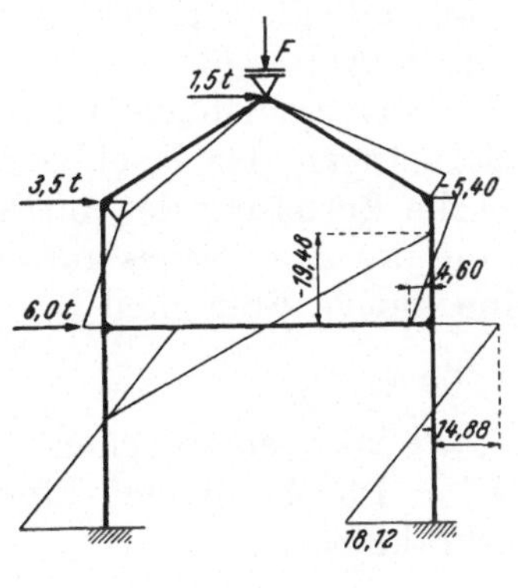

Abb. 241

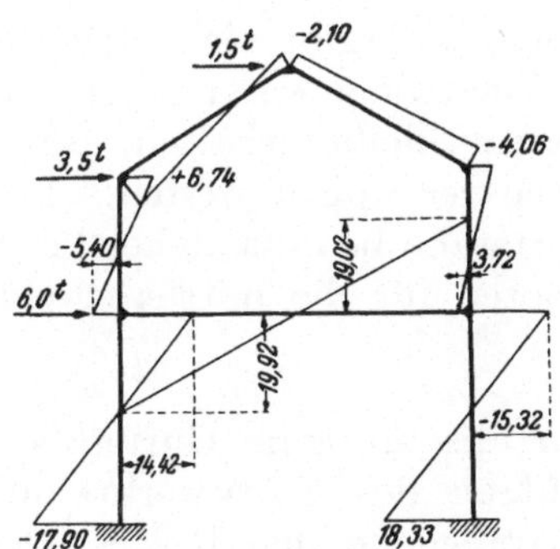

Abb. 242

Für die Belastung mit einer Einzellast $P_{11} = +\,1\cdot466\,t$ ist der Momentenverlauf bereits im Zahlenbeispiel 9 ermittelt worden und in Abb. 93 dargestellt.

Zu den Momenten der Abb. 241 sind daher die $-\dfrac{2\cdot04}{1\cdot466}$-fachen Momente der Abb. 93 hinzuzufügen. Das Ergebnis ist in Abb. 242 dargestellt.

II. Der Virendeelträger

1. Grundlagen

Das beim zweistieligen Stockwerksrahmen entwickelte Verfahren läßt sich auch beim parallelgurtigen Virendeelträger anwenden. Der vertikalen Symmetrieachse des Stockwerkrahmens entspricht die horizontale Symmetrieachse des Virendeelträgers.

Der einfachste Fall liegt vor, wenn der Träger auch bezüglich der vertikalen Mittellinie symmetrisch ist und in der Mitte ein Pfosten angeordnet ist. Wenn dieser Träger symmetrisch belastet wird, entspricht er zweien in der Mittelachse eingespannten horizontal liegenden zweistieligen Stockwerkrahmen, die durch den Auflagerdruck und die Knotenlasten belastet sind.

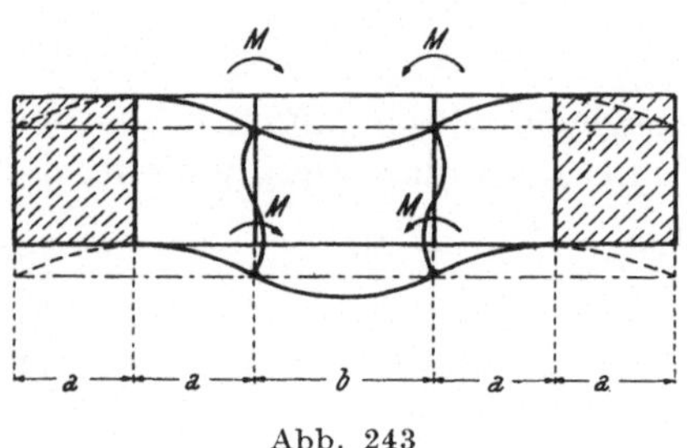

Abb. 243

Liegt die vertikale Symmetrieachse jedoch in der Mitte eines Feldes, so läßt sich bei symmetrischer Belastung der Momentenausgleich auch auf ein Viertel der Knoten durch folgende Überlegung ermäßigen:

Infolge der vier an den der Mittelachse benachbarten Knoten angreifenden gleich großen Momente ergibt sich eine Verformung nach Abb. 243.

Die Länge der mittleren Gurtstäbe im unverschieblichen Ersatzsystem bleibt erhalten, während die Stablängen der Nachbargurtstäbe verdoppelt werden. Die symmetrische Belastung der mittleren Gurtstäbe bedingt daher bei Beschränkung des Ausgleiches auf einen Knoten für die mittleren Gurtstäbe eine fiktive Steifigkeit

$$k'' = 0\cdot5 \cdot \frac{J_b}{c \cdot b} = 0\cdot5\,k$$

Für die übrigen Gurtstäbe bleibt $k'' = 0\cdot25\,k$ entsprechend den Stützen des Stockwerkrahmens und $k'' = 1\cdot5 \cdot k$ für die Pfosten, entsprechend den Riegeln des Stockwerkrahmens.

2. Zahlenbeispiel 25

Der Rahmenträger nach Abb. 244 ist symmetrisch belastet. Im System mit unverdrehbaren Knoten ergeben sich folgende Einspannungsmomente für die Gurte:

$$\frac{10 \cdot 0}{2} \cdot \frac{3 \cdot 00}{2} = 7 \cdot 50 \; tm$$

$$\text{und } \frac{6 \cdot 0}{2} \cdot \frac{4 \cdot 00}{2} = 6 \cdot 00 \; tm$$

In Abb. 245 sind die Stabsteifigkeiten für den Momentenausgleich berechnet und der Ausgleich durchgeführt. Abb. 246 erhält sein Ergebnis, das ist den Momentenverlauf des Rahmenträgers bei Belastung nach Abb. 244.

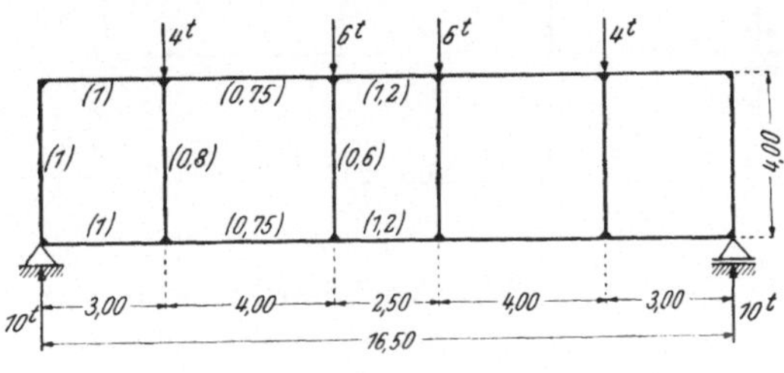

Abb. 244

Bei nicht zur vertikalen Mittellinie symmetrischen Virendeelträgern oder unsymmetrischer Belastung eines symmetrischen Trägers tritt eine

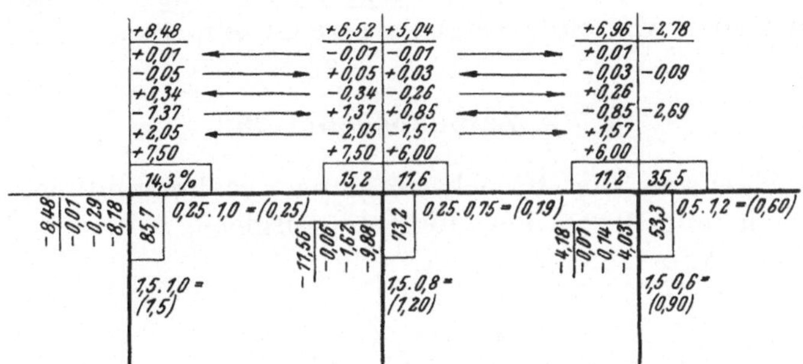

Abb. 245

horizontale Verschiebung des oberen Gurtes ein. Denkt man sich den Virendeelträger am beweglichen Auflager frei gemacht und am

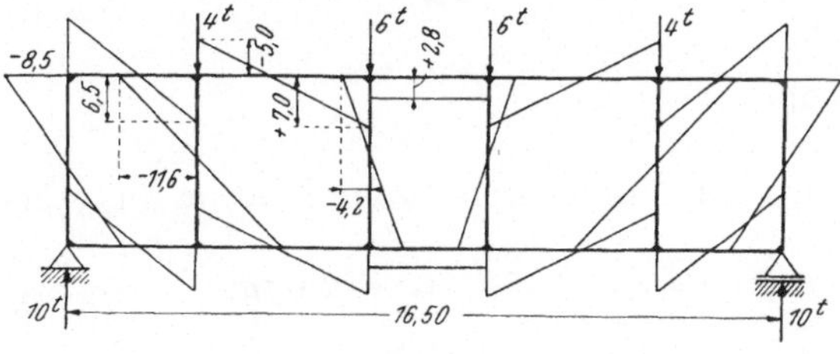

Abb. 246

festen Auflager in Höhe des Obergurtes gestützt, so ergibt sich unter dem Einfluß der Belastung und des Auflagerdruckes A etwa eine Verformung nach Abb. 247.

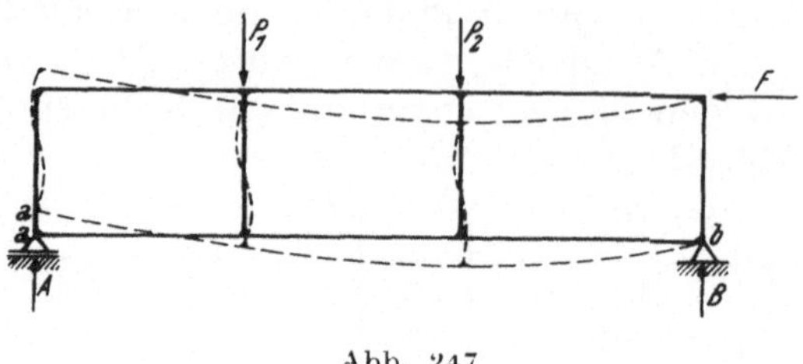

Abb. 247

Da die Belastung mit den Auflagerdrücken von vornherein im Gleichgewicht steht, entsteht keine Festhaltekraft F am Obergurt. Wird nun das ganze System um das Lager b so gedreht, daß der Knoten a wieder aufliegt, so ergibt sich keine weitere Verschiebung des Obergurtes. Da — wie erwähnt — hierbei keine horizontale Festhaltekraft entsteht, wird durch den Momentenausgleich der Einfluß der horizontalen Stützenkopfverschiebung automatisch mitberücksichtigt. Am einfachsten überzeugt ein Beispiel von dieser Tatsache:

3. Zahlenbeispiel 26

Zum Nachweis der Berücksichtigung der horizontalen Stützenkopfverschiebung durch den Momentenausgleich wird der Virendeelträger nach Abb. 248 berechnet.

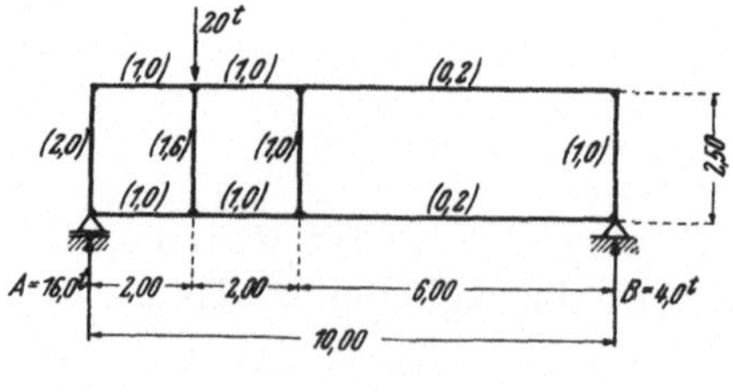

Abb. 248

Die Momente bei unverdrehbarem Knoten betragen:

$$\frac{8 \cdot 2{\cdot}0}{2} = 8{\cdot}0 \; tm; \qquad \frac{(8-10) \cdot 2{\cdot}0}{2} = -\,2{\cdot}0 \; tm, \qquad -\,\frac{2 \cdot 6{\cdot}0}{2} = -\,6 \; tm$$

In Abb. 249 ist der Momentenausgleich durchgeführt.

Abb. 250 stellt den Momentenverlauf dar. Man erhält als horizontale Festhaltekraft:

$$H = \frac{2}{2 \cdot 50}\,(-\,7{\cdot}83 - 4{\cdot}62 + 6{\cdot}42 + 6{\cdot}02) =$$

$$= \frac{2}{2 \cdot 50}\cdot(-\,12{\cdot}45 + 12{\cdot}44) = 0{\cdot}0$$

Der Einfluß der Stützenkopfverschiebung ist somit bereits berücksichtigt.

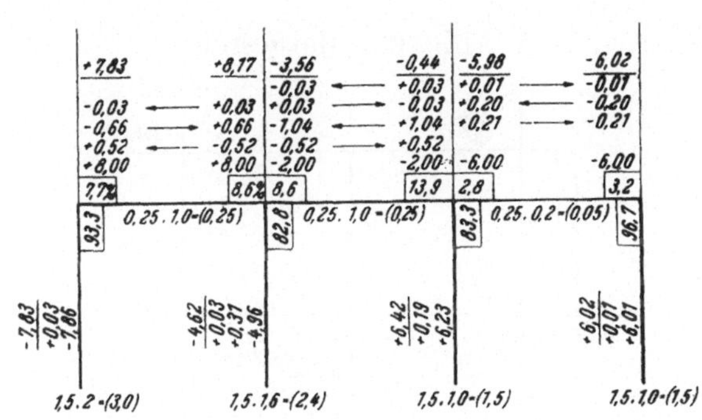

Abb. 249

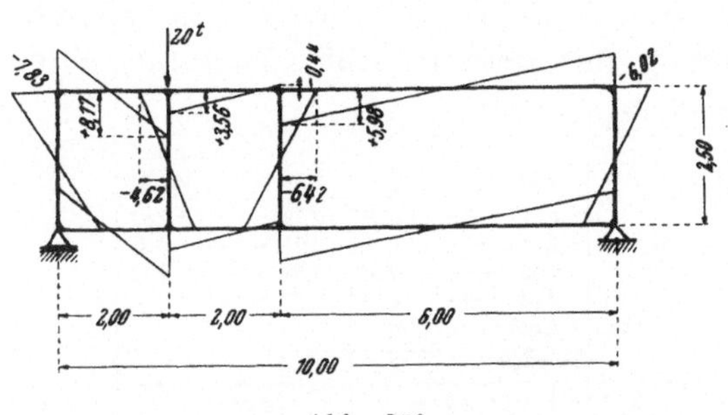

Abb. 250

4. Zahlenbeispiel 27

Der im Zahlenbeispiel 4 behandelte Rahmenträger ist nach Abb. 53a mit einer Horizontalkraft $H = 10\,t$ belastet.

Die Auflagerdrücke betragen:

$$\text{bei } a\colon\quad A = \frac{10{\cdot}0 \cdot 4{\cdot}0}{4{\cdot}00} = 10{\cdot}0\,t$$

$$\text{bei } b\colon\quad B = -\,\frac{10{\cdot}0 \cdot 4{\cdot}00}{4{\cdot}00} = -\,10{\cdot}0\,t$$

Im Rahmen mit verschieblichen, aber unverdrehbaren Knoten treten daher folgende Einspannungsmomente auf:
An den Enden der Vertikalstäbe *1*, *2* und *3*:

$$\pm \frac{10\cdot0}{3} \cdot \frac{4\cdot00}{2} = \pm 6\cdot67 \; tm$$

In den Riegeln *4* und *6*:

$$\frac{10\cdot0}{2} \cdot \frac{4\cdot00}{2} = \pm 10\cdot0 \; tm$$

Diese Momente sind in Abb. 251 dargestellt.

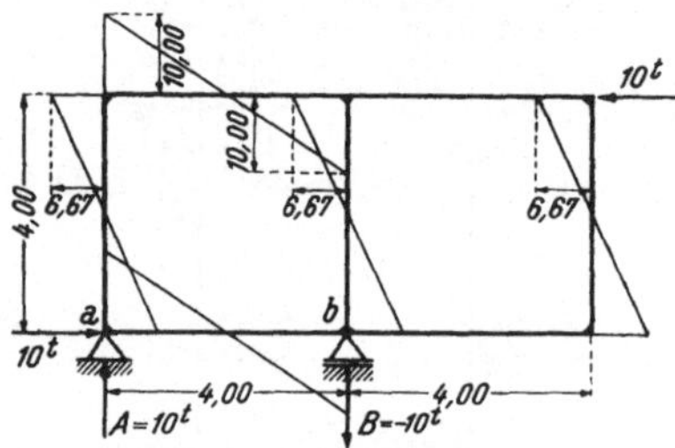

Abb. 251

In Abb. 252 ist der Momentenausgleich durchgeführt. Man erhält Übereinstimmung mit dem in Abb. 59 dargestellten Ergebnis des Zahlenbeispieles 4.

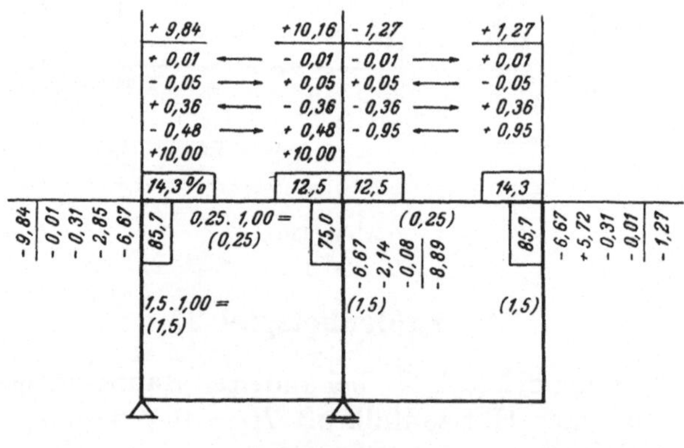

Abb. 252

Der Grenzfall mit verschieden steifen Gurten, bei welchen der Untergurt praktisch als Zugband wirkt, kann analog den zweistieligen Rahmen mit einseitig angeordneten Pendelstützen berechnet werden.

Für die Pfosten ist $k'' = 0.75\,k$ zu setzen. (Siehe Abb. 237 a und b.) Sind die Gurte des Virendeelträgers durch Einzellasten zwischen den Knoten oder durch gleichmäßig verteilte Lasten unmittelbar belastet, so müssen zuerst die Momente im unverschieblichen System berechnet werden. Der verschiebliche Rahmen ist sodann mit den Angriffskräften des unverschieblichen Systems zu belasten. Die Summe der Momente des unverschieblichen und des verschieblichen Systems ergibt die Lösung.

Besonders im Stahlbetonbau ist es oft zweckmäßig, die Enden der Virendeelträger auf eine größere Länge wegen der großen Querkräfte als Scheiben auszubilden. In diesen Fällen ist der Momentenausgleich nur bis zu den den Scheiben benachbarten Knoten durchzuführen. (Siehe Abb. 2 a.) Natürlich sind die Belastungen der Anschlußknoten der Scheiben sowie die Belastungen der Scheiben selbst, bei der Berechnung der Auflagerdrücke zu berücksichtigen.

Die Einflußlinien für die Momente, Längs- und Querkräfte eines Virendeelträgers erhält man am einfachsten durch Belastung jeden Knotens mit $P = 1$ und Durchführung der Momentenausgleiche für diese Lastfälle. Die Einflußlinien können dann leicht ermittelt werden. Ist der Träger bezüglich der vertikalen Mittellinie symmetrisch, so kann der Momentenausgleich durch Anwendung des Belastungsumformungsverfahrens vereinfacht werden. Man belastet mit je zwei gleichgerichteten und entgegengerichteten Kräften $P = \dfrac{1}{2}$.

Durchlaufende Virendeelträger können durch Einführen der überzähligen Stützendrücke als statisch unbestimmte Größen berechnet werden. Bei der Berechnung der Durchbiegungen mittels der virtuellen Arbeit ist nur der Momentenverlauf eines Gurtes für die Berechnung von $\delta = \dfrac{1}{E} \displaystyle\int \dfrac{M \cdot \overline{M}}{J}\, ds$ maßgebend, wenn für $\overline{M}$ der einfache, nur aus einem Gurt bestehende Balken auf zwei Stützen verwendet wird. Für J setzt man zweckmäßig:

$$J = c \cdot k \cdot s,\ \text{also}$$

$$\delta = \frac{1}{E \cdot c} \int \frac{M \cdot \overline{M}}{k \cdot s} \cdot ds$$

Da $E \cdot c$ bei den Elastizitätsgleichungen weggekürzt werden kann, können auch hier die für den Momentenausgleich sowieso zu ermittelnden Steifigkeiten k benützt werden. Bei der zahlenmäßigen Berechnung kürzen sich außerdem die Stablängen s.

Auch beim Virendeelträger ist der Einfluß der Stablängskräfte auf den Momentenverlauf nur von untergeordneter Bedeutung.

Soll dieser Einfluß jedoch berücksichtigt werden, so kann man die Berechnung wie folgt ergänzen:

Man ermittelt aus den Momenten die Stablängskräfte und aus den dadurch bedingten Längenänderungen die Einspannungsmomente der Stäbe im Rahmen mit unverdrehbaren Knoten in derselben Art wie bei der Berechnung von Temperatureinflüssen. Der Ausgleich dieser Momente ergibt die Zusatzmomente infolge der Stablängskräfte. Eine Wiederholung der Rechnung mit den durch diese Momente hervorgerufenen zusätzlichen Längskräften erübrigt sich, da die Iteration bereits beim ersten Schritt praktisch abklingt.

Literaturverzeichnis

Beer, H.: Beitrag zur Berechnung von räumlichen Rahmensystemen mit beweglicher Knotenfigur. Östereichische Bauzeitschrift, 1948, Heft 7. Wien: Springer-Verlag (siehe auch Zuschrift an die Schriftleitung der Österr. Bauzeitschrift, Märzheft 1949).

Beyer, K.: Die Statik im Eisenbetonbau, 4. Aufl. Berlin: Springer-Verlag. 1948. — Baustatik. Taschenbuch für Bauingenieure, Berlin: Springer-Verlag. 1943.

Cross, H.: Dependability of the theory of concret arches. Engineering Experiment Station, Urbana 1930. Analysis of Continous Frames by Distributing Fixed-End Moments. Trans. Amer. Soc. civ. Engrs. 1932, Vol. 96.

Dernedde-Müllenhoff: Das Cross'sche Verfahren. 2. Aufl. Berlin: Wilh. Ernst u. Sohn. 1948.

Dischinger, F.: Massivbau-Taschenbuch für Bauingenieure. Berlin: Springer-Verlag. 1943.

Fliegel, E.: Beitrag zur Berechnung hochgradig statisch unbestimmter Tragwerke in Verbindung mit dem Verfahren von Cross und Kloucek. Beton und Eisen. 1941, S. 285.

Grinter, L.: Analysis of Continous Frames by Balancing Angle Changes. Proc. Amer. Soc. civ. Engrs. 62. 1936.

Guldan, R.: Rahmentragwerke und Durchlaufträger, 4. Aufl. Wien: Springer-Verlag. 1949.

v. Haller u. Kranl: Vereinfachte Berechnung der Rahmenstütze, Bauingenieur, 1942, S. 65.

Kammueller, K.: Das Prinzip der virtuellen Verschiebungen. Eine grundsätzliche Betrachtung, Beton und Eisen, 1937, S. 363.

Kani, G.: Die Berechnung mehrstöckiger Rahmen, Stuttgart: Konrad Wittwer, 1949.

Kleinlogel, A.: Mehrstielige Rahmen. Berlin: Wilh. Ernst u. Sohn. 1927.

Löser, B.: Bemessungsverfahren, 12. Auflage. Berlin: Wilh. Ernst u. Sohn. 1949.

Luetkens, O.: Rahmenstatik, Berlin: Springer-Verlag. 1949.

Melan, E.: Theorie statisch unbestimmter Systeme JVBH. 2. Kongreß. Berlin: 1936. — Einführung in die Baustatik. Wien: Springer-Verlag. 1950.

Millies, A.: Räumliche Vieleckrahmen mit eingespannten Füßen, unter Berücksichtigung der Windbelastung. Berlin: Springer-Verlag, 1927. — Zylindrische Stockwerkrahmen. Bauingenieur, 1932, S. 162.

Ostenfeld: Deformationsmethode, Berlin: Julius Springer, 1925.

Pirlet, J.: Berechnung von Stockwerkrahmen. Bauingenieur, 1922, S. 18. — Vereinfachtes Verfahren zur Berechnung des Rahmenträgers (Virendeel-Trägers). Bauingenieur, 1940, S. 72.

Reisinger, E.: Zur Berechnung räumlicher Rahmentragwerke. Bauingenieur, 1924, S. 28. — Berechnung eines Kühlturmunterbaues als räumliches Stabwerk. Bauingenieur, 1926, S. 55.

Saliger, R.: Praktische Statik, 7. Aufl. Wien: Deuticke. 1951.

Schleusner, A.: Zum Prinzipe der virtuellen Verschiebungen. Beton und Eisen, 1938, S. 252.

Strassner, A.: Neuere Methoden zur Statik der Rahmentragwerke, 5. Aufl. Berlin: Wilh. Ernst u. Sohn. 1950.

Wix, H. u. Dornau, H.: Beitrag zum Momentenausgleichsverfahren. Bauingenieur, 1942, S. 267.

Sachverzeichnis